Dimensionner les ouvrages en maçonnerie

Le programme des Eurocodes structuraux comprend les normes suivantes, chacune étant en général constituée d'un certain nombre de parties :

EN 1990 Eurocode 0 : Bases de calcul des structures
EN 1991 Eurocode 1 : Actions sur les structures
EN 1992 Eurocode 2 : Calcul des structures en béton
EN 1993 Eurocode 3 : Calcul des structures en acier
EN 1994 Eurocode 4 : Calcul des structures mixtes acier-béton
EN 1995 Eurocode 5 : Calcul des structures en bois
EN 1996 Eurocode 6 : Calcul des structures en maçonnerie
EN 1997 Eurocode 7 : Calcul géotechnique
EN 1998 Eurocode 8 : Calcul des structures pour leur résistance aux séismes
EN 1999 Eurocode 9 : Calcul des structures en aluminium

Les normes Eurocodes reconnaissent la responsabilité des autorités réglementaires dans chaque État membre et ont sauvegardé le droit de celles-ci de déterminer, au niveau national, des valeurs relatives aux questions réglementaires de sécurité, là où ces valeurs continuent à différer d'un État à un autre.

Marcel Hurez
Nicolas Juraszek
Marc Pelcé

Dimensionner les ouvrages en maçonnerie

Deuxième édition 2014

ÉDITIONS EYROLLES
61, bd Saint-Germain
75240 Paris Cedex 05
www.editions-eyrolles.com

AFNOR ÉDITIONS
11, rue Francis-de-Pressensé
93571 La Plaine Saint-Denis Cedex
www.boutique-livres.afnor.org

Dans la même collection, en coédition Eyrolles/Afnor

Jean-Marie Paillé, *Calcul des structures en béton*, 2e éd., 2013, 744 p.

Jean-Louis Granju, *Introduction au béton armé - Théorie et applications courantes selon l'Eurocode 2*, 2e éd., 2014, 288 p.

Jean Roux, *Pratique de l'Eurocode 2*, 2009, 626 p.

– *Maîtrise de l'Eurocode 2*, 2009, 338 p.

Collectif APK/Jean-Pierre Muzeau, La construction métallique avec les Eurocodes. Interprétation; exemples de calcul, 2013, 476 p.

– *Manuel de construction métallique - Extraits des Eurocodes 0, 1 et 3*, 2e éd., 2013, 256 p.

Yves Benoit, Bernard Legrand, Vincent Tastet, *Dimensionner les barres et les assemblages en bois. Guide d'application de l'EC5 à l'usage des artisans*, 2012, 256 p.

– *Calcul des structures en bois. Guide d'application des Eurocodes 5 (Structures bois) et 8 (séismes)*, 2014, 496 p.

Victor Davidovici, Dominique Corvez, Alain Capra, Shahrokh Ghavamian, Véronique Le Corvec, Claude Saintjean, *Pratique du calcul sismique*, 2013, 244 p.

Claude Saintjean, *Introduction aux règles de construction parasismique. Application de l'EC8 à la conception des bâtiments*, 2014 (sous presse)

Xavier Lauzin, *Le calcul des réservoirs en zone sismique*, 2013, 100 p.

Alain Capra, Aurélien Godreau, *Ouvrages d'art en zone sismique*, 2012, 128 p.

Victor Davidovici, Serge Lambert, *Fondations et procédés d'amélioration du sol. Guide d'application de l'Eurocode 8 (parasismique)*, 2013, 160 p.

Wolfgang et Alain Jalil, *Construction parasismique des bâtiments. Passage des règles PS 92 à l'EC8*, 2014

Alain Billard, *Risque sismique et patrimoine bâti. Comment réduire la vulnérabilité : savoirs et savoir-faire*, 2014 (sous presse)

© Afnor et Groupe Eyrolles, 2009, 2014 pour la présente édition
ISBN Afnor : 978-2-12-381021-6
ISBN Eyrolles : 978-2-212-13906-8

Sommaire

Table des matières

Préface

Les annexes nationales de l'Eurocode 6, qui permettent son application en France, ont été publiées en décembre 2009, soit six mois après la première édition de cet ouvrage. Pour autant, le DTU 20.1 reste la référence en France pour la conception et la mise en œuvre des maçonneries.

Un important travail de révision du DTU 20.1 est entrepris parallèlement en France pour aboutir à terme à une convergence des deux documents. Saluons le travail des rédacteurs de cette seconde édition pour avoir ajouté les références au DTU 20.1 et à l'Eurocode 8 (*Résistance aux séismes*) chaque fois que c'était utile.

Depuis 2009, plusieurs ouvrages de maçonnerie remarquables ont été édifiés en s'appuyant sur une réglementation française conforme à l'Eurocode 6. Le musée Unterlinden à Colmar et les ateliers Hermès à Pantin en sont deux exemples médiatisés parmi d'autres.

À l'avenir, le concepteur pourra étendre le domaine d'emploi de la maçonnerie en s'appuyant sur des règles de calcul plus étendues, éprouvées par des références européennes de plus en plus nombreuses.

Didier Brosse
Président de l'Union de la maçonnerie et du gros œuvre de la FFB

Avant-propos

Le programme des Eurocodes structuraux constitue un ensemble de textes cohérents dans le domaine de la construction. Il comporte les normes suivantes, chacune étant, en général, constituée de plusieurs parties :

EN 1990 : Eurocode 0 Bases de calcul des structures

EN 1991 : Eurocode 1 Actions sur les structures

EN 1992 : Eurocode 2 Calcul des structures en béton

EN 1993 : Eurocode 3 Calcul des structures en acier

EN 1994 : Eurocode 4 Calcul des structures mixtes acier-béton

EN 1995 : Eurocode 5 Calcul des structures en bois

EN 1996 : Eurocode 6 Calcul des structures en maçonnerie

EN 1997 : Eurocode 7 Calcul géotechnique

EN 1998 : Eurocode 8 Calcul des structures pour leur résistance aux séismes

EN 1999 : Eurocode 9 Calcul des structures en aluminium

L'Eurocode 6, pour sa part, comporte les parties suivantes :

Partie 1-1 : Règles générales – Règles pour maçonnerie armée et non armée

Partie 1-2 : Règles générales – Calcul du comportement au feu

Partie 2 : Conception, choix des matériaux et mise en œuvre des maçonneries

Partie 3 : Méthodes de calcul simplifiées et règles de base pour les ouvrages en maçonnerie

Les Eurocodes structuraux constituent des normes européennes transposables en normes nationales dans les États membres suivants : Allemagne, Autriche, Belgique, Chypre, Croatie, Danemark, Espagne, Estonie, Finlande, France, Grèce, Hongrie, Irlande, Islande, Italie, Lettonie, Lituanie, Luxembourg, Malte, Norvège, Pays-Bas, Pologne, Portugal, République tchèque, Royaume-Uni, Slovaquie, Slovénie, Suède et Suisse.

Les normes nationales transposant les Eurocodes comprennent la totalité du texte des Eurocodes (toutes annexes incluses). Ce texte peut être précédé d'une page nationale de titres et par un avant-propos national, et éventuellement suivi d'une Annexe nationale définissant les dispositions et valeurs des paramètres à fixer par l'État membre.

Application de l'Eurocode 6 en France

Jusqu'à présent, les maçonneries en France sont conçues et calculées en se référant au DTU 20.1.

Un important travail de révision du DTU 20.1 est entrepris en France pour aboutir à terme à une convergence des deux documents.

Documents de référence

Le présent ouvrage est établi à partir des normes européennes et de leurs Annexes nationales suivantes :

NF EN 1996-1-1+A1 - Version amendée et consolidée, publiée en mars 2013 - Eurocode 6 - Calcul des ouvrages en maçonnerie – Partie 1-1 : règles communes pour ouvrages en maçonnerie armée et non armée

NF EN 1996-1-1/NA : décembre 2009 - Annexe nationale à la NF EN 1996-1-1:2006

NF EN 1996-1-2 : septembre 2006 – Eurocode 6 – Calcul des ouvrages en maçonnerie =– Partie 1-2 : règles générales – Calcul du comportement au feu

NF EN 1996-1-2/NA : septembre 2008 – Annexe nationale à la NF EN 1996-1-2:2006

NF EN 1996-2 : juin 2006 - Eurocode 6 – Calcul des ouvrages en maçonnerie – Partie 2 : conception, choix des matériaux et mise en œuvre des maçonneries

NF EN 1996-2/NA : décembre 2007 – Annexe nationale à la NF EN 1996-2:2006

NF EN 1996-3 : juin 2006 – Eurocode 6 – Calcul des ouvrages en maçonnerie - Partie 3 : méthodes de calcul simplifiées pour les ouvrages de maçonnerie non armée

NF EN 1996-3/NA : décembre 2009 – Annexe nationale à la NF EN 1996-3:2006

D'autres textes sont également utilisés dans l'ouvrage, notamment ceux relatifs aux normes produits (NF EN 771-1 à 6). Ils sont référencés dans la bibliographie située en fin d'ouvrage.

Comment lire l'ouvrage ?

L'ouvrage est organisé pour répondre à deux familles de questions :

D'une part les chapitres 1 à 8, ainsi que les annexes associées, présentent les spécifications exprimées dans l'Eurocode 6, en apportant au concepteur des compléments nécessaires à la mise en application de ces exigences dans les ouvrages de maçonnerie réalisés avec des briques, des blocs de béton ou de béton cellulaire, des pierres.

D'autre part, le chapitre 9 présente des exercices pratiques immédiatement utilisables. Six cas classiques y sont présentés en détail pour guider pas à pas le concepteur dans des cas comparables.

Symboles et notations

A section brute, chargée horizontalement, d'un mur

A_b aire d'appui

A_{ef} aire d'appui utile

A_s section d'une armature en acier

$A_{sl,req}$ section longitudinale d'acier requise par le calcul

A_{sw} aire de l'armature d'effort tranchant

b largeur de la section

b_c largeur de la face comprimée d'un ouvrage structural à mi-distance entre appuis

b_c distance entre deux murs raidisseurs

b_{ef} largeur utile d'un élément raidisseur

$b_{ef.\ell}$ largeur utile d'un élément raidisseur

$b_{ef.t}$ épaisseur utile d'un élément raidisseur

c_{nom} enrobage nominal par le béton

c_p coefficient de pression

c_e coefficient d'exposition

d épaisseur ou hauteur utile d'une poutre

e_c excentricité additionnelle

e_e excentricité au sommet ou à la base d'un mur

e_{he} excentricité au sommet ou à la base d'un mur, sous l'effet de charges horizontales

e_{hm} excentricité à mi-hauteur d'un mur, sous l'effet de charges horizontales

e_i excentricité initiale

e_k excentricité due au fluage

e_m excentricité due aux charges

e_{mk} excentricité à mi-hauteur du mur

e_p espace entre poteaux

E module d'élasticité sécant à court terme de la maçonnerie

E_d valeur de calcul de la charge appliquée à un ouvrage de maçonnerie armée

$E_{longterm}$ module d'élasticité à long terme de la maçonnerie

E_n module d'élasticité de l'élément n

E_s module d'élasticité de l'acier

f_b résistance moyenne normalisée à la compression d'un ouvrage de maçonnerie

f_{bod} résistance d'adhérence de calcul de l'acier d'armature

f_{bok} résistance caractéristique d'adhérence

f_{ck} résistance caractéristique à la compression du béton de remplissage

f_{cvk} résistance caractéristique au cisaillement du béton de remplissage

f_d résistance de calcul à la compression dans la maçonnerie dans la direction prise en considération

f_k résistance caractéristique à la compression dans la maçonnerie

f_m résistance à la compression du mortier de montage

f_{vd} résistance de calcul au cisaillement de la maçonnerie

f_{vk} résistance caractéristique au cisaillement de la maçonnerie

f_{vko} résistance caractéristique initiale au cisaillement de la maçonnerie, en l'absence de contrainte de compression

f_{xd} résistance de calcul à la flexion dans le plan de flexion

f_{xd1} résistance de calcul à la flexion de la maçonnerie dont le plan de rupture est parallèle au lit de pose

$f_{xd1,app}$ résistance de calcul à la flexion apparente de la maçonnerie dont le plan de rupture est parallèle au lit de pose

f_{xk1} résistance caractéristique à la flexion de la maçonnerie dont le plan de rupture est parallèle au lit de pose

f_{xd2} résistance de calcul à la flexion de la maçonnerie dont le plan de rupture est perpendiculaire au lit de pose

$f_{xd2,app}$ résistance de calcul à la flexion apparente de la maçonnerie dont le plan de rupture est perpendiculaire au lit de pose

f_{xk2} résistance caractéristique à la flexion de la maçonnerie dont le plan de rupture est perpendiculaire au lit de pose

f_{yd} résistance de calcul de l'acier d'armature

f_{yk} résistance caractéristique de l'acier d'armature

F_d résistance de calcul à la compression ou à la traction d'une attache (pour mur)

g largeur totale des bandes de mortier

G module de cisaillement de la maçonnerie

G_k ou g_k valeur caractéristique du poids propre

h hauteur libre d'un mur de maçonnerie

h_i hauteur libre du mur de maçonnerie, i

h_{ef} hauteur utile d'un mur

h_{tot} hauteur totale d'une structure ou d'un mur de contreventement par rapport au sommet de la fondation

I_j moment d'inertie de l'élément, j

k	facteur de réduction de la résistance latérale d'un mur à portée verticale tenant compte du maintien éventuel des bords
k_m	rapport de la raideur de la dalle de plancher à la raideur du mur
k_r	raideur en rotation d'un élément d'appui
k_{tef}	coefficient prenant en compte les modules d'élasticité (mur à double parois)
K	constante utilisée dans le calcul de la résistance à la compression dans la maçonnerie
K_e	constante utilisée dans le calcul du module d'élasticité de la maçonnerie
ℓ	longueur d'un mur (entre deux murs, d'un mur à une ouverture ou entre deux ouvertures)
ℓ_b	longueur des ancrages droits
ℓ_c	longueur de la partie du mur soumise à la compression
ℓ_{cl}	longueur libre d'une ouverture
ℓ_{ef}	portée utile d'une poutre de maçonnerie
ℓ_{efm}	longueur utile d'un appui à mi-hauteur d'un mur
ℓ_r	distance libre entre appuis latéraux
ℓ_s	distance entre deux murs de contreventement
M_d	moment fléchissant de calcul au niveau de la partie inférieure d'une alvéole
M_i	moment d'extrémité au nœud, i
M_{id}	valeur de calcul du moment fléchissant au sommet ou en pied de mur
M_{md}	valeur de calcul du plus grand des moments à mi-hauteur du mur
M_{vn}	masse volumique nominale
M_{Ed}	valeur de calcul du moment appliqué
M_{Edf}	valeur de calcul du moment sous un plancher
M_{Edu}	valeur de calcul du moment au-dessus d'un plancher
M_{Rd}	valeur de calcul du moment résistant
n	nombre d'étages
n_i	facteur de rigidité des éléments
n_t	nombre d'attaches ou de pattes par mètre carré de mur
n_{tmin}	nombre minimal d'attaches ou de pattes par mètre carré de mur
N	somme des actions verticales de calcul sur un bâtiment
N_{ad}	poussée de calcul maximale de voûte par unité de longueur de mur
N_{id}	valeur de calcul de la charge verticale au sommet ou en pied de mur ou de poteau
N_{md}	valeur de calcul de la charge verticale à mi-hauteur d'un mur ou d'un poteau
N_{Rd}	valeur de calcul de la résistance aux charges verticales d'un mur ou d'un poteau de maçonnerie
N_{Rdc}	valeur de calcul de la résistance aux charges verticales concentrées d'un mur
N_{Ed}	valeur de calcul de la charge verticale
N_{Edf}	valeur de calcul de la charge sous un plancher
N_{Edu}	valeur de calcul de la charge au-dessus d'un plancher

N_{El} — charge appliquée par un plancher

N_{Edc} — valeur de calcul d'une charge verticale concentrée

q_b — pression dynamique de base (vent)

q_d — résistance latérale de calcul par unité de surface du mur

q_k ou Q_k — valeur caractéristique de l'action variable

q_p — pression dynamique de pointe (vent)

R_c — résistance caractéristique

R_e — limite apparente d'élasticité de l'acier

R_m — résistance moyenne

s — espacement des armatures d'effort tranchant

s_{Ad} — valeur de calcul de la charge exceptionnelle de neige

s_k — valeur caractéristique de la charge de neige

t — épaisseur d'un mur

t_i — épaisseur du mur, i

t_{ef} — épaisseur utile d'un mur

t_f — épaisseur d'un raidisseur

t_{ri} — épaisseur de la nervure, i

$v_{b,0}$ — vitesse de référence du vent

V_{Ed} — valeur de calcul d'un effort tranchant

V_{Rd} — valeur de calcul de la résistance au cisaillement

w_i — charge de calcul uniformément répartie, i

W_{Ed} — charge de calcul latérale due au vent par unité de surface

x — cote de l'axe neutre

z — bras de levier

Lettres grecques

α — angle des armatures d'effort tranchant par rapport à l'axe de la poutre

α_t — coefficient de dilatation thermique d'un ouvrage de maçonnerie

δ_p — coefficient de passage de la résistance caractéristique à la résistance moyenne

δ_c — facteur de majoration applicable aux charges concentrées

χ — coefficient de conditionnement des éprouvettes

χ — facteur de majoration de la résistance au cisaillement des murs armés

δ — coefficient (Delta) lié à la taille des éprouvettes

$\varepsilon_{c\infty}$ — déformation finale par fluage de la maçonnerie

ε_{el} — déformation élastique dans la maçonnerie

ε_{mu} — déformation limite en compression dans la maçonnerie

e_{ud} — valeur de calcul de la déformation relative de l'acier de béton armé sous charge maximale

ϕ — diamètre effectif de l'acier d'armature

ϕ_∞	coefficient de fluage ultime de la maçonnerie
Φ	coefficient de réduction
Φ_{fl}	coefficient de réduction tenant compte de l'influence de la résistance à la flexion
Φ_i	coefficient de réduction au sommet ou à la base (pied) du mur
Φ_m	coefficient de réduction à mi-hauteur du mur
γ_M	coefficient partiel pour une propriété de matériau, tenant compte des incertitudes de modèle et des variations dimensionnelles
γ_s	coefficient partiel pour l'acier
η	coefficient à utiliser pour le calcul de l'excentricité hors du plan des charges appliquées sur les murs
λ_g	élancement géométrique d'un mur
λ	coefficient définissant la hauteur de la zone comprimée d'une poutre, lors de l'utilisation d'un diagramme rectangulaire des contraintes
λ_c	valeur de l'élancement jusqu'à laquelle les excentricités dues au fluage peuvent être négligées
ψ	coefficients de pondération des actions variables : ψ_0 pour la combinaison caractéristique ψ_1 pour la combinaison fréquente ψ_2 pour la combinaison quasi permanente
μ	rapport orthogonal entre les résistances caractéristiques à la flexion de la maçonnerie
μ_i	coefficient de forme de la toiture (calcul de la charge de neige)
ξ	facteur de majoration applicable à la raideur en rotation de l'appui de l'ouvrage structural considéré
ρ_d	densité sèche
ρ_n	coefficient de réduction
ρ_t	coefficient de majoration
σ_d	contrainte de calcul de compression
ν	angle d'inclinaison de la structure par rapport à la verticale

CHAPITRE 1

Le marché unique européen

1.1   Les Eurocodes

Le traité de Rome ratifié en 1957 organise au sein du marché européen la libre circulation des produits et des services.

Pour mettre en application ce principe dans la construction d'ouvrages, la Commission européenne lance en 1976 la rédaction de codes de conception et de calcul constituant une base reconnue pour le jugement des appels d'offres. Les premiers textes sont publiés au début des années 1980, sous la dénomination d'Eurocodes.

Ces Eurocodes constituent un groupe cohérent de dix textes couvrant les aspects techniques du calcul des structures d'ouvrages de bâtiment et de génie civil.

Tableau 1.1. Les Eurocodes structuraux pour la construction

EN 1990	Eurocode 0 : Base de calcul des structures
EN 1991	Eurocode 1 : Actions sur les structures
EN 1992	Eurocode 2 : Calcul des structures en béton
EN 1993	Eurocode 3 : Calcul des structures en acier
EN 1994	Eurocode 4 : Calcul des structures mixtes acier-béton
EN 1995	Eurocode 5 : Calcul des structures en bois
EN 1996	Eurocode 6 : Calcul des structures en maçonnerie
EN 1997	Eurocode 7 : Calcul géotechnique
EN 1998	Eurocode 8 : Calcul des structures pour leur résistance au séisme
EN 1999	Eurocode 9 : Calcul des structures en aluminium

Chaque État membre a la possibilité d'adapter les Eurocodes en fonction d'impératifs nationaux, par exemple les cartes climatiques et d'aléa sismique.

Jusqu'à présent, les maçonneries en France sont conçues et calculées en se référant au DTU 20.1. L'Eurocode 6 devrait être intégré au DTU 20.1. Une révision de ce dernier est en cours pour le mettre en conformité avec l'Eurocode 6.

1.2 Le Règlement Produits de construction (RPC)

À partir de 1986, les directives européennes ne définissent plus que les exigences essentielles (exigences fondamentales aujourd'hui) pour l'utilisateur. Celles-ci concernent la sécurité des personnes et la protection de l'environnement.

L'une des premières directives européennes publiées selon cette « nouvelle approche » concerne les produits de construction (directive 89/106/CEE), remplacée par le règlement Produits de construction 305/2011/UE depuis le 1er juillet 2013 (RPC).

Les spécifications sur les performances exigibles des produits et sur la façon d'en apporter la preuve sont renvoyées au domaine des normes européennes « produits » négociées volontairement entre les acteurs économiques.

La partie de la norme « Produit » qui conditionne directement les Exigences fondamentales sur les ouvrages prend alors un statut réglementaire, c'est-à-dire obligatoire. Elle est connue des spécialistes sous le nom d'Annexe ZA.

Le fabricant déclare les performances de son produit. Le marquage CE atteste la conformité du produit aux spécifications réglementaires exprimées dans l'Annexe ZA.

Le marquage obligatoire CE peut être associé à une certification volontaire de produits – par exemple la marque NF – qui atteste la conformité des spécifications déclarées par une tierce partie, grâce à la mise en place d'un contrôle continu sur le lieu de production.

1.3 Le dimensionnement des structures par les Eurocodes

Les Eurocodes sont rattachés au règlement « Produits de construction » et conservent le statut de normes volontaires.

Ils peuvent être rendus d'application obligatoire par certaines réglementations (exemple : sismique, feu).

Chaque Eurocode commence par une préface qui indique que les États membres de l'UE le reconnaissent comme :

- moyen de prouver la conformité d'un ouvrage aux Exigences fondamentales exprimées dans le règlement 305/2011/UE sur les produits de construction ;
- base de spécifications des contrats pour les travaux de construction ;
- cadre d'établissement de spécifications techniques harmonisées pour les normes de produits de construction.

Les Eurocodes constituent un ensemble cohérent de textes fondés sur une analyse semi-probabiliste de la sécurité des constructions (voir chap. 4 « Analyse structurale »).

Les clauses des Eurocodes comportent des principes et des règles d'application :

- les principes, identifiés par la lettre P, sont intangibles ;
- les règles d'application sont des méthodes recommandées permettant de satisfaire les principes.

Chaque organisme national de normalisation (AFNOR en France, IBN en Belgique, etc.) est chargé de transposer les Eurocodes en norme nationale, par l'ajout d'une Annexe nationale.

L'Annexe nationale ne peut exprimer que des informations sur des paramètres laissés en attente dans les Eurocodes sous la désignation de NDP (*Nationally Determined Parameters*), à utiliser pour les ouvrages à construire dans le pays concerné. Il s'agit de :

- valeurs et/ou classes là où des alternatives figurent dans l'Eurocode ;
- valeurs à utiliser pour remplacer un symbole ;
- données propres à un pays, par exemple carte de neige ;
- procédure à utiliser quand l'Eurocode propose des alternatives.

Tableau 1.2. Organisation du marché européen de la construction d'ouvrages réalisés avec des produits

DOMAINE RÉGLEMENTAIRE (obligatoire)	DOMAINE CONTRACTUEL (volontaire)
Règlement 305/2011/UE « Produits de construction » L'ouvrage réalisé avec des produits industriels doit garantir la sécurité des personnes et la protection de l'environnement. Il y a 7 exigences fondamentales sur les ouvrages : 1. Résistance mécanique et stabilité 2. Sécurité en cas d'incendie 3. Hygiène, santé et environnement 4. Sécurité d'utilisation 5. Protection contre le bruit 6. Économie d'énergie et isolation thermique 7. L'utilisation durable des ressources naturelles	**10 Eurocodes pour la conception et le calcul des ouvrages de génie civil** Eurocode 0 : Base de calcul des structures Eurocode 1 : Actions sur les structures Eurocode 2 : Calcul des structures en béton Eurocode 3 : Calcul des structures en acier Eurocode 4 : Calcul des structures mixtes acier-béton Eurocode 5 : Calcul des structures en bois Eurocode 6 : Calcul des structures en maçonnerie Eurocode 7 : Calcul géotechnique Eurocode 8 : Calcul des structures au séisme Eurocode 9 : Calcul des structures en aluminium
Norme « Produit »	
Conformité des produits aux Exigences fondamentales	
Partie dite « réglementaire » : **Annexe ZA** Référentiel du marquage CE Performances relatives aux Exigences fondamentales sur l'ouvrage **Marquage CE** Mode d'attestation de conformité	Partie dite « volontaire » : Ensemble des performances reprises pour l'aptitude à l'emploi

1.4 L'Eurocode 6

Il a été élaboré par le comité technique CEN/TC 250/SC6 et concerne le dimensionnement et la réalisation des ouvrages de maçonnerie.

Les textes suivants constituent l'Eurocode 6 (Tableau 1.3). Chaque norme est appliquée avec son Annexe nationale lorsqu'elle existe.

Tableau 1.3. Textes constituants l'Eurocode 6

NF EN 1996-1-1	NF EN 1996-1-1/NA	Bases de calculs des structures
NF EN 1996-1-2	NF EN 1996-1-2/NA	Calcul du comportement au feu
NF EN 1996-2	NF EN 1996-2/NA	Conception, choix des matériaux et mise en œuvre
NF EN 1996-3	NF EN 1996-3/NA	Méthodes de calculs simplifiées

L'Eurocode 6 ne traite pas des prescriptions particulières du calcul des maçonneries au séisme. Elles sont définies dans l'Eurocode 8 (NF EN 1998-1-1 et Annexe nationale).

1.5 Termes et définitions

1.5.1 Termes relatifs à la maçonnerie

Appareillage : disposition des éléments de maçonnerie selon un aspect régulier pour obtenir un fonctionnement monolithique (Figure 1.1).

Maçonnerie : assemblage d'éléments de maçonnerie posés selon un appareillage spécifié et hourdés ensemble à l'aide d'un mortier, le tout constituant une paroi. DTU 20.1 : sont considérées traditionnelles les maçonneries montées à joints minces ou épais conformément au présent document. Sont également considérées traditionnelles les parois montées en blocs de coffrage de granulats courants montés à sec (voir annexe D).

Paroi en maçonnerie traditionnelle (DTU 20.1) : ouvrage vertical réalisé par assemblage à joints de mortier de moellons d'usage courant, de pierres naturelles, de briques de terre cuite, de blocs de béton, ou de blocs de béton cellulaire autoclavé (BCA) répondant aux définitions des normes en vigueur.

Maçonnerie de blocs de coffrage (DTU 20.1) : maçonnerie réalisée par assemblage de blocs de coffrage hourdés ou non à l'intérieur desquels du béton est coulé pour former un voile continu d'épaisseur constante (voir annexe D).

Maçonnerie non armée : maçonnerie sans armature ou ne présentant pas une armature suffisante pour être considérée comme un ouvrage en maçonnerie armée. Les maçonneries porteuses exécutées selon le DTU 20.1 correspondent à cette définition.

Maçonnerie confinée ou chaînée : maçonnerie intégrant des ouvrages de confinement (raidisseurs et/ou chaînages), avec des dispositions constructives complémentaires sur les dispositions d'armatures et les encadrements de baies, dimensionnés géométriquement et armés conformément aux dispositions de l'Eurocode 6. Ils peuvent être sollicités en traction, en flexion ou en cisaillement.

Maçonnerie armée : maçonnerie dans laquelle des barres ou treillis en acier sont enrobés dans du mortier ou du béton de telle manière que tous les matériaux agissent ensemble pour résister aux forces appliquées.

Maçonnerie précontrainte : maçonnerie dans laquelle des contraintes de compression internes ont été volontairement induites par des armatures tendues.

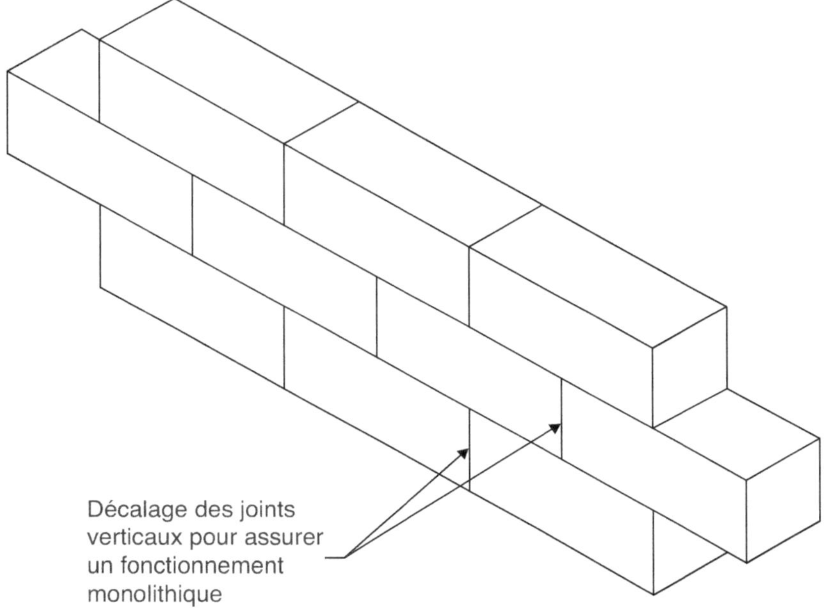

Figure 1.1. Exemple d'appareillage

Maçonnerie porteuse : maçonnerie destiné à supporter une charge répartie ou ponctuelle, imposée en plus de son poids propre, participant à la stabilité du bâtiment.

Maçonnerie de remplissage : mur sans fonction porteuse de telle façon qu'il pourrait être supprimé sans porter préjudice à l'intégrité du reste de la structure. Elle est utilisée pour fermer un espace entre deux éléments structuraux (poteaux par exemple).

Maçonnerie dite faiblement chargée (DTU 20.1) : mur initialement sans fonction porteuse mais amené à supporter une charge par sa disposition par rapport à la structure (reprise d'efforts engendrés par une déformation de plancher par exemple).

1.5.2   Termes relatifs à la résistance de la maçonnerie

Adhérence : effet du mortier développant une résistance à la traction ou au cisaillement au niveau de la surface de contact des ouvrages de maçonnerie.

Adhérence de l'ancrage : adhérence par unité de surface entre l'armature et le béton ou le mortier lorsque l'armature est soumise à des efforts de traction ou de compression.

Résistance à la compression dans la maçonnerie : résistance de la maçonnerie en compression sans prise en compte des effets de frettage des plateaux de presse, ni de l'élancement ou de l'excentricité des charges.

Résistance à la flexion de la maçonnerie : résistance de la maçonnerie en flexion.

Résistance au cisaillement de la maçonnerie : résistance de la maçonnerie soumise à des efforts de cisaillement.

Résistance caractéristique de la maçonnerie : valeur de résistance de la maçonnerie dont la probabilité d'être atteinte est de 95 %. La valeur nominale (ou moyenne) correspond à une probabilité d'être atteinte de 50 %.

1.5.3   Termes relatifs aux éléments de maçonnerie

Alvéole : évidement qui peut ou non traverser complètement l'élément de maçonnerie.

Bloc de coffrage : Bloc creux, comportant ou non des emboîtements latéraux, destiné à servir de coffrage permanent pour le remplissage en béton, et à être monté à sec ou maçonné.

Catégorie : niveau de contrôle de la qualité de fabrication de l'élément de maçonnerie (catégorie 1 ou 2 – voir chapitre 2).

Élément de maçonnerie : élément préformé en vue de l'utilisation dans les ouvrages en maçonnerie.

Éléments de maçonnerie accessoires : Élément de maçonnerie préformé ayant une fonction complémentaire spécifique en vue, par exemple, de servir de coffrage au béton de remplissage armé incorporé ou associé à la maçonnerie (raidisseurs, planelles, chaînages, linteaux …), ou, de finition (jambage, embrasure, tableaux…).

Empochement : cavité venue de fabrication, sur l'une ou les deux faces de pose d'un ouvrage de maçonnerie.

Face (ou voile) de pose : face supérieure ou inférieure d'un élément de maçonnerie lorsqu'il est posé comme prévu.

Groupes des éléments de maçonnerie : Classification de 1 à 4 des éléments de maçonnerie selon leurs caractéristiques géométriques. Le groupe de l'élément de maçonnerie a un impact sur le dimensionnement de l'ouvrage et sur le choix des matériaux. Il est déclaré dans le cadre du marquage CE.

Paroi interne : partie pleine séparant les alvéoles d'un élément de maçonnerie.

Paroi externe : partie pleine située entre les alvéoles et la face externe d'un élément de maçonnerie.

Résistance à la compression normalisée des éléments de maçonnerie : résistance à la compression rapportée à la résistance à la compression d'un élément de maçonnerie équivalent d'un cube de 100 mm de côté (voir chapitre 2).

Section brute : aire de la section transversale d'un élément, sans déduction de l'aire des alvéoles, évidements ou retraits.

Trou de préhension : évidement dans l'élément de maçonnerie permettant de le saisir plus commodément et de le mettre en place à la main ou à l'aide d'un appareillage (Figure 2.2 du chapitre 2).

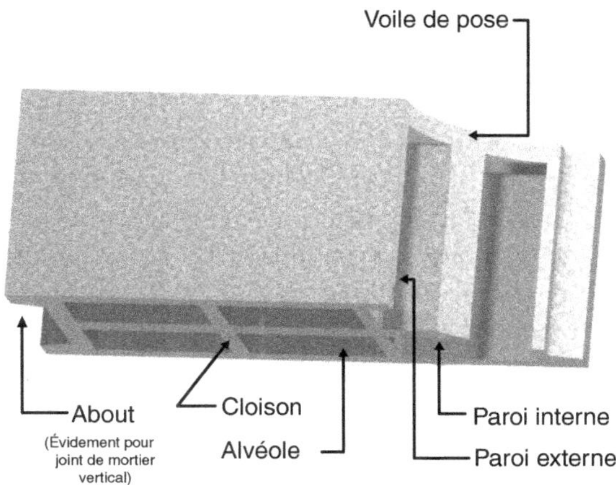

Figure 1.2. Définition des parois (vue de la face inférieure du bloc)

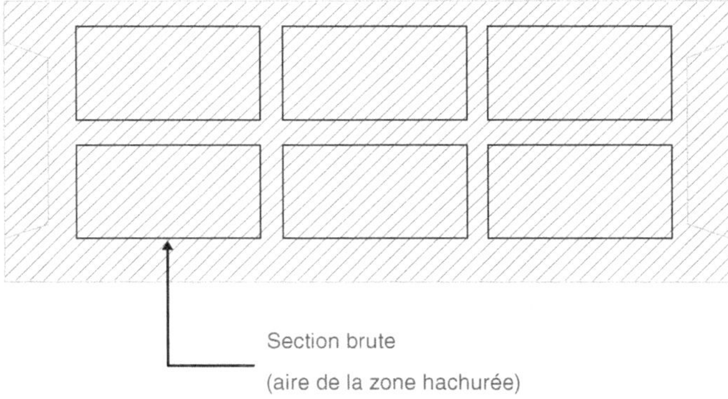

Figure 1.3. Section brute

1.5.4 Termes relatifs au mortier

Mortier allégé : mortier performanciel dont la masse volumique sèche à l'état durci est inférieure à une valeur spécifiée.

Mortier de chantier : mortier composé de constituants individuels dosés et mélangés sur chantier.

Mortier de joints minces : mortier performanciel dont la dimension maximale des granulats est inférieure ou égale à une valeur spécifiée.

Mortier de montage : mélange composé d'un ou de plusieurs liants minéraux, de granulats, d'eau et parfois d'ajouts et/ou d'adjuvants. Ce mortier est destiné au hourdage, au jointoiement et au rejointoiement d'ouvrages en maçonnerie.

Mortier de recette : mortier fabriqué selon des proportions prédéterminées et dont les propriétés résultent des proportions de constituants déclarées (concept de recette).

Mortier d'usage courant : mortier de montage sans caractéristique particulière.

Mortier industriel : mortier dosé et mélangé en usine.

Mortier industriel semi-fini : mortier prédosé ou prémélangé de chaux/sable.

Mortier performanciel (formulé) : mortier dont la composition et la méthode de fabrication ont été choisies en vue d'obtenir les propriétés spécifiques (concept de performance).

Mortier prédosé : mortier dont les constituants sont entièrement dosés en usine et livrés sur le chantier où ils sont mélangés selon les spécifications et conditions indiquées par le fabricant.

Mortier prémélangé constitué de chaux/sable : mortier dont les constituants sont entièrement dosés et mélangés en usine et livrés sur le chantier où d'autres constituants spécifiés ou fournis par l'usine sont ajoutés (par exemple du ciment) et mélangés à la chaux et au sable.

Résistance à la compression du mortier : résistance moyenne à la compression d'un nombre spécifié d'éprouvettes de mortier après conservation pendant 28 jours (voir chapitre 2).

1.5.5   Termes relatifs au béton de remplissage

Béton de remplissage : béton utilisé pour le remplissage des cavités ou vides ménagés dans la maçonnerie

1.5.6   Termes relatifs aux armatures

Acier d'armature : armature en acier destinée à être utilisée avec la maçonnerie.

Armature pour joint : armature en acier préfabriquée pour la mise en œuvre dans les joints d'assise.

1.5.7   Termes relatifs aux composants accessoires

Attache pour mur : dispositif destiné à relier une paroi d'un mur creux à travers un vide à l'autre paroi ou à une ossature, ou à un mur support.

Coupure de capillarité : couche ou film en matériau étanche utilisé dans la maçonnerie pour s'opposer au passage de l'eau.

Feuillard d'ancrage : dispositif destiné à relier un ouvrage en maçonnerie à un autre ouvrage adjacent tel que plancher ou toiture.

1.5.8   Termes relatifs aux joints de mortier

Joint d'assise : couche horizontale de mortier entre les faces de pose d'ouvrages de maçonnerie.

Joint interrompu : joint constitué de deux ou plusieurs bandes de mortier disposées le long des bords extérieurs de la face de pose des éléments (Figure 1.5).

Joint longitudinal : joint de mortier vertical dans l'épaisseur du mur, parallèle à la face de parement du mur.

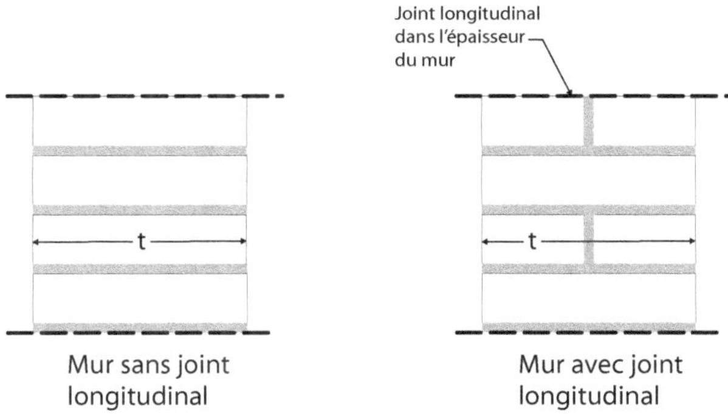

Figure 1.4. Joint longitudinal dans l'épaisseur du mur

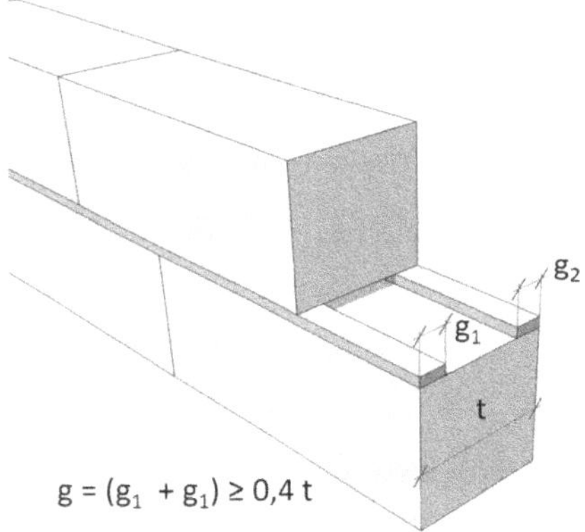

Figure 1.5. Joint interrompu

Joint mince : joint réalisé en mortier de joints minces (épaisseur entre 1 et 3 mm).

Joint vertical (joint d'about) : joint de mortier perpendiculaire au joint d'assise et à la face de parement du mur.

Jointoiement : mode de finition du joint à l'avancement.

Rejointoiement : mode de remplissage et de finition de joints de mortier dont la surface a été dégarnie ou laissée ouverte à des fins de rejointoiement.

1.5.9 Termes relatifs aux types de mur

Mur porteur : mur destiné à supporter une charge répartie ou ponctuelle, imposée en plus de son poids propre, participant à la stabilité du bâtiment.

Mur de refend : mur porteur intérieur.

Mur de contreventement : mur destiné à résister à des forces latérales dans son plan et participant à la stabilité de l'ouvrage.

Mur non porteur ou cloison : mur qui n'est pas supposé reprendre des charges verticales provenant de la structure.

Mur d'habillage : mur utilisé comme un parement mais non relié à ou ne contribuant pas à la résistance du mur support ou de l'ossature.

Mur raidisseur : mur établi perpendiculairement à un autre mur pour lui fournir un appui contre les forces latérales ou pour augmenter sa résistance au flambement (contribution à la stabilité de la construction).

Mur double : mur constitué de deux parois parallèles séparées par un vide ou, totalement ou partiellement, par un isolant dont l'une des parois est porteuse et l'autre est d'habillage. Ce mur doit être considéré dans le calcul comme deux murs distincts.

Mur creux (*cavity wall*) : mur double dont les parois sont efficacement reliées par des attaches ou des armatures de manière à travailler ensemble. L'espace entre les deux parois peut être laissé vide ou être rempli complètement ou partiellement par un isolant thermique non porteur. Dans le calcul, le mur creux est considéré comme un seul mur.

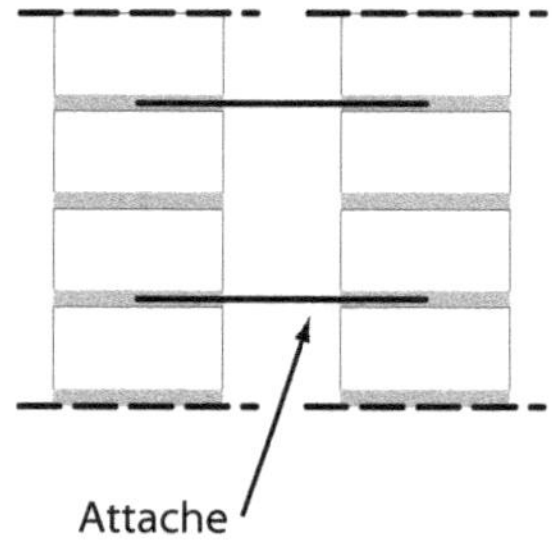

Figiruge 1.6. Mur creux

Mur creux rempli (*grouted cavity wall*) : mur constitué de deux parois parallèles, dont le vide intermédiaire est rempli de béton ou de coulis, efficacement liées entre elles par des attaches ou une armature pour joints d'assise de façon qu'elles fonctionnent ensemble sous l'effet des charges.

Mur composite : murs dont la paroi est constituée, dans le sens de l'épaisseur, par plusieurs matériaux principaux (enduits non compris), solidarisés de façon continue par un mortier.

1.5.10 Autres termes relatifs aux maçonneries

Coulis : mélange très fluide de ciment, sable et eau destiné au remplissage d'évidements ou d'espaces réduits.

Joint de fractionnement : joint permettant un libre mouvement dans le plan du mur.

Réservation : renfoncement ménagé au montage dans le parement d'un mur.

Saignée : rainure créée dans la maçonnerie.

1.5.11 Termes utilisés dans l'exécution des travaux

Dossier de conception : le dossier de conception regroupe les documents décrivant les exigences du concepteur pour la construction : documents techniques et commerciaux décrivant les produits et ouvrages à exécuter, dessins, plannings, rapports d'essais, ainsi que des références à des instructions écrites du client.

CHAPITRE 2

Caractérisation des matériaux et éléments constitutifs

La maçonnerie est réalisée par assemblage d'éléments (blocs, briques ou pierres) liés ensemble au moyen de joints de mortier (Figure 2.1). Le joint vertical peut être maçonné ou non, selon le mode de montage adopté. Certains éléments comportent également des joints verticaux à emboîtement pour faciliter la mise en œuvre (Figure 2.2).

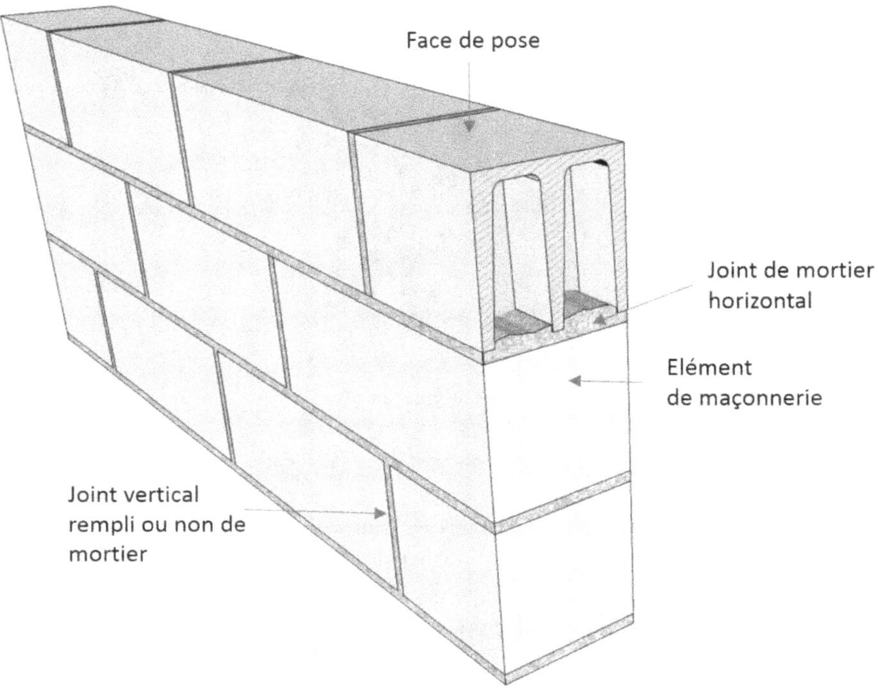

Figure 2.1. Constituants principaux d'une maçonnerie

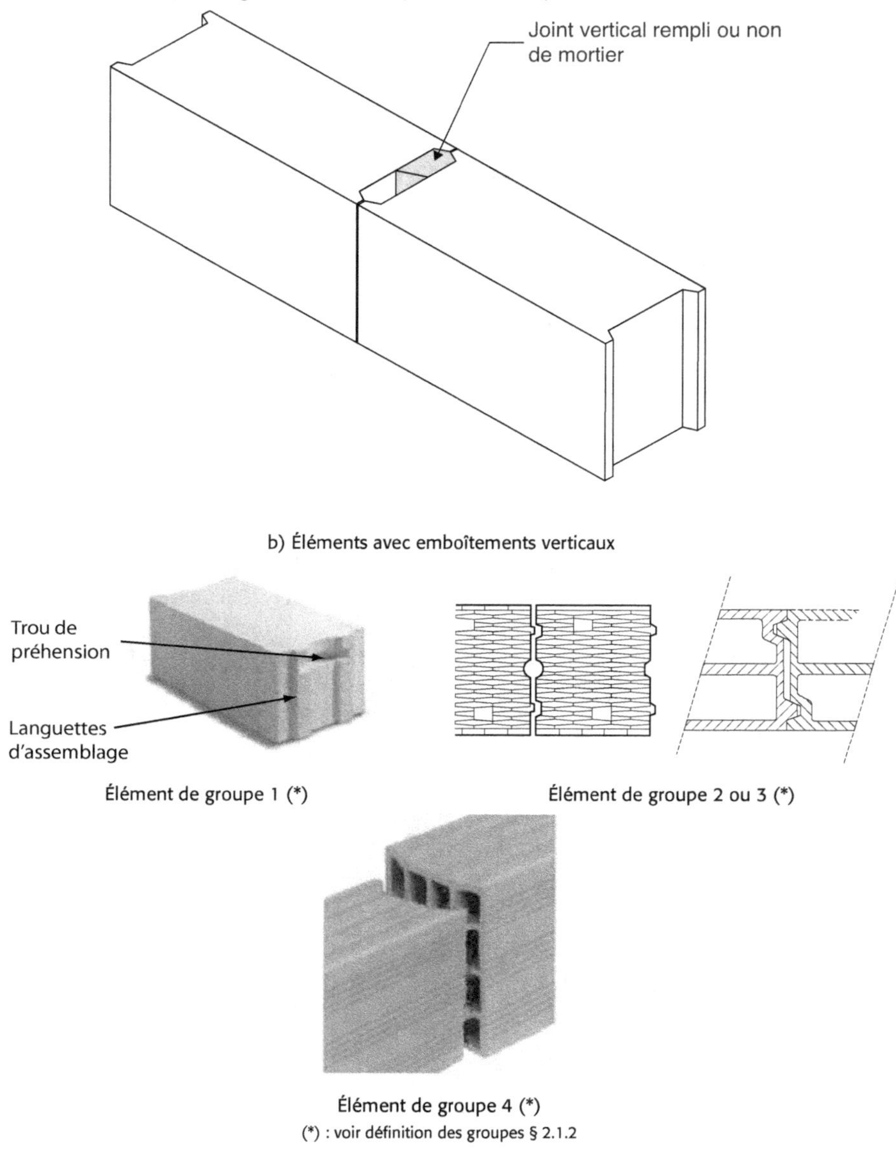

Figure 2.2. Différents types de joints verticaux

Des armatures peuvent être incorporées dans les joints d'assise (horizontaux) ou dans des potelets en béton de manière à constituer une maçonnerie armée ou chaînée.

Ces maçonneries présentent une plus grande résistance à certaines sollicitations (amélioration de la résistance à la flexion aux poussées horizontales) (Figure 2.3).

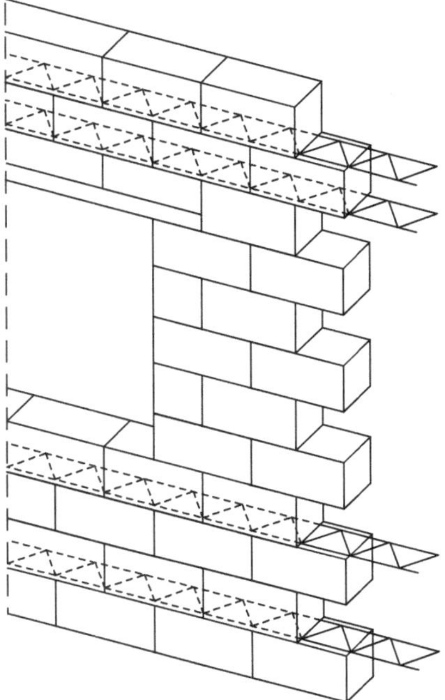

Figure 2.3. Exemple de maçonnerie armée

2.1 Les éléments de maçonnerie

2.1.1 Les types d'éléments

Les types d'éléments (ou produits) de maçonnerie (blocs, briques, pierres) sont définis selon les normes du Tableau 2.1.

Les normes européennes harmonisées définissent les performances des produits pour que l'ouvrage qui les incorpore satisfasse aux Exigences fondamentales du Règlement produits de construction (RPC). Ces normes définissent en particulier les conditions d'application du marquage CE.

> Pour les produits, la satisfaction aux Exigences fondamentales est garantie par la mise en place des normes harmonisées qui leur sont applicables. Le respect de la norme se traduit par l'imposition réglementaire du marquage CE sur le produit.
>
> Le marquage CE atteste la conformité du produit aux spécifications de la partie harmonisée des normes européennes (Annexe ZA). Il n'est pas une certification de qualité des produits.
>
> La norme européenne est généralement accompagnée d'un complément national qui fixe les niveaux et classes de performance nécessaires pour que les éléments soient aptes à la réalisation des ouvrages selon le DTU 20.1.
>
> En complément au marquage CE, il peut exister pour certains produits une certification volontaire NF ou CSTBat. Elle garantit que les exigences de performance des éléments ont été contrôlées par un organisme tiers et qu'elles sont effectivement respectées de façon continue par le fabricant.

Tableau 2.1. Normes européennes et normes françaises définissant les éléments de maçonnerie

Types	Norme EN	Complément national ou norme française	Certification volontaire NF[1]	Informations
Éléments en terre cuite	NF EN 771-1	NF EN 771-1/CN	Référentiel NF 046	www.fftb.org www.ctmnc.fr
Éléments en silico-calcaire	NF EN 771-2	-	-	www.cerib.com
Éléments en béton de granulats courants ou légers	NF EN 771-3	NF EN 771-3/CN	Référentiel NF 025-A	w w w . f i b . o r g www.cerib.com
Éléments en béton cellulaire autoclavé	NF EN 771-4	NF EN 771-4/CN	Référentiel NF 025-B	www.fib.org www.cerib.com
Éléments en pierre reconstituée	NF EN 771-5	NF EN 771-5/CN	-	www.fib.org www.cerib.com
Éléments en pierre naturelle	NF EN 771-6	NF B 10-601	-	www.ctmnc.fr www.unicem.fr
1) Les éléments certifiés NF sont obligatoirement de catégorie 1 (voir § 2.1.3).				

Dans le cadre du DTU 20.1, les éléments de maçonnerie doivent impérativement être conformes aux normes européennes ainsi qu'à leurs compléments nationaux lorsqu'ils existent.

Dans le cadre de l'Eurocode 6, la conformité aux seules normes européennes est nécessaire. Cependant, l'avant-propos national de l'annexe nationale de l'Eurocode 6 partie 1-1 fait référence au DTU 20.1 pour ce qui concerne les dispositions constructives applicables à la mise en œuvre. Ce renvoi explicite au DTU 20.1 implique donc que les éléments employés soient conformes aux exigences de ce DTU. En cas contraire, le système de construction utilisé sort du domaine traditionnel et nécessite le recours à un Avis technique ou à un Document technique d'application (DTA).

2.1.1.1 Principales caractéristiques définies par les normes produits

2.1.1.1.1 Blocs en béton de granulats courants ou légers (NF EN 771-3)

Tableau 2.2. Principales caractéristiques des blocs de béton de granulats courants ou légers

Appellation des produits	Blocs à enduire		Blocs de parement		Résistance caractéristique R_c (MPa)
	de granulats légers (Mvn < 1 750 kg/m³)	de granulats courants (Mvn ≥ 1 750 kg/m³)	de granulats légers (Mvn < 1 750 kg/m³)	de granulats courants (Mvn ≥ 1 750 kg/m³)	
Blocs creux	L25				2,5
	L30				3,0
	L40	B40	LP40		4,0
	L50	B50			5,0
			LP55		5,5
	L60	B60		P60	6,0
		B70			7,0
		B80		P80	8,0
				P120	12,0
	L35				3,5
	L45		LP45		4,5
	L70		LP70		7,0
		B80			8,0
		B120		P120	12,0
Blocs pleins ou perforés		B160		P160	16,0
				P200	20,0
				P230	23,0
				P250	25,0
				P280	28,0
				P300	30,0

	Spécifications des blocs NF	Norme d'essai ou de référence
Résistance à la compression	Blocs de catégorie 1 : résistance caractéristique garantie à 95 %	NF EN 772-1
Variations dimensionnelles	≤ 0,45 mm/m	NF EN 772-14
Adhérence bloc/mortier	0,15 N/mm² pour les blocs montés au mortier d'usage courant ou allégé 0,30 N/mm² pour les blocs collés	NF EN 998-2
Résistance à la diffusion de la vapeur d'eau	Coefficient égal à 5/15	NF EN 1745
Réaction au feu	Classement A1 (ou M0 selon l'ancien classement français) (non combustible)	NF P 13501-1
Absorption d'eau (blocs de parement)	3 g/m².s	NF EN 772-11
Résistance thermique	Selon valeur déclarée par le fabricant	Règles RT 2012 Th-BAT Th-U Fascicule 4

2.1.1.1.2 Exemple de marquage pour les blocs de granulats courants ou légers

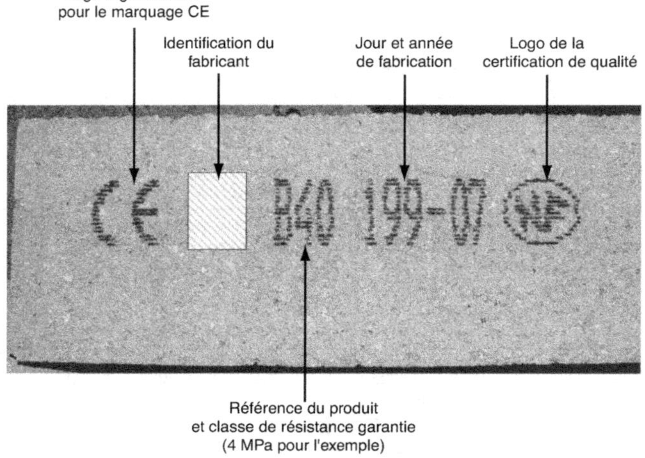

Figure 2.4. Marquage CE NF - bloc de granulats courants

2.1.1.1.3 Blocs en béton cellulaire autoclavé (NF EN 771-4)

Tableau 2.3. Principales caractéristiques des blocs de béton cellulaire autoclavé

	Spécifications des blocs NF	Norme d'essai ou de référence
Masse volumique nominale	Masse volumique sèche apparente, en kg/m^3	NF EN 772-13
Résistance à la compression	Blocs de catégorie 1 : résistance caractéristique garantie à 95 %	NF EN 772-1
Variations dimensionnelles	Selon valeur déclarée par le fabricant	NF EN 680
Adhérence bloc/mortier	0,30 N/mm^2 pour les blocs collés	NF EN 998-2
Résistance à la diffusion de la vapeur d'eau	Coefficient égal à 5/15	NF EN 1745
Réaction au feu	Classement A1 (ou M0 selon l'ancien classement français) (non combustible)	NF P 13501-1
Absorption d'eau (blocs de parement)	Selon valeurs déclarées par le fabricant	NF EN 772-11
Propriétés thermiques	Selon valeurs déclarées par le fabricant	NF EN 1745

Tableau 2.3 bis : résistance caractéristique à la compression du béton cellulaire autoclavé à l'état sec

Masse volumique nominale MVn (kg/m^3)	350	400	450	500	550	600	650	700	750	800
Résistance caractéristique minimale (R)	3,0	3,0	3,5	4,0	4,5	5,0	5,5	6,0	6,5	7,0

2.1.1.1.4 Exemple de marquage pour les blocs de béton cellulaire autoclavé

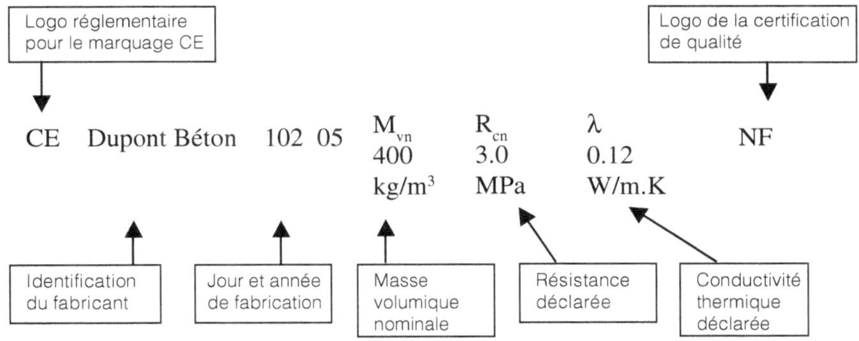

2.1.1.1.5 Éléments en terre cuite (NF EN 771-1)

Tableau 2.4. Principales caractéristiques des briques de terre cuite

	Spécifications des briques	Norme d'essai ou de référence
Classification	– Briques LD de masse volumique sèche $\leq$ 1 000 kg/m³. Utilisation en maçonnerie protégée. – Briques HD de masse volumique sèche > 1 000 kg/m³. Utilisation en maçonnerie non protégée.	NF EN 771-1 NF EN 771-1
Résistance à la compression	Éléments de catégorie 1 : résistance moyenne garantie à 95 %	NF EN 772-1
Variations dimensionnelles	$\leq$ 0,6 mm/m	NF EN 772-19
Adhérence produit/mortier	0,15 N/mm² pour les blocs montés au mortier d'usage courant ou allégé 0,30 N/ mm² pour les blocs collés	NF EN 998-2
Résistance à la diffusion de la vapeur d'eau	Coefficient égal à 5/15	NF EN 1745
Réaction au feu	Classement A1 (ou M0 selon l'ancien classement français) (non combustible)	NF P 13501-1
Absorption d'eau (briques HD)	Selon valeur déclarée par le fabricant	NF EN 772-7 NF EN 772-11
Résistance thermique	Selon valeur déclarée par le fabricant	Règles THU, fascicule 4/5, parois opaques ou NF EN 1745

2.1.1.1.6 Exemples de marquage pour les briques de terre cuite

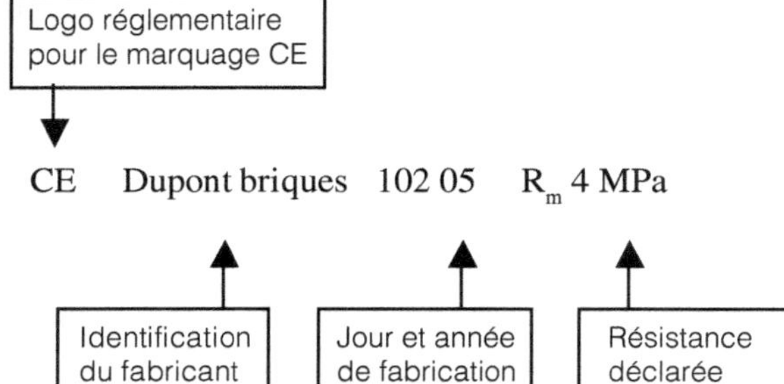

	XX	YY	05	09	RC40/Cat 2
NF	Identification de la société	Identification du site de fabrication	Année de fabrication	Mois de fabrication	Désignation de la classe et catégorie de résistance

2.1.1.1.7 Pierre naturelle (NF EN 771-6)

Aptitude à l'emploi prévu des éléments en pierre naturelle

L'aptitude à l'emploi des pierres dépend de leur destination dans l'ouvrage et de la localisation géographique de l'ouvrage.

Le Tableau 2.5, extrait de la norme NF B 10-601, précise les caractéristiques minimales des éléments de pierre naturelle en fonction de leur destination dans l'ouvrage.

Tableau 2.5. Prescriptions générales d'emploi pour les pierres naturelles massives d'épaisseur ≥ 80 mm

Destination dans l'ouvrage	Essais d'aptitude à l'emploi	Référence de la norme correspondante	Prescriptions applicables
Élévation en partie courante, sans possibilité de rejaillissement	Capillarité	NF EN 772-11	$C_{w.s}$ (parallèle au lit)[1]
	Gélivité[2]	NF EN 12371	A, B et C aucune D ≥ 12 cycles
	Compression	NF EN 772-1	Dimensionnement
Assise de rejaillissement[3]	Gélivité[2]	NF EN 12371	A ≥ 12 cycles
			B ≥ 12 cycles
			C ≥ 24 cycles
			D ≥ 48 cycles
Soubassement[4]	Capillarité	NF EN 772-11	$C_{w.s}$ (perpendiculaire et parallèle au lit) ≤ 130 g/m^2.s^{0,5}
	Gélivité[2]	NF EN 12371	A ≥ 36 cycles
			B ≥ 36 cycles
			C ≥ 48 cycles
			D ≥ 96 cycles
	Compression	NF EN 772-1	Dimensionnement

1) La capillarité Cw.s de la pierre sert à déterminer l'épaisseur minimale du mur de façade afin d'assurer l'étanchéité à l'eau de la paroi (se reporter au DTU 20.1).

2) Le classement des cantons selon les différentes zones de gel A, B, C ou D est donné en annexe A de la norme NF B 10-601.

3) Assise de rejaillissement : toute pierre dont le chant inférieur est à moins de 15 cm au-dessus d'une surface en saillie (autre que le sol).

4) Soubassement : toute pierre dont le chant inférieur est à moins de 15 cm du sol fini.

Tableau 2.6. Exemple de marquage CE pour les éléments de maçonnerie en pierre naturelle de catégorie I
pour un usage extérieur en mur porteur

CE
 	
Année : 2008
	Norme de référence : NF EN 771-6 – Octobre 2005
	Produit : éléments de maçonnerie en pierre, finition sciée
	Dénomination de la pierre suivant NF EN 12440 :
	   Nom traditionnel ....
	   Nom pétrographique ....
	Origine : .... (France)
	Usage : mur porteur extérieur

Numéro d'identification de l'organisme de certification : 1519

Nom et adresse du producteur : ....

Numéro du certificat de CPU : 02462 – CXY – 00071

CARACTÉRISTIQUES	VALEURS DÉCLARÉES	MÉTHODES D'ESSAIS
Dimensions	$L \times \lambda \times e$ (en mm)	NF EN 771-6
Tolérances dimensionnelles	Catégorie D3	NF EN 771-6
Description	Selon croquis de débit ci-joint	
Masse volumique apparente	2 280 kg/m^3	NF EN 1936
Résistance à la compression	Valeur moyenne déclarée* : 40,1 MPa	NF EN 772-1
Résistance à la flexion de la maçonnerie	APD	NF EN 1052-2
Résistance au cisaillement du joint de maçonnerie	0,10 N/mm^2	NF EN 1052-3
Réaction au feu	Classe A1	Sans essai (Décision 96/603 CEE)
Porosité ouverte	16,10 %	NF EN 1936
Absorption d'eau par capillarité	3 g/(m$^2 \times$ s^{0,5})	NF EN 772-11
Facteur de résistance à la vapeur d'eau	$\mu = 50$ (sec) et 40 (humide)	NF EN 12524
Résistance au gel	168 cycles	NF EN 12371
Conductivité thermique équivalente	0,55 W/mK ($\lambda_{10,sec}$)	NF EN 1745
* La valeur moyenne déclarée de la résistance à la compression doit être telle que : Lorsque les éléments de maçonnerie en pierre naturelle sont prélevés sur un lot d'une livraison conformément à l'Annexe A de la norme NF EN 771-6, et soumis à l'essai conformément à l'EN 772-1 et à un conditionnement conforme au chapitre 7.3.3 de cette norme, la résistance à la compression moyenne du nombre spécifié d'éléments de maçonnerie en pierre naturelle provenant d'une livraison ne doit pas présenter une résistance à la compression inférieure à 80 % de la valeur moyenne déclarée.		

2.1.1.1.8 Blocs de coffrage (NF EN 15435, NF EN 15498 ou ETAG 009)

Les blocs de coffrage sont des éléments creux de petites dimensions destinés à être montés à sec ou maçonnés. Ils servent de coffrage permanent à un voile continu en béton. Les blocs de coffrage peuvent être :

- en béton de granulats courants ou légers. Ils sont couverts par la norme NF EN 15435 et son complément national ;
- en béton et copeaux de bois comme granulats. Ils sont couverts par la norme NF EN 15498 ;

- en polystyrène, PVC. Ils peuvent être couverts par l'ETAG (Guide d'agrément technique européen) 009, mais le marquage CE n'est pas obligatoire.

> Les blocs à bancher sont à mi-chemin de la maçonnerie de petits éléments et du voile en béton banché. Ils ne sont traités ni par l'Eurocode 6, ni par l'Eurocode 2. Cependant, nous aborderons ces maçonneries en annexe D.

2.1.2 Classement en groupes

Du fait de leur grande diversité, les éléments de maçonnerie sont répartis en quatre groupes présentant des géométries sensiblement similaires (Figure 2.5).

> Le Tableau 3.1 de l'Eurocode 6 précise les spécifications d'appartenance à un groupe (voir annexe C).

> L'appartenance à un groupe est en principe définie par le fabricant du produit.

Groupe 1	Groupe 2	Groupe 3	Groupe 4
Éléments pleins ou constitués de trous de faible importance	Éléments constitués d'alvéoles verticales. La distinction de groupe est fonction de la section des alvéoles.		Éléments constitués d'alvéoles horizontales

Figure 2.5. Les différents groupes d'éléments de maçonnerie

Les groupes définis par l'Eurocode 6 dépendent des caractéristiques géométriques des éléments de maçonnerie. Cette classification en groupes est très importante dans l'Eurocode 6 car les caractéristiques mécaniques des maçonneries, ainsi que les méthodes de dimensionnement, dépendent de cette classification. Seuls les éléments correspondant aux groupes définis par l'Eurocode 6 peuvent être utilisés. Les éléments ne répondant pas à cette classification nécessitent une étude particulière complémentaire pour pouvoir être employés dans le cadre de l'Eurocode 6. Cette étude peut être validée dans le cadre d'un Avis Technique par exemple.

Il est également important de souligner que la conformité de l'élément de maçonnerie aux normes européennes et aux compléments nationaux n'implique pas nécessairement que le produit réponde à la définition d'un des groupes de l'Eurocode 6. Bien que cette situation soit rare, il est nécessaire de s'en assurer préalablement lorsque le groupe d'appartenance n'est pas déclaré dans le cadre du marquage CE.

2.1.3 Catégorie déclarée

Cette spécification est déclarée par le fabricant dans le cadre du marquage CE. Elle définit le niveau de qualité de la fabrication, évaluée à partir de la résistance à la compression.

Les éléments sont de catégorie 1 lorsque la résistance à la compression déclarée (en valeur moyenne ou en valeur caractéristique) est définie avec un niveau de confiance de 95 %.

Ils seront de catégorie 2 dans le cas contraire.

> La catégorie déclarée a un impact sur la valeur du coefficient partiel (ou coefficient de sécurité) qui sera employé pour le dimensionnement de l'ouvrage (voir chapitre 4, § 4.1.5).
>
> Les produits bénéficiant d'une certification de qualité, comme la marque NF, sont systématiquement de catégorie 1.

2.1.4 Dimensions de coordination

Les dimensions d'un élément de maçonnerie selon les normes NF EN 771 sont déclarées en dimensions de coordination exprimées en millimètres, dans l'ordre suivant : longueur, largeur, hauteur (Figure 2.6).

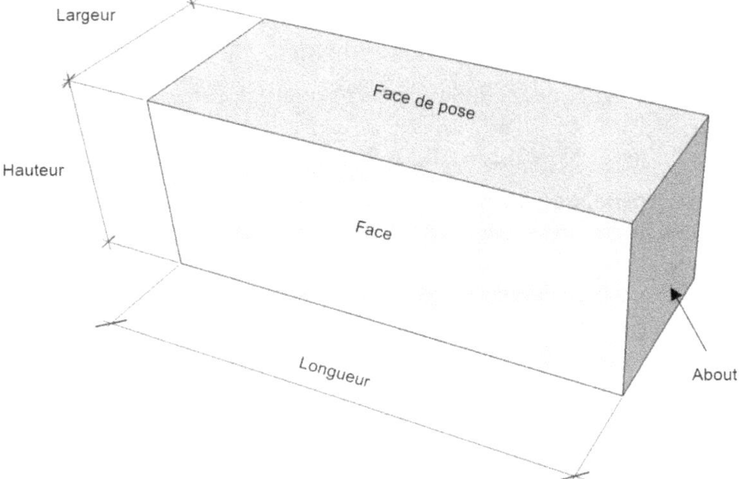

Figure 2.6. Dimensions et surfaces d'un élément de maçonnerie

2.1.5 Résistance à la compression déclarée

Les éléments de maçonneries sont caractérisés par leur résistance à la compression. Cette caractéristique est déclarée par le fabricant, comme valeur moyenne (R_m) ou valeur caractéristique (R_c).

> La résistance des briques de terre cuite et des éléments en pierre naturelle est déclarée comme valeur moyenne. La résistance des éléments en béton est déclarée comme valeur caractéristique.

Le passage de la résistance caractéristique à la résistance moyenne est détaillé au paragraphe suivant.

2.1.6 Résistance à la compression moyenne normalisée f_b

Les résistances à la compression déclarées des éléments de maçonnerie étant établies suivant des méthodes différentes selon les matériaux (résistance moyenne ou caractéristique, essai sur un élément entier ou non...), l'Eurocode 6 a dû introduire une notion de résistance à la compression moyenne normalisée afin d'harmoniser les pratiques des différentes filières. Cette résistance à la compression moyenne normalisée, que l'on notera f_b, est définie à partir de la résistance déclarée par le fabricant.

Dans certains cas, la résistance f_b est directement déclarée par le fabricant dans le cadre du marquage CE. Cette harmonisation des différentes valeurs de résistances déclarées va servir à obtenir une référence unique, directement utilisable dans les calculs.

> Le DTU 20.1 P4, Annexe C, résume la procédure de calcul de f_b

Le calcul de f_b fait intervenir les 3 coefficients suivants :

1/ Coefficient de passage δ_p de la résistance caractéristique déclarée R_c à la résistance moyenne déclarée R_m :

$$R_m = R_c \times \delta_p \tag{2.1}$$

La valeur caractéristique est définie pour le fractile 0.05 (autrement dit : 95 % des produits testés ont une résistance supérieure à la valeur déclarée). Pour passer de la valeur caractéristique déclarée à la valeur moyenne, on utilise le coefficient de passage δ_p (Figure 2.7). Ce coefficient pour les blocs de béton de catégorie 1 est fixé à 1,18. Pour les éléments de catégorie 2, il doit être établi par le fabricant à partir de ses tests de résistance.

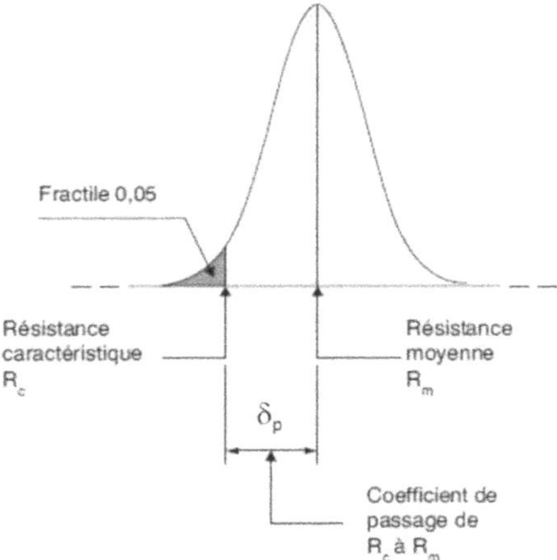

Figure 2.7. Passage de la résistance caractéristique déclarée à la résistance moyenne

2/ Coefficient de forme de l'échantillon testé : δ

Lorsque l'on mesure la résistance à la compression d'un élément de maçonnerie, le résultat obtenu dépend de la taille de l'élément ou de l'échantillon testé.

Le coefficient de forme δ, défini dans le Tableau 2.7, permet de prendre en compte l'influence de ces paramètres dans le calcul de f_b (valeurs issues de la norme NF EN 772-1).

Tableau 2.7. Valeurs du coefficient de forme δ relatif à la taille des éprouvettes d'essai

Hauteur[1] (en mm) / Largeur (en mm)	50	100	150	200	250
40	0,80	0,70	–	–	–
50	0,85	0,75	0,70	–	–
65	0,95	0,85	0,75	0,70	0,65
100	1,15	1,00	0,90	0,80	0,75
150	1,30	1,20	1,10	1,00	0,95
200	1,45	1,35	1,25	1,15	1,10
≥ 250	1,55	1,45	1,35	1,25	1,15

(1) Hauteur après préparation de la surface.

Note : une interpolation linéaire est permise entre des valeurs adjacentes du coefficient de forme.

Dans le cas des éléments en terre cuite ou en béton de granulats légers ou courants, les essais sont réalisés sur des éléments complets. Le coefficient de forme est donc directement dépendant des dimensions de l'élément employé.

Dans le cas d'éléments en béton cellulaire autoclavé ou en pierre naturelle, les essais sont effectués sur des échantillons. Les échantillons en béton cellulaire autoclavé sont des cubes de 100 mm de côté. Le coefficient de forme est donc égal à 1, quelles que soient les dimensions des blocs employés. Les échantillons en pierre naturelle sont des cubes de longueur variable (entre 70 et 100 mm en général). Il est donc nécessaire de consulter le rapport d'essai afin de pouvoir établir la valeur du coefficient de forme.

3/ Coefficient de conditionnement δ_c des éprouvettes d'essai

Les éprouvettes sont conservées avant essai de différentes manières :

- immergées dans un bac d'eau ;
- placées dans une étuve, à une certaine température pour obtenir un état sec contrôlé ;
- entreposées à l'air libre.

Le mode de conservation est défini dans la norme produit.

La norme NF EN 772-1 définit le coefficient à adopter en fonction du mode de conservation ou de traitement adopté (Tableau 2.8).

Tableau 2.8. Valeur du coefficient δc relatif au conditionnement des éprouvettes

Type de conditionnement	δ_c	Types d'éléments
Séchage à l'air	1	Blocs de béton de granulats courants ou légers, briques de terre cuite
Séchage en étuve	0,8	Blocs de béton cellulaire autoclavé, pierres naturelles*
Teneur en eau contrôlée à 6 %	1	
Immersion dans l'eau	1,2	
* Certaines pierres naturelles ne nécessitent pas de séchage en étuve. Le rapport d'essai précise le type de conditionnement.		

2.1.7 En résumé

Calcul de la résistance moyenne normalisée à partir de :

- la résistance caractéristique déclarée (cas des blocs béton) :

$$f_b = R_c \times \delta_p \times \delta \times \delta_c \tag{2.2}$$

- la résistance moyenne déclarée (cas des briques) :

$$f_b = R_m \times \delta \times \delta_c \tag{2.3}$$

avec :

δ_p : coefficient de passage de R_c à R_m

δ : facteur de forme de l'échantillon testé (selon NF EN 772-1)

δ_c : coefficient dépendant du conditionnement des éléments

R_c : résistance caractéristique déclarée des éléments

R_m : résistance moyenne déclarée des éléments

Le Tableau 2.9 présente la valeur calculée de f_b pour différents éléments de maçonnerie.

Comme on peut le remarquer, cette résistance moyenne normalisée que l'on va utiliser dans les calculs est très variable d'un produit à l'autre.

Tableau 2.9. Exemples de calcul de f_b

Élément	Largeur ; hauteur (mm)	R_c (MPa)	δ_p	R_m (MPa)	δ	δ_c	f_b (MPa)
Bloc béton	200 ; 200	4	1,18	4,72	1,15	1	5,43
Bloc BCA	200 ; 200	4	1,18	4,72	1	0,8	3,78
Brique TC	200 ; 200			4	1,15	1	4,6

2.2 Le mortier de montage

Il existe trois grandes variétés de mortier, selon leur mode d'obtention :

- livrés directement sur le chantier ;
- prémélangés, à préparer sur chantier par ajout d'eau ;
- réalisés directement sur chantier, selon une recette traditionnelle ou spécifique.

2.2.1 Types de mortier et compositions

Ils sont définis selon trois critères :

Tableau 2.10. Critères de définition des mortiers

Selon leurs constituants	Selon leur méthode de définition	Selon leur méthode de fabrication
– mortiers d'usage courant – mortiers de joints minces[1] – mortiers allégés[2]	– mortiers performanciels – mortiers de recette Ils sont conformes à la NF EN 998-2	– mortiers industriels (prédosés ou prémélangés) conformes à la NF EN 998-2 – mortiers réalisés sur chantier conformes à la norme NF EN 1996-2
(1) Mortiers obligatoirement performanciels, conformes au type (T) de la norme NF EN 998-2. Le DTU 20.1 impose que l'emploi de ce mortier soit couvert par un Avis technique ou un Document technique d'application afin d'évaluer la compatibilité entre le mortier, l'élément de maçonnerie, et l'outil d'application (rouleau ou pelle crantée). Voir chapitre 7, § 7.3.1.		
(2) Conformité à un Avis technique ou à un DTA.		

La composition et la caractéristique de résistance des mortiers de recette sont définies dans l'Annexe nationale de l'Eurocode 6 partie 1.1 (extrait en Tableau 2.11 – les classes de résistance sont précisées par leur classement M2,5 à M10) :

Tableau 2.11. Composition des mortiers de recette selon l'Annexe nationale française (extrait)

Éléments de maçonnerie	Mortier de ciment courant (c)	Mortier de chaux hydraulique	Mortier bâtard	
			Ciment courant (b) (c)	Chaux (a) (b)
En béton	300 à 350 kg/m³	350 à 450 kg/m³	100 à 150 kg/m³	250 à 300 kg/m³
			Dosage global de 350 à 400 kg/m³	
	M10	M10	M10	
En béton cellulaire autoclavé		250 à 300 kg/m³	50 à 100 kg/m³	150 à 200 kg/m³
			Dosage global de 250 à 350 kg/m³	
		M5	M5	
En terre cuite	300 à 400 kg/m³	350 à 450 kg/m³	150 à 200 kg/m³	150 à 250 kg/m³ (d)
			Dosage global de 350 à 400 kg/m³	
	M10	M10	M10	
En pierre tendre ($f_b \leq 10$ MPa)	200 à 250	200 à 300 kg/m³	100 à 125 kg/m³	100 à 200 kg/m³ (d)
			Dosage global 200 à 300 kg/m³	
	M2,5	M2,5	M2,5	
En pierre ferme ($10 \leq f_b \leq 40$ MPa)	250 à 350	250 à 400 kg/m³	50 à 100 kg/m³	200 à 250 kg/m³
			Dosage global 300 à 400 kg/m³	
	M5	M5	M5	
En pierre dure ($f_b > 40$ MPa)	300 à 400	350 à 450 kg/m³	100 à 150 kg/m³	250 à 300 kg/m³
			Dosage global 350 à 450 kg/m³	
	M10	M10	M10	
a) Les chaux HL ne seront jamais bâtardées.				
b) Chaux hydrauliques NHL, NHL-Z et HL. Les dosages bâtards ne pourront être réalisés qu'à partir de Ciments CEM 1 et CEM 11.				
c) Les ciments autorisés pour la pierre naturelle sont : Les CEM 1 ciment Portland et CEM II Portland au calcaire (CEM II/A-L,CEM II/B-L,CEM II/A-LL.CEM II/B-LL).				
d) Chaux CL ou DL.				

2.2.2 Résistance à la compression f_m

Le mortier est classé selon sa résistance à la compression f_m exprimée en MPa.

Par exemple, un mortier de résistance f_m = 5 MPa est classé M5.

f_m est la résistance caractéristique à la compression du mortier, déterminée conformément à l'EN 1015-11.

2.2.3 Adhérence entre éléments et mortier

Le dimensionnement en cisaillement de la maçonnerie s'appuie sur la valeur de l'adhérence entre le mortier et l'élément.

On utilise les valeurs tabulées par l'Eurocode 6, ou celles déterminées par essai (détermination de la résistance au cisaillement à l'origine, f_{vk0}, conformément à l'EN 1052-3, Figure 2.8 et Figure 2.9, ou l'EN 1052-4).

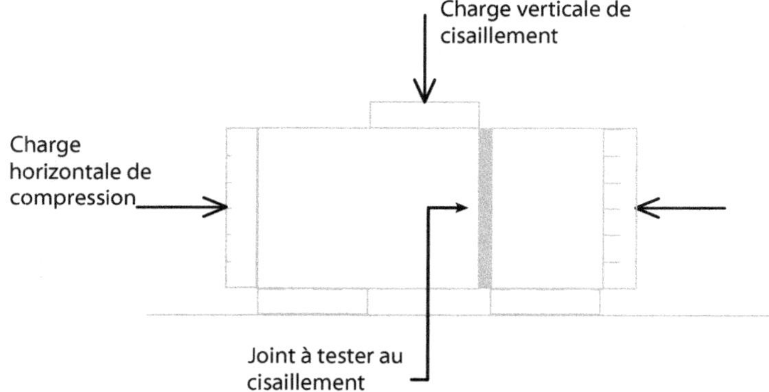

Figure 2.8. Détermination de la résistance à l'adhérence – dispositif d'essai

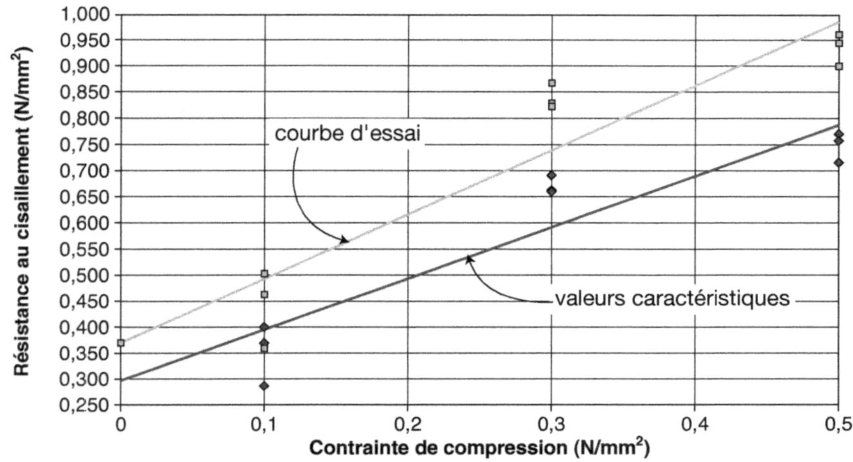

Figure 2.9. Exemple de détermination de la résistance au cisaillement selon l'EN 1052-3

2.3   Le béton de remplissage

Le béton de remplissage sert principalement :
- à réaliser des chaînages horizontaux et verticaux ou des potelets armés ;
- à réaliser des murs à partir d'éléments coffrants (blocs à bancher – voir annexe D).

Il doit être conforme à la norme NF EN 206-1.

Il est recommandé d'utiliser un béton de classe d'ouvrabilité S3 à S5 ou d'étalement F4 à F6 (bétons fluides).

La dimension maximale des granulats doit être inférieure à 20 mm, ou à 10 mm pour le remplissage de cavités inférieures à 100 mm ou pour un enrobage d'armature inférieur à 25 mm.

2.3.1   Résistances caractéristiques f_{ck} et f_{cvk}

La résistance caractéristique à la compression f_{ck} ainsi que la résistance caractéristique au cisaillement f_{cvk} du béton de remplissage peuvent être déterminées par essais ou issues du Tableau 2.12.

Tableau 2.12. Résistances caractéristiques du béton de remplissage

Classe de résistance du béton	C12/15	C16/20	C20/25	C25/30 ou plus
f_{ck} (N/mm²)	12	16	20	25
f_{cvk} (N/mm²)	0,27	0,33	0,39	0,45

2.4   Les armatures

Les armatures utilisées pour le renforcement et le chaînage des maçonneries sont réalisées à partir d'armatures lisses ou à haute adhérence, façonnées sur le chantier ou préfabriquées.

L'acier au carbone utilisé est conforme à l'EN 10 080 et l'acier inoxydable austénitique à l'EN 10 088.

Les armatures préfabriquées pour joint d'assise (voir Figure 2.3) sont conformes à l'EN 845-3.

Les propriétés générales des aciers et des armatures sont issues de l'Eurocode 2 (voir Figure 2.10 et Tableau 2.13 ci-après).

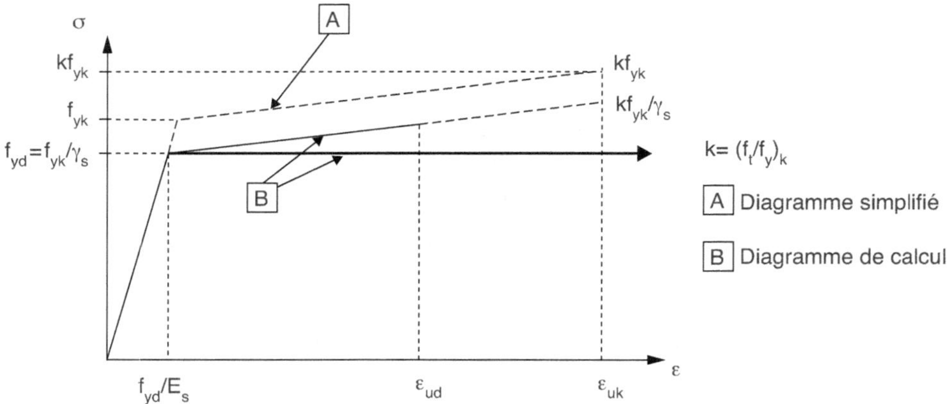

Figure 2.10. Diagramme contrainte-déformation simplifié et diagramme de calcul pour les aciers de béton armé (tendus ou comprimés)

Tableau 2.13. Propriété des armatures

Forme du produit	Barres et fils redressés			Treillis soudés			Exigence ou valeur du fractile (%)
Classe	A	B	C	A	B	C	–
Limite d'élasticité caratéristique f$_{yk}$ ou f$_{0,2k}$ (MPa)	400 à 600						5,0
Valeur minimale de K (f$_t$/f$_y$)k	≥ 1,05	≥ 1,08	≥ 1,15 < 1,35	≥ 1,05	≥ 1,08	≥ 1,15 < 1,35	10,0
Valeur caractéristique de la déformation relative sous charge maximale, ε$_{uk}$ (%)	≥ 2,5	≥ 5,0	≥ 7,5	≥ 2,5	≥ 5,0	≥ 7,5	10,0
Aptitude au pliage	Essai de pliage/dépliage			–			
Résistance au cisaillement	–			0,3 A f$_{yk}$ (A est l'aire du fil)			Minimum
Tolérance maximale vis-à-vis de la masse nominale (barre ou fil individuel) (%) — Dimension nominale de la barre (mm) ≤ 8	± 6,0						5,0
> 8	± 4,5						

Les valeurs d'étendue de contrainte en fatigue avec leur limite supérieure de β f$_{yk}$, et la surface projetée des nervures ou verrous, à utiliser dans un pays donné, peuvent être fournies par son Annexe nationale. Les valeurs recommandées sont données dans le Tableau C.2N (Eurocode 2). La valeur de β à utiliser dans un pays donné peut être fournie par son Annexe nationale. La valeur recommandée est β = 0,6.

Attention, des caractéristiques particulières sont exigées pour les armatures en zone sismique (voir annexe B).

2.4.1 Diagramme contrainte-déformation

Pour les calculs d'armatures (en section fléchie par exemple) on pourra adopter le diagramme contrainte-déformation simplifié (Figure 2.11) pour l'acier (pas de limite pour ε$_{ud}$) :

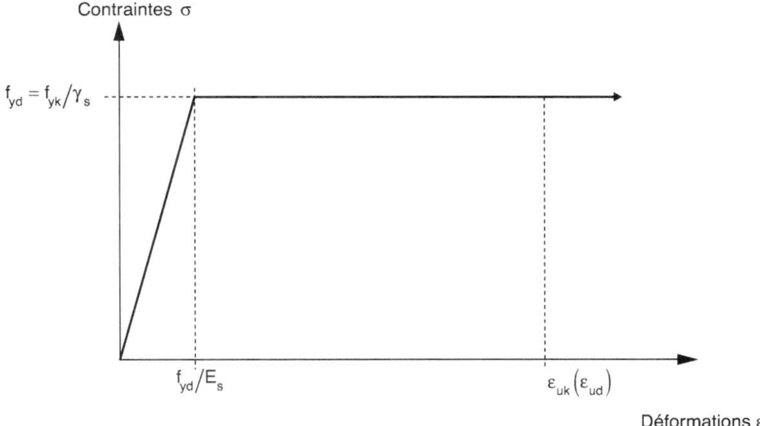

Figure 2.11. Diagramme contraintes-déformations simplifié de l'acier (diagramme B2)

Nota

Pour certaines vérifications, l'Eurocode 6 fixe ε_{ud} à 1 %.

CHAPITRE 3

Propriétés et caractéristiques des ouvrages de maçonnerie

3.1 Résistance caractéristique à la compression de la maçonnerie f_k

La résistance caractéristique à la compression de la maçonnerie dépend du couple « éléments + mortier ». Cette résistance, que l'on notera f_k, correspond à la résistance à la compression d'un muret (en général 1 × 1 m²) de maçonnerie. Elle sera ensuite utilisée pour déterminer la résistance des murs ou plus généralement des ouvrages de maçonnerie et nécessitera pour cela la prise en compte de facteurs complémentaires comme l'excentricité du chargement, l'élancement du mur...

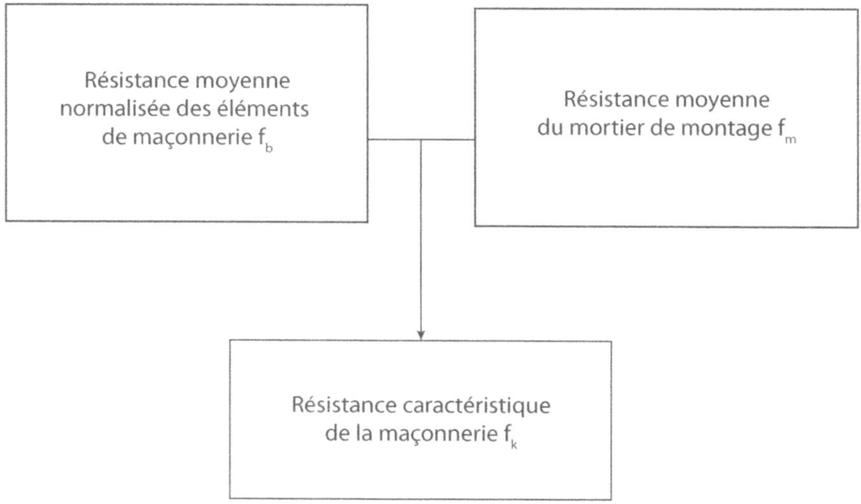

Figure 3.1. Définition de la résistance caractéristique à la compression d'une maçonnerie

La valeur de f_k peut être obtenue soit à partir d'essais réalisés selon la norme NF EN 1052-1, soit à partir des valeurs calculées :

- selon le Tableau 3.1 pour les maçonneries chargées perpendiculairement au lit de pose ;
- pour les maçonneries montées à joints interrompus, voir 3.1.2 ;
- lorsque la maçonnerie est chargée parallèlement au lit de pose, voir 3.1.4.

Tableau 3.1. Calcul de la résistance caractéristique à la compression f_k d'une maçonnerie

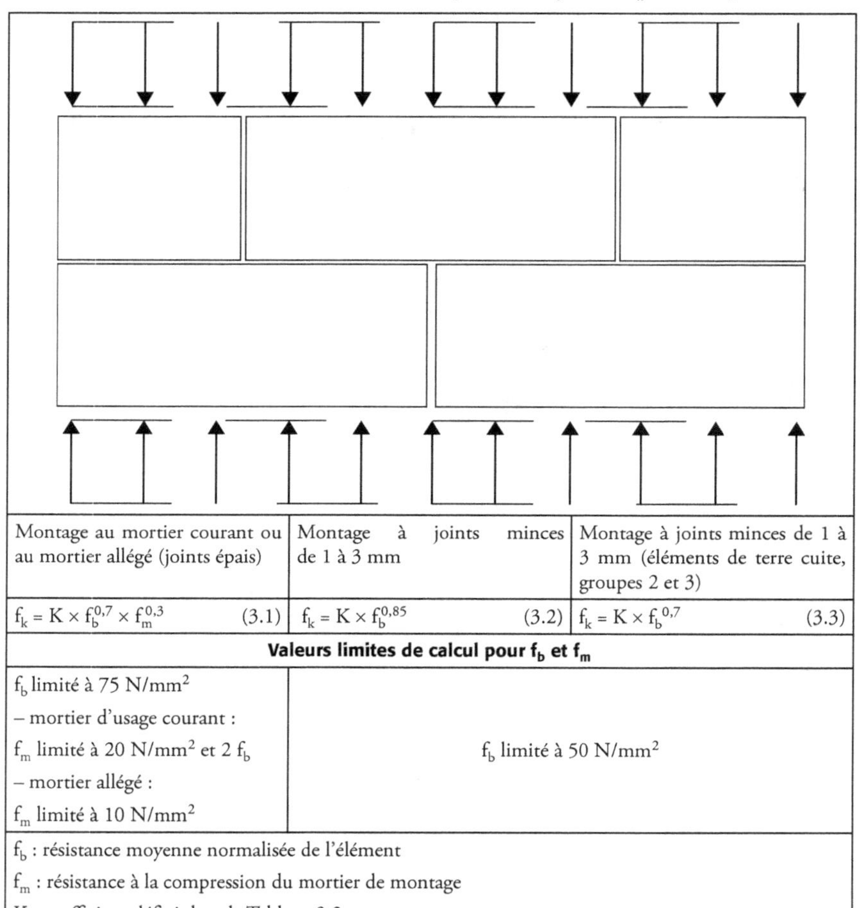

Montage au mortier courant ou au mortier allégé (joints épais)	Montage à joints minces de 1 à 3 mm	Montage à joints minces de 1 à 3 mm (éléments de terre cuite, groupes 2 et 3)
$f_k = K \times f_b^{0,7} \times f_m^{0,3}$ (3.1)	$f_k = K \times f_b^{0,85}$ (3.2)	$f_k = K \times f_b^{0,7}$ (3.3)
Valeurs limites de calcul pour f_b et f_m		
f_b limité à 75 N/mm² – mortier d'usage courant : f_m limité à 20 N/mm² et 2 f_b – mortier allégé : f_m limité à 10 N/mm²	f_b limité à 50 N/mm²	
f_b : résistance moyenne normalisée de l'élément f_m : résistance à la compression du mortier de montage K : coefficient défini dans le Tableau 3.2		

Tableau 3.2. Valeurs de K pour le calcul de la résistance caractéristique à la compression

Ouvrage de maçonnerie		Mortier d'usage courant	Mortier de joints minces (joint d'assise 1 mm à 3 mm)	Mortier allégé de masse volumique	
				$600 \leq \rho \leq 800$ kg/m³	$800 < \rho \leq 1\,300$ kg/m³
Terre cuite	Groupe 1	0,55	0,75	0,30	0,40
	Groupe 2	0,45	0,70	0,25	0,30
	Groupe 3	0,35	0,50	0,20	0,25
	Groupe 4	0,35	0,35	0,20	0,25
Silico-calcaire	Groupe 1	0,55	0,80	++	++
	Groupe 2	0,45	0,65	++	++
Béton de granulats	Groupe 1	0,55	0,80	0,45	0,45
	Groupe 2	0,45	0,65	0,45	0,45
	Groupe 3	0,40	0,50	++	++
	Groupe 4	0,35	++	++	++
Béton cellulaire autoclavé	Groupe 1	0,55	0,80	0,45	0,45
Pierre reconstituée	Groupe 1	0,45	0,75	++	++
Pierre naturelle prétaillée	Groupe 1	0,45	++	++	++
++ La combinaison de mortier/élément n'étant généralement pas utilisée, aucune valeur n'est donnée.					

Remarques

Lorsque la maçonnerie contient un joint intérieur épais disposé verticalement (Figure 3.2), la valeur de K est à multiplier par 0.8.

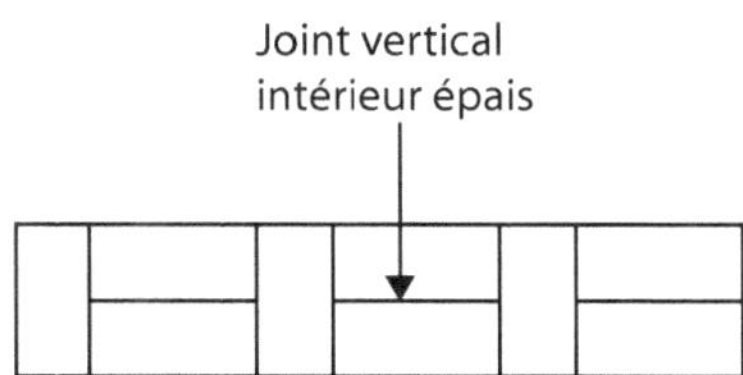

Figure 3.2. Montage avec joint intérieur vertical épais

Les éléments des groupes 2 et 3 entièrement remplis de béton peuvent être considérés comme appartenant au groupe 1. Dans ce cas, la valeur de f_b peut être prise égale à la plus petite des résistances de l'élément ou du béton. Cette méthode ne peut être appliquée avec des maçonneries constituées de blocs de coffrage (voir le chapitre 2 § 2.1.1.1.8 et l'annexe D).

3.1.1 Exemples de calcul de f_k

Reprise des exemples donnés dans le chapitre 2 « Caractérisation des matériaux et éléments constitutifs », voir tableau 2.9.

3.1.1.1 Éléments de terre cuite (montage à joints minces)

- K = 0,5 (groupe 3, montage à joints minces) ;
- f_b = 4,6 MPa ;

$f_k = 0,5 \times 4,6^{0,7} = 1,46$ MPa

3.1.1.2   Blocs en béton (montage maçonné)

- $K = 0,4$ (groupe 3) ;
- $f_b = 5,43$ MPa ;
- $f_m = 10$ MPa (Tableau 2.11 du chapitre 2) et limité à $2\ f_b$ (Tableau 3.1) ;

$f_k = 0,4 \times 5,43^{0,7} \times 10^{0,3} = 2,61$ MPa

3.1.1.3   Blocs de béton cellulaire autoclavé (montage à joints minces)

- $K = 0,8$ (groupe 1, montage à joints minces) ;
- $f_b = 3,77$ MPa ;

$f_k = 0,8 \times 3,77^{0,85} = 2,47$ MPa

3.1.2   Cas des maçonneries montées à joints interrompus

Un montage à joints interrompus consiste à hourder les éléments de maçonnerie en deux bandes de mortier disposées de manière symétrique le long des bords extérieurs de la face de pose et au droit de chaque cloison longitudinale.

> Associé à un mortier allégé, ce mode de pose vise à améliorer les performances thermiques de la paroi maçonnée.

> La définition que nous donnons ici de la technique va au-delà de l'Eurocode 6 qui ne prévoit que deux bandes de mortier sur les faces externes du mur et n'impose pas de symétrie. Ces exigences complémentaires nous semblent toutefois indispensables pour garantir la stabilité et la durabilité de l'ouvrage.

Dans tous les cas, la largeur de chaque bande de mortier doit être supérieure ou égale à 30 mm et le total des largeurs des bandes de mortier ne doit pas représenter moins de 40 % de l'épaisseur du mur.

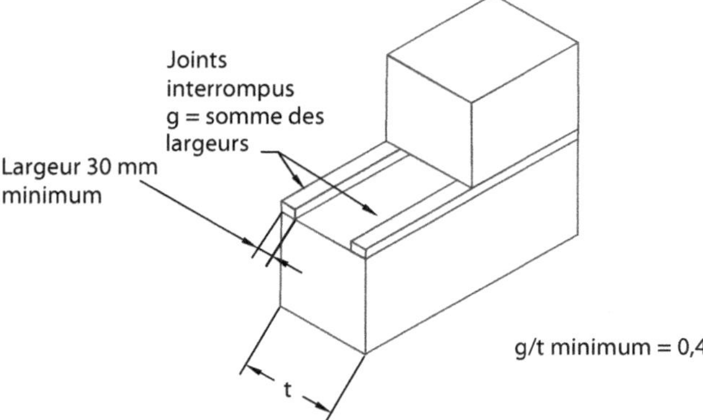

Figure 3.3. Montage avec joints interrompus de mortier

Le Tableau 3.3 donne les valeurs de K à utiliser pour le calcul de f_k selon les formules du Tableau 3.1.

Tableau 3.3. Valeurs de K pour les maçonneries à joints interrompus de mortier

Groupes 1 à 4
K = valeur du Tableau 3.2 pour g/t = 1 ;
K = 0,5 fois valeur du Tableau 3.2 pour g/t = 0,4 ;
Interpolation linéaire entre les deux valeurs.

La résistance caractéristique à la compression de la maçonnerie montée à joints interrompus peut également être obtenue à partir des formules du Tableau 3.1, à condition que la résistance à la compression moyenne normalisée des éléments, f_b, utilisée dans l'équation soit celle obtenue avec des essais effectués sur des éléments montés à joints interrompus conformément à l'EN 772-1.

3.1.3   Cas des blocs à bancher

L'Eurocode 6 ne couvre pas l'emploi de ces éléments qui dépendent de normes spécifiques ou d'un avis technique (NF EN 15435 par exemple pour les blocs à bancher en béton).

L'amendement au DTU 20.1 de juillet 2012 donne différentes indications pour leur emploi et leur dimensionnement. Ces dispositions sont rappelées en annexe D.

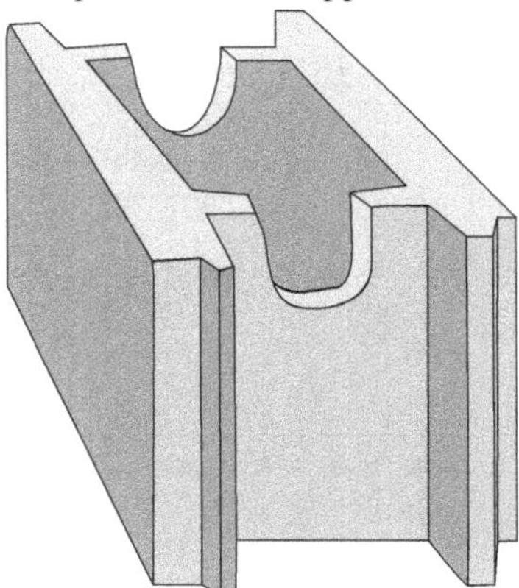

Figure 3.4. Exemple de bloc à bancher

3.1.4   Cas des maçonneries chargées parallèlement au lit de pose

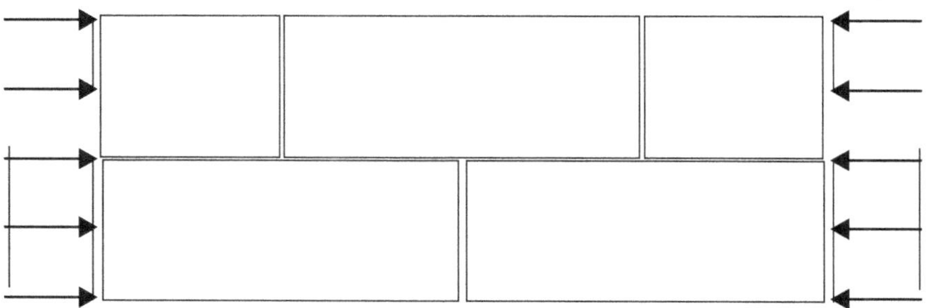

Figure 3.5. Résistance d'une maçonnerie chargée parallèlement au lit de pose des éléments

Le calcul est similaire au précédent (Tableau 3.1), en tenant compte des conditions suivantes :

- la résistance moyenne normalisée f_b est déterminée par essai selon l'axe de chargement de la maçonnerie (Figure 3.5). Le coefficient δ pour la détermination de f_b (voir Tableau 2.7) est limité à 1 ;

- pour les éléments des groupes 2 et 3, le coefficient K relatif au calcul de f_k est à multiplier par 0,5.

Ordres de grandeur des résistances des éléments

Blocs en béton, groupe 3 : $R_c/4$;

Éléments de terre cuite :
– groupes 2 et 3 : $R_m/10$;
– groupe 4 : $2R_m$;

Blocs en béton cellulaire (groupe 1) : valeur identique dans les deux directions.

3.2 Résistance caractéristique au cisaillement f_{vk}

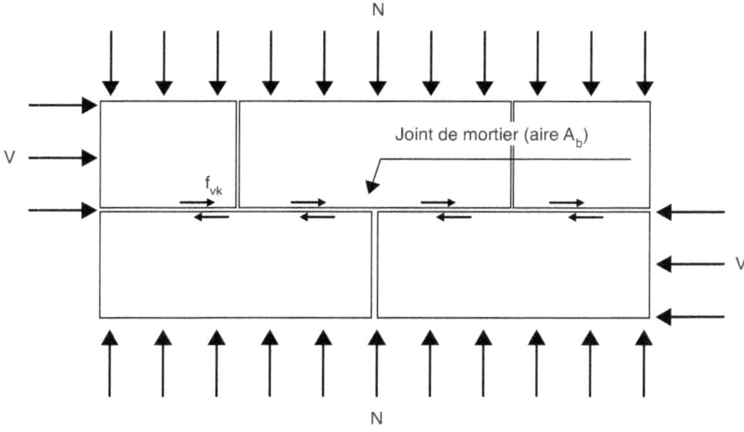

Figure 3.6. Détermination de f_{vk}

La résistance f_{vk} peut être obtenue par essai (EN 1052-3 ou EN 1052-4 – voir chapitre 2, 2.3) ou par calcul comme indiqué ci-après.

Tableau 3.4. Calcul de la résistance caractéristique au cisaillement f_{vk}

Joints verticaux remplis de mortier	Joints verticaux non remplis de mortier[1]
$f_{vk} = f_{vk0} + 0{,}4\,\sigma_d \le 0{,}065\,f_b{}^{(*)}$ (3.4)	$f_{vk} = 0{,}5\,f_{vk0} + 0{,}4\,\sigma_d \le 0{,}045\,f_b$ (3.5)
(*) Valeur limite de f_{vk} pour le béton cellulaire autoclavé : 0,045 f_b	
Maçonnerie à joints interrompus (voir 3.1.2) : $f_{vk} = (g/t) \cdot f_{vk0} + 0{,}4\,\sigma_d \le 0{,}045\,f_b$ et g/t limité à 0,5 (3.6)	

f_{vk0} : résistance caractéristique initiale au cisaillement définie selon le Tableau 3.5, pour la contrainte de compression σ_d nulle ;
σ_d : contrainte verticale moyenne s'exerçant sur la partie comprimée du mur $\sigma_d = N / A_b$ (Figure 3.6) ;
f_b : résistance moyenne normalisée de l'élément de maçonnerie.
(1) Voir chapitre 7, § 7.2.4.

Tableau 3.5. Valeur de la résistance initiale au cisaillement f_{vk0}

Type d'éléments de maçonnerie		f_{vk0} (N/mm²)		
		Mortier d'usage courant de la classe de résistance donnée	Mortier de joints minces[(*)] (joint d'assise 0,5 mm à 3 mm)	Mortier allégé[(*)]
Terre cuite	M10 – M20	0,30	0,30	0,15
	M5 – M9[(*)]	0,20		
Silico-calcaire	M10 – M20	0,20	0,40	0,15
	M5 – M9[(*)]	0,15		
Béton de granulats courants ou légers	M10 – M20	0,20	0,30	0,15
Béton cellulaire autoclavé	M5 – M9[(*)]	0,15		
Pierre reconstituée	M5 – M9[(*)]	0,15		
Pierre naturelle dimensionnée (*)	M2,5 — M4 ou M5 — M9	0,15	0,30	0,15
	M10 — M20			

(*) Les garde-fous ci-dessus sur les classes de mortier de montage permettent d'éviter un poinçonnement prématuré de celui-ci, notamment dans le cas des produits multi-alvéolés à parois minces largement utilisés en France. Des indications utiles à ce sujet sont données dans la norme NF DTU 20. 1 (P 10-202). Pour les pierres dimensionnées, afin d'assurer la prise en compte de la cohérence avec le DTU 20. 1 : > M2,5 pour les pierres tendres, > M5 pour les pierres fermes, > M10 pour les pierres dures.

3.2.1 Cas particulier : résistance verticale au cisaillement de la jonction entre deux murs

La charge horizontale n'est pas prise en compte pour la détermination de la résistance au cisaillement :

$$f_{vk} = f_{vk0}. \tag{3.7}$$

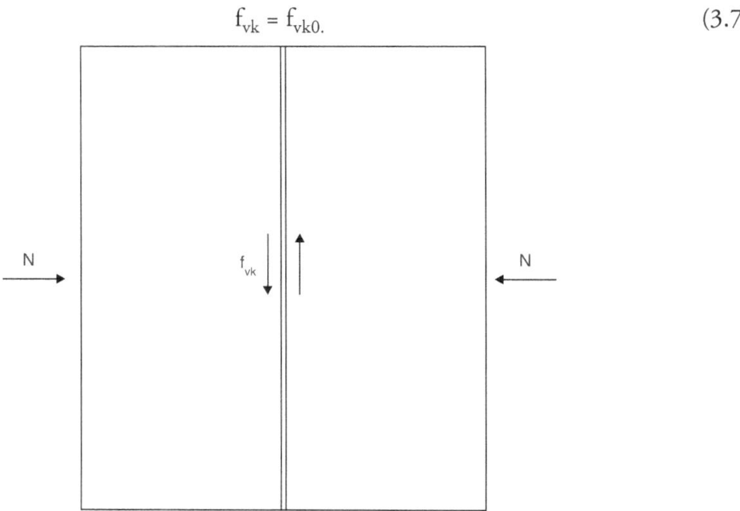

Figure 3.7. Résistance au cisaillement d'une jonction verticale entre deux murs

3.3   Résistance caractéristique à la flexion f_{xk}

Deux plans de rupture privilégiés sont considérés pour déterminer la résistance caractéristique à la flexion f_{xk1} ou f_{xk2} (Tableaux 3.6 et 3.7).

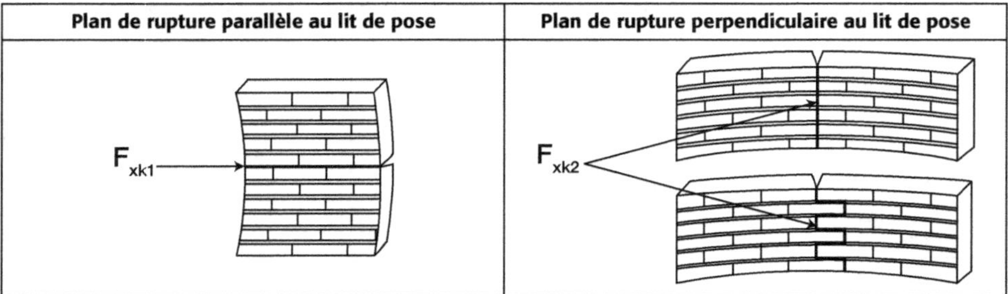

Figure 3.8. Définition des résistances caractéristiques à la flexion

Tableau 3.6. Valeurs de f_{xk1} pour un plan de rupture parallèle aux lits de pose

Éléments de maçonnerie en	f_{xk1} (N/mm²)		
	Mortier d'usage courant[*]	Mortier de joints minces[*]	Mortier allégé[*]
	(*) fm 5 N/mm² ou 10 N/mm²		
Terre cuite	0,10	0,15	0,10
Silico-calcaire	0,10	0,20	non utilisé
Béton de granulats courants ou légers	0,10	0,20	non utilisé
Béton cellulaire autoclavé	0,10	0,15	0,10
Pierre reconstituée	0,10	non utilisé	non utilisé
Pierre naturelle dimensionnée (*)	0,10	0,15	non utilisé

(*) Les garde-fous ci-dessus sur les classes de mortier de montage permettent d'éviter un poinçonnement prématuré de celui-ci, notamment dans le cas des produits multi-alvéolés à parois minces largement utilisés en France. Des indications utiles à ce sujet sont données dans la norme NF DTU 20. 1 (P 10-202). Pour les pierres dimensionnées, afin d'assurer la prise en compte de la cohérence avec le DTU 20. 1 : > M2,5 pour les pierres tendres, > M5 pour les pierres fermes, > M10 pour les pierres dures.

Tableau 3.7. Valeurs de f_{xk2} pour plan de rupture perpendiculaire aux lits de pose

Éléments de maçonnerie en		f_{xk2} (N/mm²)		
		Mortier de joints minces[*]	Mortier de joints minces[*]	Mortier allégé[*]
		(*) f_m 5 N/mm² ou 10 N/mm²		
Terre cuite		0,40	0,15	0,10
Silico-calcaire		0,40	0,30	non utilisé
Béton de granulats courants ou légers		0,40	0,30	non utilisé
Béton cellulaire autoclavé	$\rho < 400$ kg/m³	0,20	0,20	0,15
	$\rho \geq 400$ kg/m³	0,40	0,30	0,15
Pierre reconstituée		0,40	non utilisé	non utilisé
Pierre naturelle dimensionnée (*)		0,40	0,15	non utilisé

(*) Les garde-fous ci-dessus sur les classes de mortier de montage permettent d'éviter un poinçonnement prématuré de celui-ci, notamment dans le cas des produits multi-alvéolés à parois minces largement utilisés en France. Des indications utiles à ce sujet sont données dans la norme NF DTU 20. 1 (P 10-202). Pour les pierres dimensionnées, afin d'assurer la prise en compte de la cohérence avec le DTU 20. 1 : > M2,5 pour les pierres tendres, > M5 pour les pierres fermes, > M10 pour les pierres dures.

Nota

Les valeurs de f_{xk1} et f_{xk2} sont données pour une charge de compression nulle dans le sens orthogonal au plan de rupture. Cette charge qui a pour effet d'augmenter la valeur de la résistance est prise en compte dans les calculs (voir chapitre 5, § 5.3.3.1.).

En alternative aux valeurs tabulées, ces valeurs peuvent être déterminées par essai selon la norme NF EN 1052-2.

3.4   Résistance caractéristique à l'adhérence acier-béton f_{b0k}

La résistance caractéristique d'adhérence des armatures préfabriquées pour joint d'assise est déterminée par essai, selon l'EN 846-2, ou par calcul en considérant l'adhérence des armatures longitudinales seules (Tableau 3.9).

La résistance caractéristique d'adhérence des armatures hourdées dans une section de béton d'au moins 150 mm ou confinées dans un ouvrage de maçonnerie jouant le rôle de coffrage est indiquée dans le Tableau 3.8.

La résistance caractéristique d'adhérence d'armatures enrobées dans du mortier ou dans du béton non confiné est indiquée dans le Tableau 3.9.

Tableau 3.8. Résistance caractéristique d'adhérence d'une armature dans un béton de remplissage confiné ou coffrage de 150 mm au moins

Classe de résistance du béton	C12/15[1]	C16/20	C20/25	C25/30 ou plus
f_{bok} pour aciers doux lisses (MPa)	1,3	1,5	1,6	1,8
f_{bok} pour aciers à haute adhérence HA (MPa)	2,4	3,0	3,4	4,1

1) Classe de résistance (valeur caractéristique en MPa) obtenue respectivement sur cylindre 150 x 300 mm ou sur cube de 150 mm de côté.

Tableau 3.9. Résistance caractéristique d'adhérence d'une armature dans un mortier ou dans un béton de remplissage non confiné ou de coffrage inférieur à 150 mm

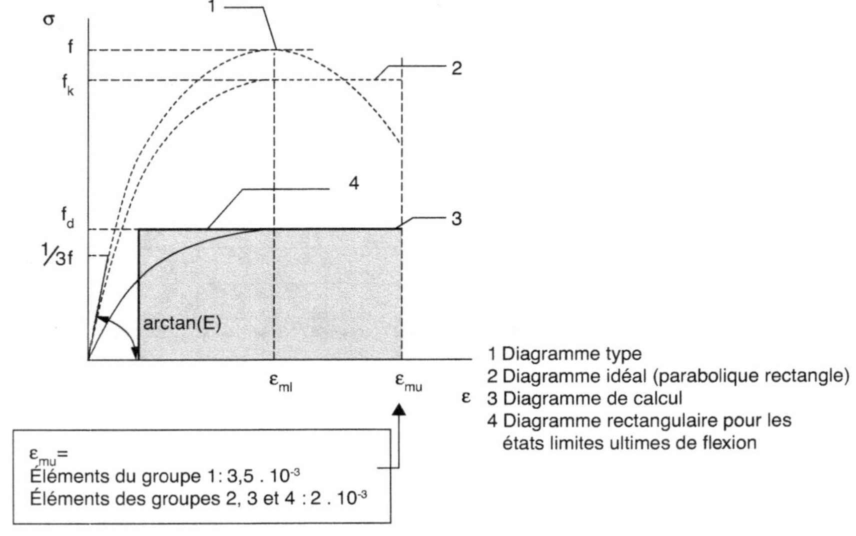

Classe de résistance du mortier	M2 – M4	M5 – M9	M10 – M14	M15 – M19	M20
Classe de résistance du béton	Non utilisé	C12/15	16/20	C20/25	C25/30 ou plus
f_{bok} pour aciers doux lisses (MPa)	0,5	0,7	1,2	1,4	1,4
f_{bok} pour aciers à haute adhérence HA (MPa)	0,5	1,0	1,5	2,0	3,4

3.5 Déformation

3.5.1 Relation contrainte-déformation

Comme pour le béton, l'Eurocode 6 laisse une grande liberté dans le choix de la relation contrainte-déformation. Il est possible de considérer pour cette relation une courbe parabolique en phase élastique prolongée par une droite horizontale se propageant jusqu'à la déformation ultime ε_{mu} (diagramme parabole-rectangle Figure 3.9).

Remarque : la valeur de ε_{mu} dépend du groupe de l'élément de maçonnerie (Figure 3.9).

Figure 3.9. Courbes contrainte-déformation de la maçonnerie (compression)

Le diagramme « parabole rectangle » est employé pour caractériser la relation contrainte-déformation en compression axiale.

La partie parabolique décrit la phase élasto-plastique du matériau, la partie rectangulaire, sa phase non élastique.

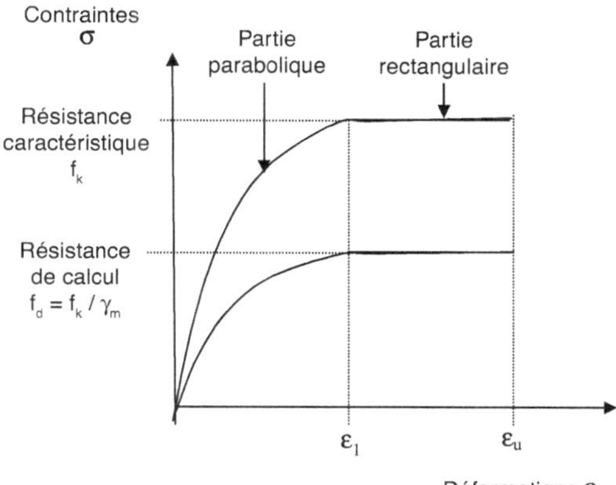

Figure 3.10. Diagramme parabole-rectangle

Ce diagramme est utilisé pour calculer les sections à l'état limite ultime de résistance.

L'emploi du diagramme « parabole-rectangle » nécessite en particulier la connaissance des paramètres ε_{ml} et ε_{mu}, qui définissent respectivement la déformation de début de palier plastique et la déformation relative ultime de la maçonnerie en compression.

Si l'Eurocode 6 indique des valeurs pour ε_{mu}, à savoir 0,0035 pour les éléments du groupe 1 et 0,002 pour les éléments des autres groupes, aucune indication n'est donnée pour le paramètre ε_{ml}. En attendant une précision de l'Eurocode 6 sur ce point, nous conseillons de considérer que ε_{ml} = 0,002 pour les éléments du groupe 1, par analogie avec les prescriptions de l'Eurocode 2 pour les ouvrages en béton armé, et $\varepsilon_{ml} = \varepsilon_{mu} = $ 0,002 pour les éléments des autres groupes. Cette dernière hypothèse, en supprimant le palier plastique, est sécuritaire.

Pour ce qui concerne l'équation de la courbe, également non renseignée dans l'Eurocode 6, nous nous baserons sur celle proposée par l'Eurocode 2 partie 1-1 à savoir que la contrainte de compression dans la maçonnerie σ_m est donnée, en fonction de la déformation ε par :

$$\sigma_m = f_d \times \left(1 - \left(1 - \frac{\varepsilon}{\varepsilon_{ml}}\right)^2\right) \text{ pour } 0 \leq \varepsilon < \varepsilon_{ml}$$

$$\sigma_m = f_d \text{ pour } \varepsilon_{ml} \leq \varepsilon < \varepsilon_{mu}$$

Avec f_d, la résistance de calcul à la compression de la maçonnerie.

Dans le cas d'une maçonnerie non armée, il est recommandé de ne prendre en compte que le domaine élastique de la maçonnerie. Dans ce cas, la relation contrainte déformation est linéaire, la contrainte maximale est limitée à f_d et la déformation ultime est limitée à $\varepsilon_{mu} = \dfrac{f_d}{\varepsilon}$, où E est le module d'élasticité de la maçonnerie.

Dans le cas d'une section armée soumise principalement à une flexion, il est remplacé par un diagramme simplifié rectangulaire, plus commode à utiliser pour les calculs de section.

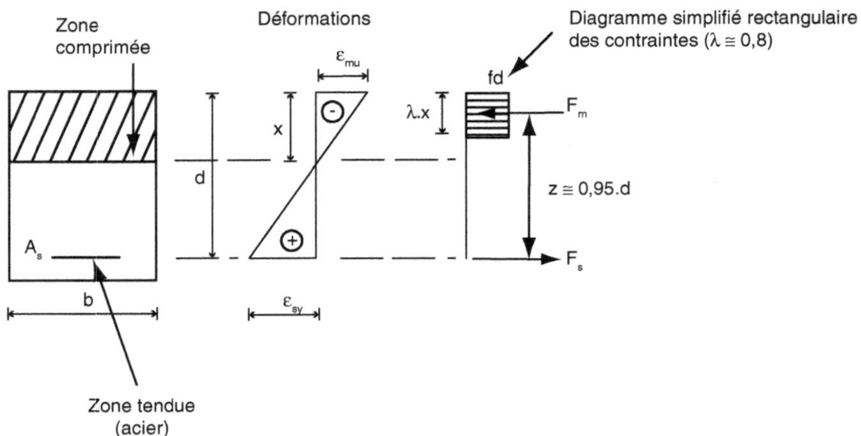

Figure 3.11. Diagramme simplifié rectangulaire des contraintes(cas d'une section armée fléchie)

ε_{mu} est limité à 0,0035 pour les éléments du groupe 1 et à 0,002 pour les groupes 2, 3 et 4.

ε_{sy} est limité à 0,01. Si le diagramme simplifié rectangulaire des contraintes est régulièrement admis dans la littérature, il est également possible d'utiliser le diagramme du modèle élastique lorsque les sections sont faiblement chargées verticalement (proposition du groupe spécialisé n° 16 chargé de délivrer les Avis techniques « contreventement par murs en maçonnerie de petits éléments » [40].

3.5.2 Module d'élasticité E

Le module d'élasticité sécant à court terme E (voir Figure 3.9) peut être déterminé par essai (norme EN 1052-1) ou pris égal à :

$$E = K_E \times f_k \text{ avec } K_E = 1\ 000 \tag{3.7}$$

Le module d'élasticité sécant à long terme, $E_{longterm}$ est pris égal à :

$$E_{longterm} = \frac{E}{1 - \phi_\infty} \tag{3.8}$$

avec ϕ_∞ : coefficient de fluage ultime, dépendant du groupe de l'élément (voir Tableau 3.10).

Le module d'élasticité longitudinal E, encore appelé module de Young, est le rapport entre la contrainte σ appliquée sur le matériau et la déformation ε qui en résulte, dans la partie considérée comme élastique du matériau, c'est-à-dire lorsque le rapport $\dfrac{\sigma}{\varepsilon}$ reste sensiblement constant. Forfaitairement, pour la maçonnerie, on calcule cette relation pour $\sigma_1 = f/3$.

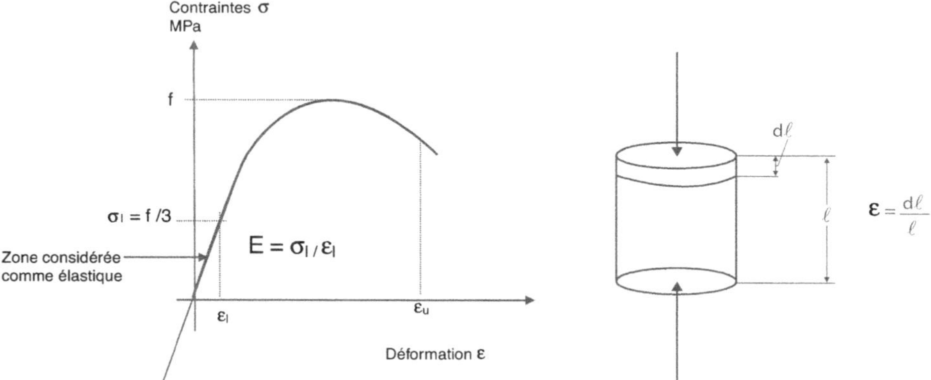

Figure 3.12. Diagramme contraintes-déformations

3.5.3 Module de cisaillement G

Il peut être pris égal à :

$$G = 0,4 \times E \tag{3.9}$$

Le module de cisaillement G ou module d'élasticité transversale décrit le comportement en cisaillement du matériau.

Il est égal au rapport entre la contrainte de cisaillement τ appliquée sur le matériau et la déformation angulaire γ qui en résulte, dans la partie considérée comme élastique du matériau.

Dans le cas d'un milieu isotrope (propriétés mécaniques identiques dans toutes les directions) le module de cisaillement est lié au module de Young E et au coefficient de Poisson ν par la relation suivante :

$$G = \frac{E}{2(1+\nu)}$$

En pratique, on prendra : $G = 0,4 \times E$

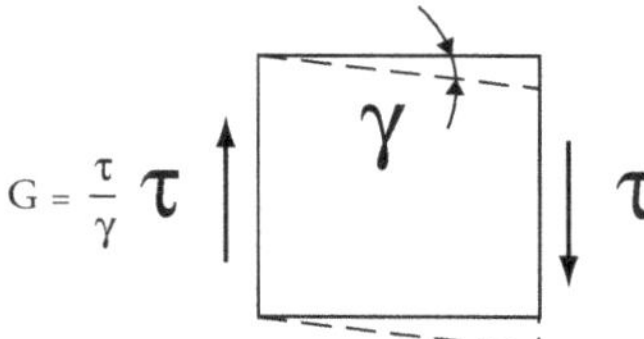

3.5.4 Fluage, retrait, gonflement et dilatation thermique

Ces valeurs peuvent être déterminées à partir des données du Tableau 3.10 (annexe nationale).

Tableau 3.10. Données relatives au fluage, retrait/gonflement et dilatation thermique

Type d'ouvrage de maçonnerie	Coefficient de fluage ultime[1] ϕ_∞		Retrait/gonflement à l'humidité ou à long terme[2] mm/m		Coefficient de dilatation thermique, α_t, 10^{-6}/K	
	Plage	Valeur recommandée de calcul	Plage	Valeur recommandée de calcul	Plage	Valeur recommandée de calcul
Terre cuite	0,5 à 1,5	1	–0,2 à +1,0	+0,3	4 à 8	6
Silico-calcaire	1,0 à 2,0	1,5	–0,4 à –0,1	–0,2	7 à 11	9
Béton de granulats courants et pierre reconstituée	1,0 à 2,0	1,5	–0,6 à –0,1	–0,2	6 à 12	9
Béton de granulats légers	1,0 à 3,0	2	–1,0 à –0,2	(4)	6 à 12	10
Béton cellulaire autoclavé	0,5 à 1,5	1	–0,4 à +0,2	–0,2	7 à 9	8
Pierre naturelle						
Magmatique					5 à 9	8
Sédimentaire	(3)	0	–0,4 à +0,7	+0,1	2 à 7	5
Métamorphique					1 à 18	12

1) Le coefficient de fluage ultime $\phi_\infty = \varepsilon_{c\infty}/\varepsilon_{cel}$, où $\varepsilon_{c\infty}$ est la déformation ultime de fluage et $\varepsilon_{el} = \sigma/E$.

2) Lorsque la valeur à long terme de retrait/gonflement à l'humidité est notée comme un nombre négatif, elle indique un retrait, et lorsqu'elle est notée comme un nombre positif, elle indique un gonflement.

3) Ces valeurs sont normalement très basses.

4) Les valeurs dépendent du matériau constitutif et une valeur de calcul ne peut être donnée. Pour les granulats de ponce et d'argile expansée, on prendra la valeur de –0,4.

3.6   Matériaux accessoires

3.6.1   Attaches, feuillards, corbeaux et ancrages

Ces éléments doivent être conformes à l'EN 845-1.

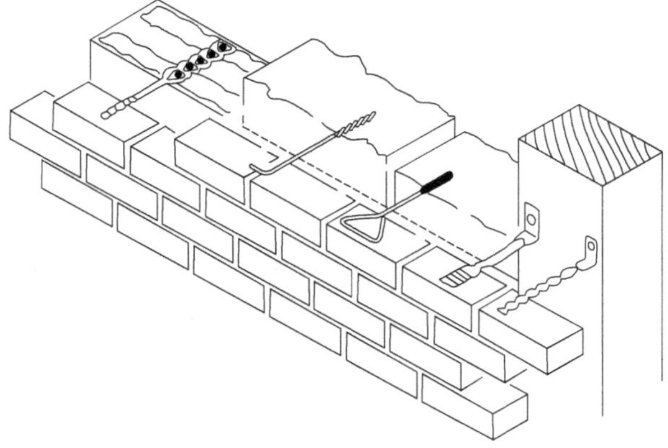

Figure 3.13. Exemples d'attaches définies dans l'EN 845-1

En particulier la norme précise les clauses du marquage CE et les exigences fondamentales applicables (résistance à la compression, à la traction, résistance à l'eau, durabilité…).

3.6.2 Linteaux ou prélinteaux préfabriqués

Ils doivent être conformes à la norme NF EN 845-2.

La norme spécifie les prescriptions concernant les linteaux préfabriqués d'une portée maximale de 4,5 m au-dessus de l'ouverture libre. Elle précise les modalités du marquage CE.

Les linteaux préfabriqués peuvent être des linteaux complets ou constituer la partie préfabriquée d'un linteau composite.

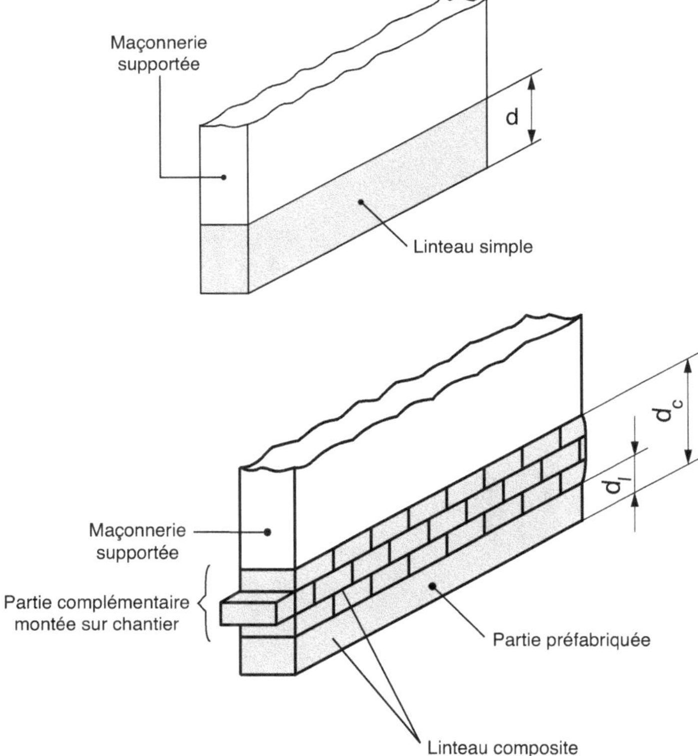

Figure 3.14. Exemples de linteaux selon la norme NF EN 845-2

CHAPITRE 4

Analyse structurale

4.1 Sécurité des structures : les bases

L'Eurocode 0 – bases du calcul des structures – définit les principes généraux du dimensionnement des structures et des ouvrages aux états limites. Ce dimensionnement permet de satisfaire les exigences de sécurité et de durabilité exprimées dans les Eurocodes. Il se fonde sur une analyse semi-probabiliste des actions et de la résistance des éléments de la structure.

Qu'est-ce qu'un état limite ?

Le dimensionnement des structures selon les Eurocodes est basé sur un calcul aux états limites, états au-delà desquels la structure ne satisfait plus à l'usage prévu.

On distingue deux types d'états limites :
- les états limites ultimes (ELU ou ULS en anglais) directement liés à la sécurité des personnes, par exemple l'effondrement d'une structure ;
- les états limites de service (ELS ou SLS en anglais) pour lesquels les désordres constatés risquent de limiter l'aptitude à l'usage du bâtiment pendant sa durée de vie escomptée (50 ans par exemple pour un bâtiment courant).

Quelles sont les probabilités acceptables d'atteindre un état limite ?

Le calcul d'une structure fait intervenir un grand nombre de paramètres : résistance des matériaux constitutifs, actions sollicitant la structure, durée de vie de l'ouvrage, etc. La combinaison de ces paramètres conduit à la question : quel est le risque de ruine (ou la probabilité de ruine) de l'ouvrage calculé ? (Quand la sécurité des personnes est en cause, on parle d'indice de fiabilité plutôt que de probabilité de ruine, et ce pour des raisons psychologiques.)

D'une manière non équivoque, on dira qu'il y a probabilité de ruine lorsque les sollicitations agissantes deviennent supérieures à la résistance présumée de la structure :

$$S \geq R \text{ ou } (S\text{-}R) \geq 0 \tag{4.1}$$

Toutefois, les actions agissantes sont multiples et ne sont connues que partiellement (aucune construction n'est à l'abri d'une chute de neige dépassant la valeur réglementaire).

De même la résistance des matériaux ne donne qu'une valeur approximative de la résistance (la résistance selon une méthode normalisée ne prend pas en compte les aléas de la réalité du terrain).

Ces sollicitations et résistances, du fait de leur caractère variable, peuvent donc être considérées comme des variables aléatoires indépendantes et l'on aura recours à l'analyse statistique pour estimer le risque de ruine de la structure ainsi calculée.

Calcul de la probabilité de ruine : les bases du calcul de probabilités

Le mathématicien allemand Gauss énonce en 1795 la méthode des moindres carrés pour minimiser l'impact d'une erreur de mesure. Les valeurs obtenues se distribuent selon une loi dite normale autour d'une valeur moyenne. La représentation graphique de ces valeurs dispersées de part et d'autre de la moyenne forme une courbe en cloche dite « courbe de Gauss ». La dispersion des valeurs est caractérisée par l'écart type σ (point de dérivée seconde nulle). Visuellement, la courbe « franchit sa tangente » à la valeur σ, caractérisant ainsi « l'étalement » de la courbe de Gauss.

Cette courbe est utilisée pour caractériser la distribution des valeurs des résistances mesurées sur échantillons et la distribution des sollicitations appliquées aux ouvrages.

Elle est également utilisée pour caractériser la valeur aléatoire $X = (R - S)$ définissant la probabilité de ruine de la structure (Figure 4.1).

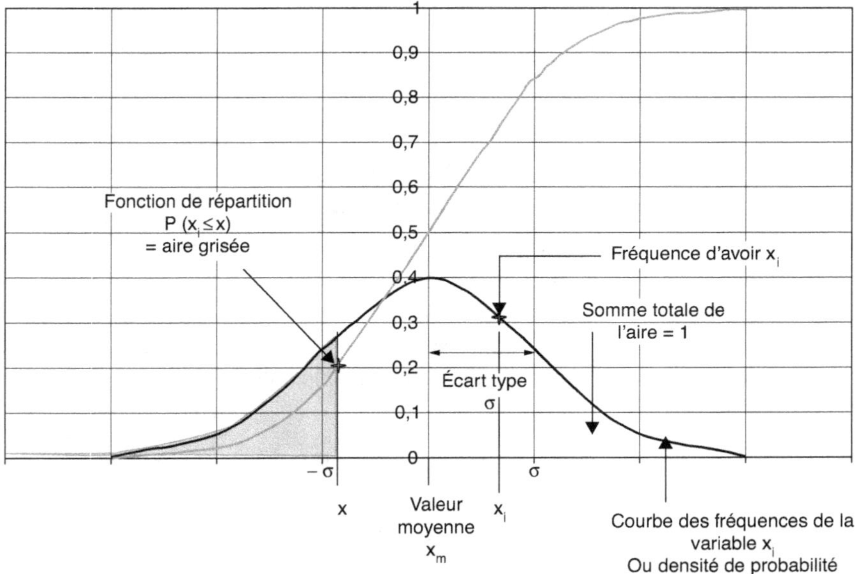

Figure 4.1. Fonction de répartition et densité de probabilité d'une variable aléatoire (loi de Gauss centrée réduite)

Quelle est la probabilité d'avoir une valeur de la sollicitation S_i (sollicitation considérée comme aléatoire – par exemple la force du vent à un moment donné de la vie de l'ouvrage) supérieure à une valeur de la résistance R_i (résistance considérée comme aléatoire du matériau ou de l'élément utilisé) ?

Mathématiquement, on écrira :

$$P\,[(R_i - S_i) \leq 0] \leq P_{max} \tag{4.2}$$

P est la fonction de répartition qui définit la probabilité de ruine de l'ouvrage.

Selon la fiabilité recherchée, elle sera limitée à une valeur P_{max} jugée acceptable (par exemple 1.10^{-5}, selon la Figure 4.2).

A-t-on le même niveau de fiabilité partout en Europe ?

Chaque État membre fixe son niveau de fiabilité selon de nombreux facteurs : économique, juridique, psychologique (le transport par avion est particulièrement sûr, la chute d'un avion frappe énormément). Le facteur économique est en général celui qui pèse le plus lourd dans les choix (plus le niveau de vie d'une société est élevé, moins elle accepte de risque).

La Figure 4.2 définit les valeurs tolérées pour les différents états limites rencontrés.

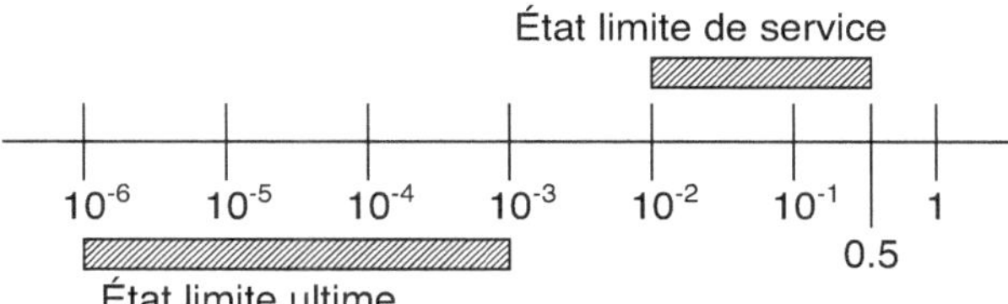

Figure 4.2. Niveau de fiabilité des ouvrages (probabilité de ruine ou de limite de service)

En Europe, pour un bâtiment courant calculé aux ELU, la limite acceptée sera de l'ordre de 1 pour 100 000 (10^{-5}), soit environ 1 risque de ruine pour 100 000 constructions, sur la durée de vie escomptée de l'ouvrage, en général 50 ans.

Durée de vie de l'ouvrage

Elle est fixée au début du projet (Tableau 4.1). Plus la durée fixée est longue, plus l'ouvrage doit être résistant, afin de garantir la même probabilité d'atteinte des états limites sur une période plus longue.

Tableau 4.1. Durée de vie escomptée d'un ouvrage

Catégorie de durée d'utilisation de projet	Durée indicative d'utilisation du projet (années)	Exemples
1	10	Structures provisoires non réutilisables
2	25	Éléments structuraux remplaçables
3	25	Structures agricoles et similaires
4	50	Structures de bâtiments courants
5	100	Structures de bâtiments monumentaux ou stratégiques

L'analyse semi-probabiliste ou méthode des coefficients partiels de sécurité

Une analyse probabiliste de l'ensemble des facteurs n'est pas envisageable. Elle serait trop complexe à aborder pour les ouvrages courants, en raison de la combinaison d'un grand nombre de variables aléatoires indépendantes. C'est pourquoi la réglementation est basée sur une analyse dite « semi-probabiliste » de la sécurité des structures.

L'analyse semi-probabiliste se substitue à l'analyse probabiliste par la vérification d'un critère simple (une inégalité) faisant intervenir :

* les actions de calcul :

$$S_d = \gamma_S \times S_k \tag{4.3}$$

* les résistances de calcul des matériaux :

$$R_d = \frac{R_k}{\gamma_R} \tag{4.4}$$

Dans lesquelles :

S_d est la valeur de calcul de la sollicitation,

S_k est la valeur caractéristique de la sollicitation,

γ_S est le facteur partiel associé à la sollicitation,

R_d est la résistance de calcul,

R_k est la résistance caractéristique des éléments,

γ_R est le facteur partiel associé au matériau.

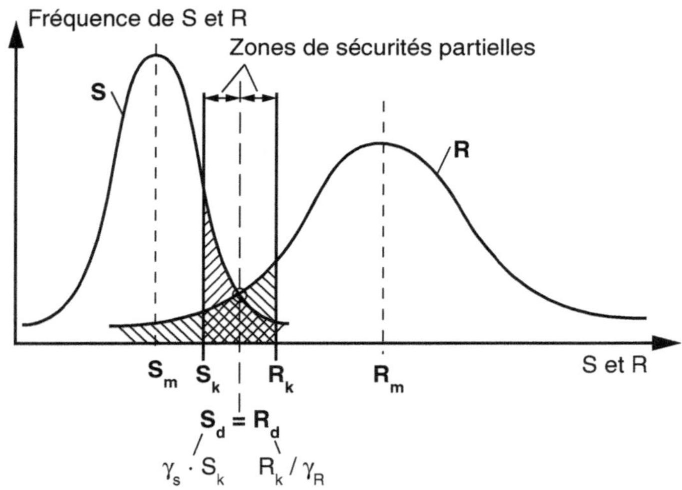

Figure 4.3. Représentation des courbes de Gauss pour une sollicitation S et une résistance R
(dans la zone de sécurité partielle, le risque de ruine est probable)

L'analyse semi-probabiliste a remplacé l'analyse déterministe.

L'analyse déterministe de la sécurité d'un ouvrage, utilisée dans les anciennes règles de dimensionnement, consiste à vérifier que la contrainte maximale σ dans la partie la plus sollicitée de l'ouvrage ne dépasse pas une contrainte admissible σ_{adm} obtenue en divisant la résistance R du matériau par un coefficient global de sécurité N fixé de façon conventionnelle :

$$\sigma \leq \sigma_{adm} = R \,/\, N$$

Le coefficient global de sécurité N compense en même temps les incertitudes sur les sollicitations, le modèle de calcul, les matériaux.

Le principal défaut de la méthode déterministe est qu'elle ne permet pas d'optimiser précisément le dimensionnement des structures selon le degré de risque (l'indice de fiabilité d'une centrale nucléaire est obligatoirement plus élevé que celui d'une maison individuelle). Or, ce facteur est fondamental pour construire « de manière fiable » (selon un niveau de fiabilité choisi en fonction du risque) et au meilleur coût.

4.1.1　Vérification aux états limites

Un ouvrage est soumis à un certain nombre d'actions (charges gravitaires, poids des personnes, et du mobilier, charges de neige, vent, etc.) qui vont solliciter la structure résistante.

Ces actions sont définies de manière réglementaire par chaque État membre à partir des Eurocodes 1. L'Eurocode 0 précise pour sa part la manière dont sont combinées les actions pour un ouvrage donné.

4.1.1.1　Les situations de projet

Elles représentent les différentes phases de la vie de l'ouvrage ou des situations particulières que pourrait supporter l'ouvrage.

On distingue les différents cas courants suivants :

* situation durable : condition d'utilisation normale ;
* situation transitoire : phase de construction, de réparation, limitées dans le temps ;
* situation accidentelle : incendie, explosion, choc, séisme.

Le bon comportement de l'ouvrage doit être vérifié pour chaque situation recensée.

Chaque situation donne lieu à une combinaison d'actions et à une vérification que l'on dénomme par « vérification aux états limites ».

4.1.1.2　États limites ultimes (ELU)

Les états limites ultimes sont associés à une rupture. Ils concernent la sécurité des personnes et/ou la sécurité de la structure. L'eurocode 0 classe les états limites ultimes selon 4 causes :

* EQU : perte d'équilibre statique ;
* STR : défaillance d'éléments structuraux ;
* GEO : défaillance du sol ;
* FAT : défaillance due à la fatigue.

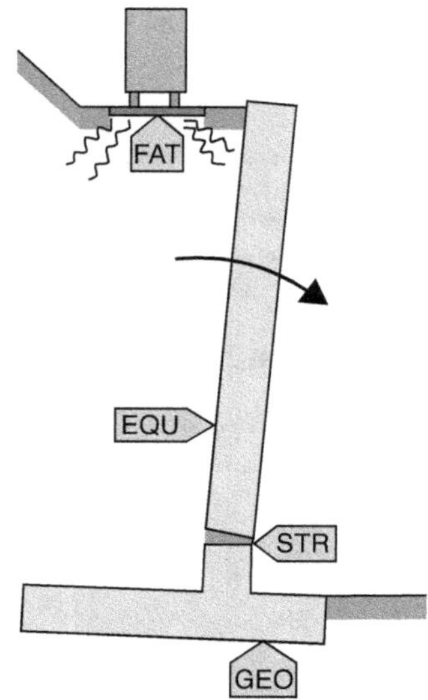

Figure 4.4. Quatre causes d'états limites ultimes – exemple d'un mur de soutènement

4.1.1.3 États limites de service (ELS)

Les états limites de service correspondent à une perte d'aptitude à l'usage en raison de différents facteurs tels que déformation excessive, durabilité (corrosion des armatures).

C'est en particulier le cas pour :

- les déformations excessives qui peuvent endommager les cloisons, le revêtement du sol, l'étanchéité ;
- la déformation de fonctionnement des planchers qui ne doit pas affecter la maçonnerie ;
- la corrosion des armatures causée par un enrobage insuffisant ou des imperfections d'enduits.

4.1.2 Actions sur les ouvrages

Les actions s'exerçant sur les ouvrages de maçonnerie sont définies par les Eurocodes suivants (EN 1991) :

- NF EN 1991-1-1 – Poids propres des matériaux – Charges d'exploitation des bâtiments ;
- NF EN 1991-1-2 – Actions sur les structures exposées au feu ;
- NF EN 1991-1-3 – Actions de la neige ;
- NF EN 1991-1-4 – Actions du vent ;
- NF EN 1991-1-5 – Actions thermiques ;
- NF EN 1991-1-6 – Actions en cours d'exécution.

On se référera également à l'EN 1996-1-2 pour le dimensionnement au feu des maçonneries ainsi qu'à l'EN 1998-1-1 pour le dimensionnement au séisme.

Le Tableau 4.2 résume ces différentes actions avec leurs symboles respectifs.

Tableau 4.2. Les différentes actions appliquées sur les ouvrages

Types d'actions	Désignations	Symboles	Normes
Permanentes	Poids propre des éléments	G	NF EN 1991-1-1
Variables	Charges d'exploitation	Q	NF EN 1991-1-1
	Charges de neige	S	NF EN 1991-1-3
	Charges de vent	W	NF EN 1991-1-4
Accidentelles	Explosions, chocs	A	–
	Feu	A	NF EN 1991-1-2 et NF EN 1996-1-2
	Séisme	A	NF EN 1998-1-1

4.1.2.1 Valeurs de calcul des effets des actions

La valeur de calcul F_d d'une action F s'exprime par :

$$F_d = \gamma_F \times F_{rep} \tag{4.5}$$

où :

F_{rep} est la valeur représentative de l'action,

γ_F est un coefficient partiel pour l'action.

> Le coefficient partiel tient compte des différentes incertitudes liées à la caractérisation de l'action ainsi qu'à sa modélisation.

La valeur E_d de l'effet des différentes actions considérées s'exprime par :

$$E_d = E\,\{\gamma_{F,i} \times F_{rep,i} \,;\, a_d\} \tag{4.6}$$

avec : a_d valeur de calcul des données géométriques.

Cette écriture « symbolique » associe :
- une combinaison d'actions définies par $\gamma_{F,i} \times F_{rep,i}$ (voir 4.1.3) ;
- des données géométriques sur les éléments de la structure.

4.1.2.2 Actions permanentes

Les actions permanentes sont, comme le poids propre, représentées par la valeur caractéristique G_k.

Le Tableau 4.3 donne différentes valeurs indicatives de poids propres pouvant être utilisées en avant du projet. Elles sont à confirmer selon les indications des documents particuliers du marché.

Tableau 4.3. Valeurs indicatives de poids propres pour les actions permanentes

Poids volumique de matériaux	G (kN/m³)	Poids surfacique de toitures	G (kN/m²)
Acier	78,5	Couverture en tuiles mécaniques	0,45
Aluminium	27	Couverture métallique	
Asphalte coulé	18	Zinc	0,25
Béton non armé	24	Aluminium 8/10	0,17
Béton armé	25	Tôle ondulée d'acier galvanisé	0,06
Marbre, granit	28	Ardoise naturelle	0,28
		Étanchéité multicouche, épaisseur 2 cm	0,12
Poids surfacique de planchers	**G (kN/m²)**	Protection d'étanchéité (gravillons), par cm	0,2
Dalle pleine en béton armé par cm	0,25	**Poids surfacique de maçonneries (sans enduit)**	**G (kN/m²)**
Planchers à poutrelles		Blocs pleins en béton, ép. 20 cm	4,2
– Entrevous béton 16 + 4	2,4 à 2,8	Blocs creux en béton, ép. 20 cm	2,7
– Entrevous PSE 16 + 5	1,7 à 2	Briques pleines, ép. 21,5 cm	4
		Briques creuses, ép. 20 cm	1,75
Poids surfacique de revêtements de planchers	**G (kN/m²)**	Bloc plein de béton cellulaire à 400 kg/m³, épaisseur 20 cm (pose collée)	0,9
Carrelage, dallage collé, par cm	0,2	Cloison de carreaux de plâtre, par cm	0,1
Dalle flottante en béton, sous couche isolante comprise, par cm	0,22	Enduit plâtre, par cm	0,1
Revêtements textiles ou plastiques, parquet mosaïque	0,08	Enduit hydraulique, par cm	0,18

4.1.2.3 Actions variables

Les actions variables sont représentées par leur valeur caractéristique q_k (charges surfaciques) ou Q_k (charges concentrées).

Elles sont associées à un coefficient de pondération ψ déterminant la valeur probable de l'action pour les différentes combinaisons d'actions considérées dans les calculs :

ψ_0 pour la combinaison caractéristique des actions ;

ψ_1 pour la combinaison fréquente ;

ψ_2 pour la combinaison quasi-permanente.

Les valeurs des coefficients ψ_0, ψ_1 et ψ_2 sont données dans le Tableau 4.4 pour les bâtiments situés en France métropolitaine.

Charges d'exploitation sur les planchers et les toitures

Elles sont données dans le Tableau 4.4, en fonction des catégories de bâtiment.

Tableau 4.4. Coefficients de pondération ψ et valeurs caractéristiques des actions variables
en France métropolitaine

Catégorie	Usage	ψ_0	ψ_1	ψ_2	$q_{k,v}$[(1)] kN/m²	$\mathbf{Q_{k,v}}$[(2)] **kN**
A	Habitation, résidentiel Planchers Escaliers Balcons	0,7	0,5	0,3	 1,5 2,5 3,5	2,0
B	Bureaux	0,7	0,5	0,3	2,5	4,0
C	Lieux de réunion C1 : espaces équipés de tables C2 : espaces équipés de sièges fixes C3 : espaces sans obstacle à la circulation C4 : espaces permettant des activités physiques C5 : espaces susceptibles d'accueillir des foules importantes	0,7	0,7	0,6	 2,5 4,0 4,0 5,0 5,0	 3,0 4,0 4,0 7,0 4,5
D	Commerces D1 : commerces de détail courant D2 : grands magasins	0,7	0,7	0,6	 5,0 5,0	 5,0 7,0
E	Stockage E1 : possibilité d'accumulation de marchandises E2 : usage industriel	1,0	0,9	0,8	 7,5	 7,0
F	Zone de trafic : véhicules légers PTAC 30 kN	0,7	0,7	0,6	2,3	15
G	Zone de trafic : véhicule de poids moyen 160 kN	0,7	0,5	0,3	5,0	90
H	Toitures inaccessibles sauf entretien	0	0	0	1,0	1,5
Charge de neige (Q_s)	H > 1 000 m H ≤ 1 000 m	0,7 0,5	0,5 0,2	0,2 0		
Charge de vent (Q_w)		0,6	0,2	0		

(1) $q_{k,v}$ définit une densité de charges verticales uniformes. Elle peut être pondérée, pour les charges de plancher ou de toiture des catégories A, B, C3, D1 et F, par le coefficient de surface α_A :

$$\alpha_A = 0,77 + \frac{3,5}{A} \leq 1, \text{ A en m}^2.$$

De plus, les charges apportées par plusieurs étages sur les poteaux et les murs peuvent être pondérées, pour les catégories A, B et F, par le coefficient de surface α_n :

$$\alpha_n = 0,50 + \frac{1,36}{n} \text{ pour la catégorie A, et } \alpha_n = 0,70 + \frac{0,8}{n} \text{ pour les catégories B et F, avec n : nombre d'étages au-dessus de l'élément étudié, supérieur à 2.}$$

(2) $Q_{k,v}$ définit une charge verticale concentrée sur une aire carrée de 50 mm de côté, pour les catégories A à E, en général non cumulable avec la charge uniforme.

Pour les catégories F et G $Q_{k,v}$ représente une charge d'essieu répartie sur les deux surfaces de contact de 100 mm de côté (catégorie F) ou 200 mm (catégorie G).

Charges d'exploitation des cloisons

Le poids propre des cloisons mobiles (ou légères) est pris en compte par une charge uniformément répartie q_k qu'il convient d'ajouter aux charges d'exploitation supportées par les planchers.

Cette charge uniformément répartie est définie dans le Tableau 4.5.

Tableau 4.5. Valeur de la charge répartie q_k pour les cloisons

Poids propre de la cloison kN/m linéaire	Valeur de la charge répartie q_k kN/m²
1,0	0,5
2,0	0,8
3,0	1,2

Pour les cloisons plus lourdes, le calcul est équivalent à celui d'un mur. Il tient compte :

* de leur emplacement et de leur orientation ;
* de la nature de la structure des planchers.

Charges horizontales sur les parapets

Le parapet est sollicité par une charge caractéristique horizontale linéique q_k positionnée à une hauteur maximale de 1,2 m. Elle est définie selon la catégorie de l'ouvrage (Tableau 4.6).

Tableau 4.6. Charge caractéristique horizontale appliquée sur les parapets

Catégorie	Charge caractéristique linéique q_k (kN/m)
A, B, C1	0,60
C2 à C4, D	1,00
E	2

4.1.2.4   Charge de neige S

Elle est définie dans la norme NF EN 1991-1-3 (Eurocode 1 – Action de la neige sur les structures).

Les valeurs caractéristiques de l'action sont fixées dans l'Annexe nationale (Figure 4.5).

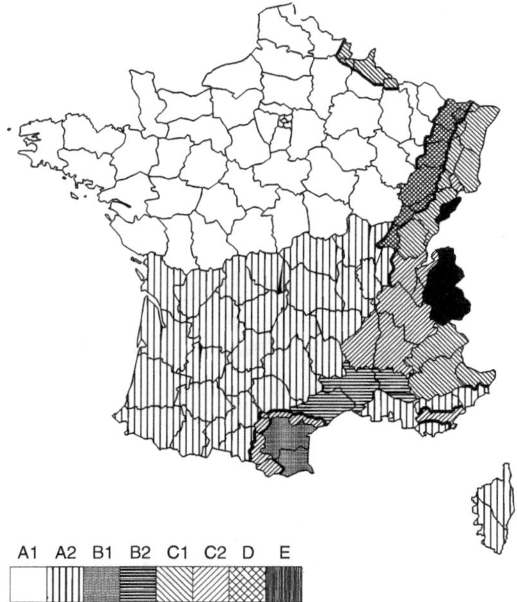

Figure 4.5. Valeurs caractéristiques des charges de neige sur le sol – S_k

	A1	A2	B1	B2	C1	C2	D	E
Valeur caractéristique de la charge de neige sur le sol (kN/m²) s_k	0,45		0,55		0,65		0,90	1,40
Valeur de calcul de la charge exceptionnelle de neige sur le sol (kN/m²) s_{Ad}	–	1,00			1,35		1,80	

Ces charges de neiges sont valables pour des altitudes inférieures à 200 m. Pour des altitudes supérieures, une charge supplémentaire est à ajouter en fonction de l'altitude (Figure 4.6).

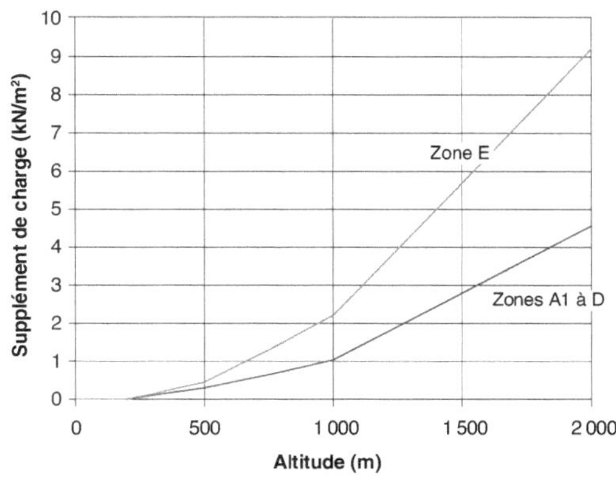

Figure 4.6. Supplément de charge de neige en fonction de l'altitude

Valeurs caractéristiques de la charge de neige sur une toiture

Deux cas sont considérés :

– Situation durable ou transitoire : $s = \mu_i\,(\alpha) \times c_e \times s_k$ (4.7)

– Situation accidentelle : $s = \mu_i\,(\alpha) \times c_e \times s_{Ad}$ (4.8)

ou

$$s = \mu_i\,(\alpha) \times s_k \qquad (4.9)$$

(cas d'une accumulation de neige)

où :

$\mu_i(\alpha)$ est le coefficient de forme dépendant du type de toiture et de sa pente (Figure 4.7) ;

C_e est le coefficient d'exposition (Tableau 4.7) ;

s_k est la valeur caractéristique de la charge de neige (Figure 4.5) ;

s_{Ad} est la valeur de calcul de la charge exceptionnelle de neige en situation accidentelle (Figure 4.5).

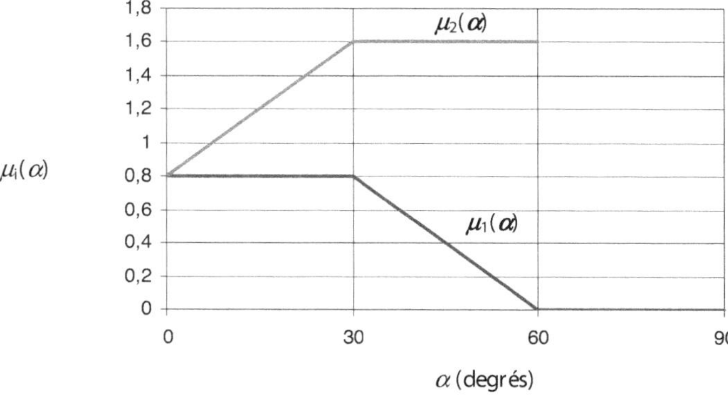

Figure 4.7. Coefficient μ_i(a) pour une toiture à 1 ou 2 versants

Le coefficient μ_1 est pris pour les cas courants, le coefficient μ_2 lorsqu'il y a risque d'accumulation de neige

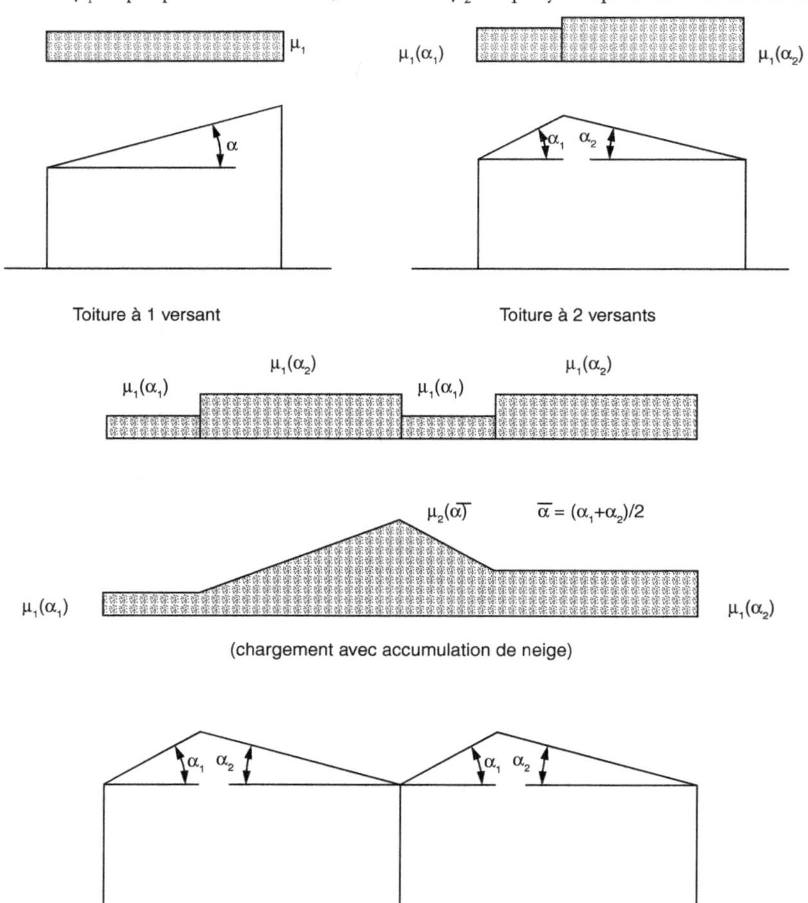

Tableau 4.7. Valeur du coefficient C_e

Topographie	C_e
Site balayé par le vent : zone plate sans obstacle et exposée de tout côté	0,8
Site normal : zone sans balayage dû au vent, présence d'autres constructions ou d'arbres	1,0
Site protégé : construction encaissée ou entourée de grands arbres ou de constructions plus élevées	1,2

4.1.2.5 Charges de vent W

Elle est définie dans la NF EN 1991-1-4 – Action du vent sur les structures.

Les valeurs de l'action sont fixées par la réglementation nationale (Figure 4.8).

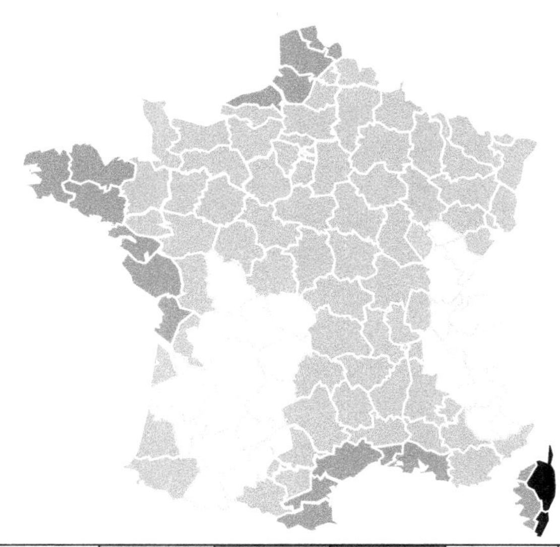

Régions	1	2	3	4	Guyane	Guadeloupe, Martinique, Réunion, Mayotte
$v_{b,0}$ (m/s)	22	24	26	28	17	34
en km/h	79,2	86,4	93,6	100,8	61,2	122,4

Figure 4.8. Vitesses de référence du vent $v_{b,0}$ (m/s)

Le calcul de la pression dynamique due au vent suit les étapes de calcul suivantes.

Pression dynamique de base q_b

$$q_b = \frac{1}{2} \cdot \rho \cdot v_b^2 \qquad (4.10)$$

ρ : masse volumique de l'air = 1,25 kg/m^3

v_b : vitesse de base du vent. Dans les cas courants de construction, $v_b = v_{b0}$

Pression dynamique de pointe $q_p(z)$

$$q_p(z) = c_e(z) \cdot q_b \qquad (4.11)$$

Le coefficient d'exposition $c_e(z)$ est fonction :
- de la hauteur z au-dessus du terrain naturel de la construction ;
- de la rugosité du terrain environnant.

La Figure 4.9 donne la valeur de ce coefficient.

La hauteur z correspond à la hauteur du centre de gravité du mur au-dessus du sol.

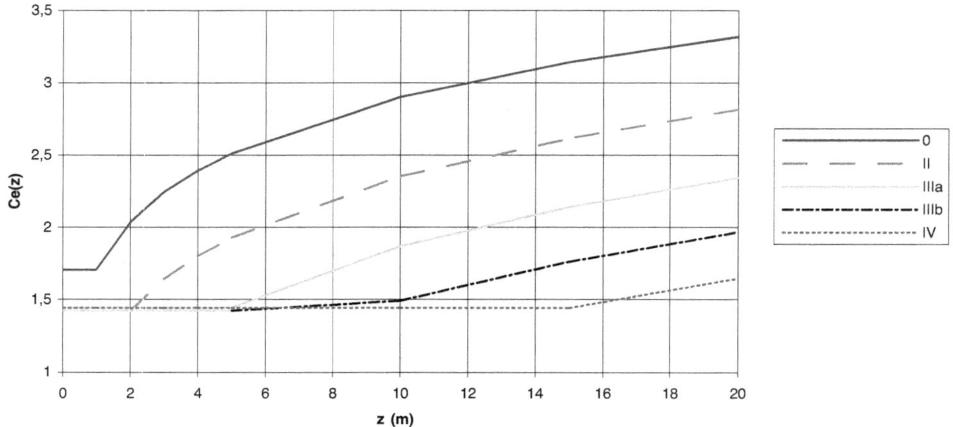

Figure 4.9. Définition du coefficient d'exposition $c_e(z)$

Catégories de terrain	Définition
0	Mer ou zone côtière exposée au vent de mer ; lacs et plans d'eau parcourus par le vent sur une distance d'au moins 5 km.
II	Rase campagne ou non avec quelques obstacles isolés (arbres, bâtiments, etc.) séparés les uns des autres de plus de 40 fois leur hauteur.
IIIa	Campagne avec des haies, vignobles, bocages, habitat dispersé.
IIIb	Zones urbanisées ou industrielles, bocage dense, vergers.
IV	Zones urbaines dont au moins 15 % de la surface sont recouverts de bâtiments dont la hauteur moyenne est supérieure à 15 m, forêts.

Pression dynamique w sur une paroi

$$w = q_p(z) \cdot (c_{pe} - c_{pi}) \tag{4.12}$$

Le coefficient de pression externe c_{pe} dépend de la position et de l'orientation de la façade du bâtiment par rapport au vent (Figure 4.10). Ce coefficient est donné pour des surfaces exposées de 1 m² ($c_{pe,1}$) ou de 10 m² ($c_{pe,10}$). Le Tableau 4.8 définit la valeur de ce paramètre.

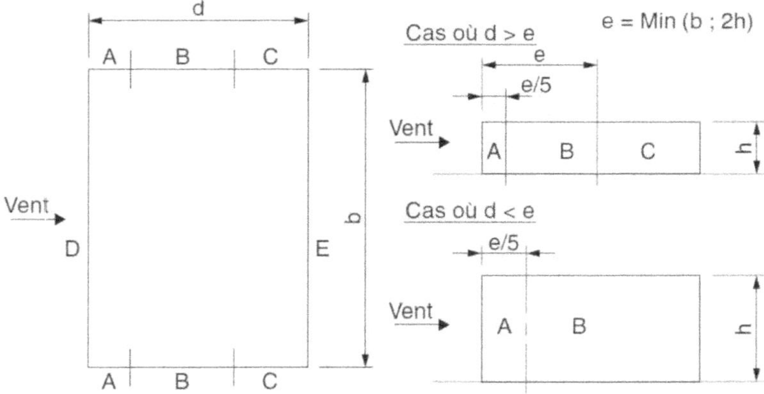

Figure 4.10. Définition des zones d'exposition relative au vent des façades d'un bâtiment

Tableau 4.8. Valeurs du coefficient de pression externe c_{pe}

Zones	A		B		C		D		E	
d/h	$c_{pe,1}$	$c_{pe,10}$	$c_{pe,1}$	$c_{pe,10}$	$c_{pe,1}$	$c_{pe,10}$	$c_{pe,1}$	$c_{pe,10}$	$c_{pe,1}$	$c_{pe,10}$
≤ 1	$-1,3$	$-1,0$	$-1,0$	$-0,8$	$-0,5$	$-0,5$	$+1,0$	$-0,8$	$-0,3$	$-0,3$
≥ 4	$-1,3$	$-1,0$	$-1,0$	$-0,8$	$-0,5$	$-0,5$	$+1,0$	$-0,6$	$-0,3$	$-0,3$

$c_{pe,1}$: coefficient relatif à des surfaces exposées de 1 m²
$c_{pe,10}$: coefficient relatif à des surfaces exposées de 10 m² ou plus
interpolation pour des surfaces A entre 1 et 10 m² : $c_{pe}(A) = c_{pe,1} + (c_{pe,10} - c_{pe,1}) \log_{10}(A)$

Le coefficient de pression interne c_{pi} est fonction de la perméabilité μ, définie en fonction des surfaces des ouvertures des parois du bâtiment.

$$\mu = \frac{A_{os} + A_{op}}{A_{os} + A_{op} + A_{oa}} \tag{4.13}$$

A_{os} : surface des ouvertures des parois sous le vent

A_{op} : surface des ouvertures des parois parallèles au vent

A_{oa} : surface des ouvertures des parois au vent (exposées directement au vent)

Valeurs de c_{pi} :

$$\left\{ \begin{array}{l} c_{pi} = 0,8 \text{ pour } \mu \leq 0,1 \\ c_{pi} = 0,8 - 1,625 \, (\mu \leq 0,1) \text{ pour } \mu \text{ compris entre } 0,1 \text{ et } 0,9 \\ c_{pi} = 0,5 \text{ pour } \mu \geq 0,9 \end{array} \right\} \tag{4.14}$$

4.1.2.6 Actions accidentelles

Elles sont représentées par une valeur nominale unique A_d.

Voir les annexes relatives au dimensionnement au séisme et au feu.

4.1.3 Combinaisons d'actions pour les calculs

Les actions sollicitant la structure sont combinées de manière à représenter l'effet « probable » qu'elles auront sur la structure, selon l'état limite considéré, la durée d'application du chargement, la représentativité du chargement (cas courant de chargement ou cas rare par exemple).

4.1.3.1 Combinaisons à l'ELU

Elles sont modélisées par la combinaison type suivante :

$$\sum_{j\geq 1} \gamma_{G,j} \times G_{k,j} \; "+" \; \gamma_{Q,1} \times Q_{k,1} \; "+" \; \sum_{i>1} \psi_{0,i} \times \gamma_{Q,i} \times Q_{k,i} \tag{4.15}$$

Coefficient partiel de l'action permanente[1]

Coefficient partiel de l'action variable principale[2]

Coefficient de pondération de l'action variable d'accompagnement (tableau 4.4)

Coefficient partiel de l'action variable d'accompagnement

Action d'accompagnement

(1) γ_G est égal à 1,35 lorsque le poids propre agit de manière défavorable. Il est égal à 1 lorsqu'il agit de manière favorable, ou à 0,9 pour les pertes d'équilibre (EQU).

(2) γ_Q est égal à 1,5 lorsque la charge agit de manière défavorable. Il est égal à 0 lorsqu'elle agit de manière favorable.

Le signe « + » indique que les actions sont associées de manière « pertinente », sous forme de torseurs (forces et moments). Leur combinaison permet de définir les composantes mécaniques sollicitant l'ouvrage.

Le Tableau 4.9 définit les actions à combiner à l'ELU en fonction de l'état limite considéré.

Tableau 4.9. Combinaisons d'actions à l'ELU

Situations durables et transitoires		
ELU à vérifier	**Expression de la combinaison d'action**	
Résistance de la structure (STR ou GEO)	$1,35 \times G_{k,sup} \,"+"\, 1,00 \times G_{k,inf} \,"+"\, 1,5 \times Q_{k,1} \,"+"\, \sum_{i>1} \psi_{0,i} \times (1,5 \times Q_{k,i})$	(4.16)
Équilibre (EQU)	$1,10 \times G_{k,sup} \,"+"\, 0,90 \times G_{k,inf} \,"+"\, 1,5 \times Q_{k,1} \,"+"\, \sum_{i>1} \psi_{0,i} \times (1,5 \times Q_{k,i})$	(4.17)

$G_{k,sup}$ et $G_{k,inf}$ sont définis par rapport à la valeur moyenne du poids propre.
$G_{k,sup}$ représente 95 % des valeurs du poids propre, réparties selon une loi statistique normale (Gauss) et $G_{k,inf}$ 5 % de ces valeurs. En règle générale pour les projets courants, on prend la valeur moyenne G_k pour ces deux valeurs.

Situations accidentelles		
Feu	$\sum G_k \,"+"\, A_d \,"+"\, \psi_{1,1} \times Q_{k,1} \,"+"\, \sum_{i>1} \psi_{2,i} \times Q_{k,i}$	(4.18)
Séisme	$\sum G_k \,"+"\, A_d \,"+"\, \sum_{i\geq1} \psi_{2,i} \times Q_{k,i}$	(4.19)

La Figure 4.11 donne quelques exemples de chargement habituellement appliqués sur des bâtiments.

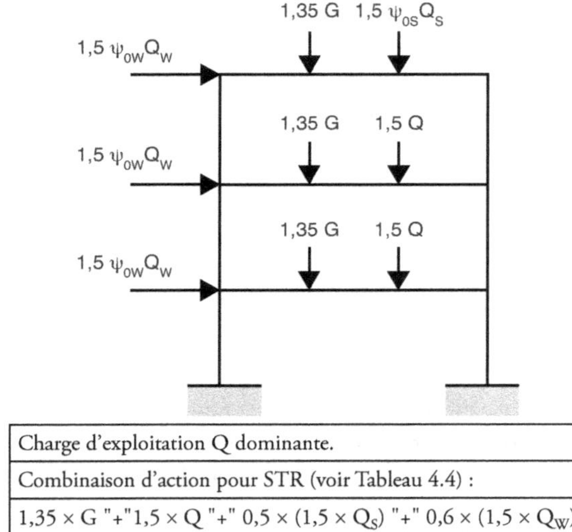

Figure 4.11. Exemple de cas de chargement courant sur un bâtiment

4.1.3.2 Combinaisons à l'ELS

Trois combinaisons types sont utilisées, selon leur fréquence probable d'apparition et leur durée dans le temps (Tableau 4.10).

Tableau 4.10. Combinaisons d'actions à l'ELS

Combinaison type	**Effet**	**Expression de la combinaison d'action**	
Caractéristique	Court terme (état irréversible : fissure par exemple)	$\sum_{j\geq1} G_{k,j} \,"+"\, Q_{k,1} \,"+"\, \sum_{i>1} \psi_{0,i} \times Q_{k,i}$	(4.20)
Fréquente	Moyen terme (état réversible)	$\sum_{j\geq1} G_{k,j} \,"+"\, \psi_{1,1} \times Q_{k,1} \,"+"\, \sum_{i>1} \psi_{2,i} \times Q_{k,i}$	(4.21)
Quasi-permanente	Long terme (prise en compte du fluage)	$\sum_{j\geq1} G_{k,j} \,"+"\, \sum_{i\geq1} \psi_{2,i} \times Q_{k,i}$	(4.22)

4.1.4   Valeurs de calcul de la résistance

La valeur de calcul X_d d'une propriété de matériau s'exprime par :

$$X_d = \eta \frac{X_k}{\gamma_M} \qquad (4.23)$$

Dans laquelle :

X_k est la valeur caractéristique de la propriété du matériau,

η est un coefficient de conversion prenant en compte les effets du volume, de la température, de l'humidité,

> Dans le cas général, $\eta = 1$.

γ_M est un coefficient partiel pour le matériau considéré.

> Le coefficient partiel tient compte des différentes incertitudes liées à la caractérisation de la résistance ainsi qu'à sa modélisation.

La valeur de calcul R_d de la résistance s'exprime par l'écriture symbolique suivante :

$$R_d = \left\{ \eta_i \frac{X_{k,i}}{\gamma_{M,i}} \; ; \; a_d \right\} \qquad (4.24)$$

avec a_d valeur de calcul des données géométriques.

4.1.5   Coefficients partiels pour la maçonnerie γ_M

Le coefficient partiel à appliquer pour les calculs aux différents états limites tient compte :
* de la qualité de l'élément utilisé (éléments de catégorie 1 ou 2) (voir chapitre 2, § 2.1.3) ;
* du type de mortier employé ;
* du niveau de contrôle d'exécution par l'entreprise.

Trois niveaux de contrôle sont définis pour qualifier l'entreprise :

Tableau 4.11. Niveau de contrôle pour qualifier une entreprise

IL1[(*)]	IL2[(*)]	IL3[(*)]
Seul un contrôle interne est prévu (pas de contrôle externe par une tierce partie)	Définition d'un plan d'assurance qualité (PAQ) pour le chantier[(1)] **Contrôle non continu** du PAQ par le maître d'ouvrage ou son représentant[(2)]	Définition d'un plan d'assurance qualité (PAQ) pour le chantier[(1)] **Contrôle continu** du PAQ par le maître d'ouvrage ou son représentant[(2)]
1) Le PAQ (plan d'assurance de la qualité) doit notamment traiter : – de la compétence du personnel d'exécution des travaux ; – du choix des produits utilisés, en correspondance avec les prescriptions ; – de la réalisation des ouvrages, conformément aux documents de référence.		
2) Ce contrôle n'est pas nécessaire si l'entreprise de mise en œuvre est titulaire d'une certification d'assurance qualité délivrée par un organisme accrédité (par exemple certification Qualibat).		
(*) IL : *Inspection Level* (niveau d'inspection)		

> La certification Qualibat « structure et gros œuvre – maçonnerie et béton armé courant » est délivrée aux entreprises pour la réalisation de travaux courants de maçonnerie et béton armé :
> – disposant, en propre, d'un personnel qualifié d'encadrement et d'exécution ;
> – possédant ou louant les matériels appropriés aux travaux.
>
> Les nomenclatures relatives à la qualification des entreprises sont définies sur le site www.qualibat.com.

Nomenclature utilisée pour la maçonnerie :

211 MAÇONNERIE ET BÉTON ARMÉ COURANT

2111 Maçonnerie (technicité courante) et béton armé courant

2112 Maçonnerie (technicité confirmée) et béton armé courant

2113 Maçonnerie (technicité supérieure) et béton armé courant

2114 Maçonnerie (technicité exceptionnelle) et béton armé courant

Le Tableau 4.12 précise la valeur du coefficient de sécurité γ_M pour la mise en œuvre des maçonneries.

Tableau 4.12. Coefficients partiels γ_M associés à la maçonnerie (ELU) (*)

Maçonnerie	γ_M		
	Niveau de contrôle de l'exécution		
	IL3	IL2	IL1
Éléments de catégorie 1, mortier performanciel[1]	1,5	2,0	2,5
Éléments de catégorie 1, mortier de recette[2]	1,7	2,2	2,7
Éléments de catégorie 2, tout mortier[1][2]	2,3	2,8	3,3
Autres matériaux			
Ancrage d'acier d'armature	1,7	2,2	2,7
Acier d'armature et de précontrainte	1,15		
Composants accessoires[3]	1,7	2,2	2,7
Linteaux conformes à l'EN 845-2	1,5	2,0	2,5

1) Prescriptions des mortiers performanciels ou de recette selon EN 998-2 et EN 1996-2.

2) Lorsque le coefficient de variation applicable aux éléments de catégorie 2 n'est pas supérieur à 25 %.

3) Les valeurs déclarées sont des valeurs moyennes. Le coefficient partiel pour les bandes de coupure de capillarité est inclus dans l'ouvrage de maçonnerie.

(*) Valeurs à utiliser en situation accidentelle :

Feu : $\gamma_M = 1$;

Séisme : $\gamma_{M,s} = 2/3$ de γ_M sans être inférieur à 1,5 ; pour l'acier : $\gamma_{M,s} = 1$.

Valeur à utiliser à l'état limite de service : $\gamma_M = 1$.

4.2 Analyse des ouvrages

L'analyse des ouvrages consiste à vérifier l'ensemble des éléments de l'ouvrage aux états limites (ELU et ELS). Elle peut être effectuée en considérant les différents éléments (tels que les murs) de manière indépendante, à condition que les interactions et les liaisons entre les différentes parties puissent assurer la stabilité et la robustesse appropriées lors de la construction et de l'utilisation de l'ouvrage.

Il est nécessaire de déterminer :

- les contraintes axiales dues aux actions verticales et horizontales ;
- les contraintes de cisaillement dues aux actions verticales et/ou horizontales ;
- les moments fléchissants dus aux actions verticales et/ou latérales.

En plus du calcul sous charges résultant de l'usage normal, il convient de prendre en considération le comportement en situations accidentelles :

- en calculant les éléments pour résister aux actions accidentelles mentionnées dans la norme NF EN 1991-1-7 ;
- en enlevant des éléments porteurs essentiels à tour de rôle ;
- en installant des éléments de protection, tels que par exemple des barrières de sécurité contre le choc de véhicules.

4.2.1   Imperfections géométriques

Les imperfections géométriques doivent être prises en compte dans les calculs, en supposant que la structure soit inclinée d'un angle par rapport à la verticale. Cet angle est fonction de la hauteur h du bâtiment :

$$\upsilon = \frac{1}{100 \times \sqrt{h_{tot}}}$$
(4.25)

avec :

υ angle d'inclinaison de la structure, en radians ;

h_{tot} hauteur totale de la structure à partir du sommet des fondations, en m.

4.2.2   Effets du second ordre

Les effets du second ordre peuvent être négligés si :

$$h_{tot} \times \sqrt{\frac{N_{Ed}}{\sum EI}} \leq \begin{cases} 0,6 \text{ pour } n \geq 4 \; ; \\ 0,2 + 0,1 \times n \text{ pour } 1 \leq n \leq 4 \end{cases}$$
(4.26)

où :

n est le nombre d'étages ;

h_{tot} est la hauteur totale de la structure à partir du sommet des fondations ;

N_{Ed} est la valeur de calcul de la charge verticale au niveau de la partie inférieure de la construction ;

$\sum EI$ est la somme des régidités à la flexion de tous les éléments raidisseurs verticaux de la construction dans la direction considérée.

> Les ouvertures de surface inférieure à 2 m² et de hauteur ne dépassant pas 0,6 h (h : hauteur du mur) peuvent être négligées pour le calcul des résistances à la flexion.

> Lorsque l'inégalité (4.26) n'est pas vérifiée, on préconise d'augmenter la résistance à la flexion des murs dans la direction considérée.

4.2.3   Murs de maçonnerie soumis à un chargement vertical

4.2.3.1   Élancement des murs

L'élancement d'un mur est important pour connaître son comportement vis-à-vis des sollicitations extérieures. L'élancement géométrique, que l'on notera λ_g, est défini comme suit :

$$\lambda_g = \frac{h_{ef}}{t_{ef}}$$
(4.27)

avec h_{ef} et t_{ef} respectivement la hauteur et l'épaisseur effectives du mur.

L'élancement d'un mur est généralement limité à 27 (pour des valeurs plus importantes, les effets du second ordre doivent être pris en compte).

> Pour un mur très élancé, un chargement vertical engendre une déformation horizontale qui n'est pas seulement liée au chargement appliqué. Une déformation complémentaire due au fluage du matériau est également à prendre en compte (effets du second ordre).

> Il est également important de tenir compte des liaisons du mur avec d'éventuels éléments raidisseurs comme des planchers, des murs ou des poteaux. Pour tenir compte de ces raidisseurs, l'élancement du mur est calculé à partir des valeurs effectives de la hauteur et de l'épaisseur du mur.

4.2.3.2 Hauteur effective des murs de maçonnerie h_{ef}

La hauteur effective h_{ef} d'un mur dépend du mode de liaison de ce dernier avec les éventuels planchers et autres murs.

Les dispositions constructives présentées sont celles de l'Eurocode 6, partie 1.1 Règles générales de calcul. La partie 3 de l'Eurocode 6 adopte des dispositions différentes présentées tableau 5.3.

Mur raidi sur un bord vertical

Un mur peut être considéré comme raidi sur un bord vertical si :

- une fissuration entre le mur et son mur raidisseur n'est pas supposée se produire, c'est-à-dire que les deux murs sont réalisés à l'aide de matériaux ayant un comportement et un chargement identiques, s'ils sont érigés en même temps et liés ensemble ;
- la liaison entre un mur et son mur raidisseur doit pouvoir résister aux efforts de traction et de compression, au moyen d'ancrages, d'attaches ou d'autres moyens appropriés.

Un mur raidisseur doit avoir au minimum une longueur égale à $\frac{1}{5}$ de la hauteur libre et une épaisseur d'au moins 0,3 fois l'épaisseur utile ou effective du mur qui doit être raidi.

Dans le cas où le mur raidisseur comporte des ouvertures, il est recommandé que la longueur entre les ouvertures d_1, de part et d'autre du mur raidi (Figure 4.12), soit telle que :

$$d_1 \geq \max\left(\frac{h_1 + h_2}{10} \; ; \; t\right) \tag{4.28}$$

où :

h_1 et h_2 sont les hauteurs des ouvertures de part et d'autre du mur raidi,

t est l'épaisseur du mur raidi.

Il est également nécessaire que le mur raidisseur couvre une distance au moins égale à $\frac{1}{5}$ de la hauteur libre au-delà de chaque ouverture.

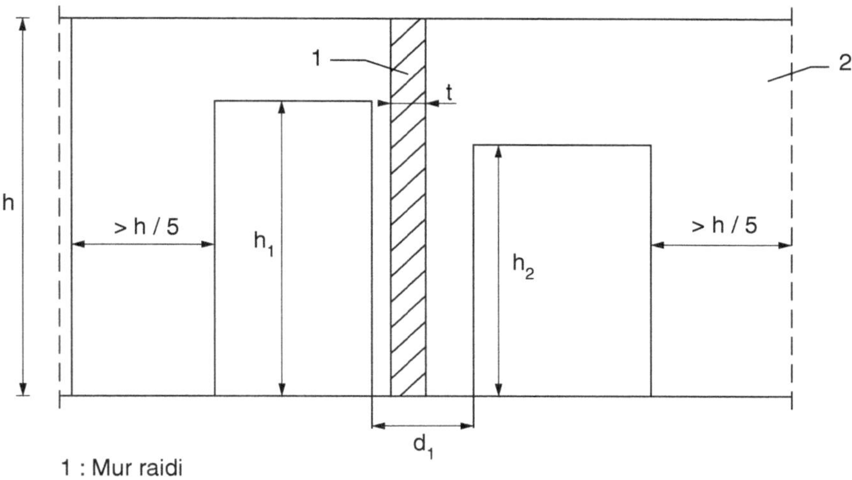

1 : Mur raidi
2 : Mur raidisseur

Figure 4.12. Longueur minimale d'un mur raidisseur avec ouvertures

Mur très long : $\ell/t \geq$ 15 ou 30

Lorsque les murs raidis sont très longs, c'est-à-dire quand l'élancement $\dfrac{\ell}{t} \geq 30$ pour un mur raidi sur deux bords verticaux et $\dfrac{\ell}{t} \geq 15$ sur un seul bord vertical, l'influence du raidisseur devient négligeable. Par conséquent, le mur raidi doit être considéré comme étant lié uniquement au niveau des planchers inférieur et supérieur.

4.2.3.3 Calcul de la hauteur effective h_{ef}

La hauteur effective h_{ef} est déterminée de la manière suivante :

$$h_{ef} = \rho \times h \qquad (4.29)$$

où :

h est la hauteur libre du mur,

ρ est un coefficient de réduction défini ci-après.

Dans tous les cas, il est possible de considérer que $h_{ef} = h$.

Pour les murs tenus en tête et en pied et sur un bord vertical, le coefficient de réduction est donné par (Figure 4.13) :

- si $\dfrac{h}{\ell} \leq 3,5$

$$\rho = \dfrac{\rho_2}{1 + \left(\dfrac{\rho_2 \times h}{3 \times \ell}\right)^2} \qquad (4.30)$$

sinon

$$\rho = \max\left(\dfrac{1,5 \times \ell}{h} \, ; \, 0,3\right) \qquad (4.31)$$

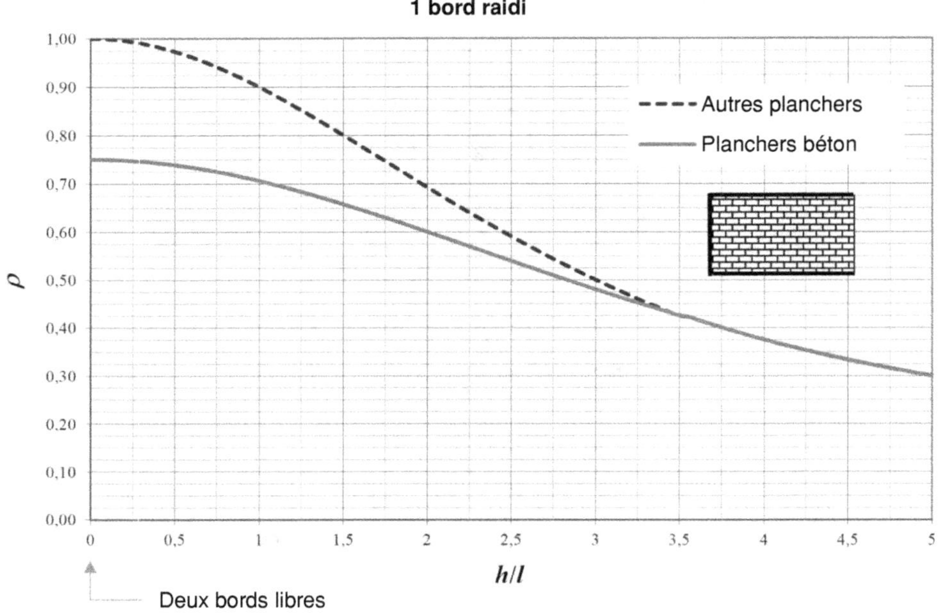

Figure 4.13. Valeur du coefficient de réduction dans le cas d'un mur raidi sur un bord vertical

Pour les murs tenus en tête et en pied et sur les deux bords verticaux, le coefficient de réduction est donné par (Figure 4.14) :

- si $\dfrac{h}{\ell} \leq 1,15$

$$\rho = \frac{\rho_2}{1 + \left(\dfrac{\rho_2 \times h}{\ell}\right)^2} \tag{4.32}$$

- sinon

$$\rho = \frac{1}{2 \times h} \tag{4.33}$$

avec $\rho_2 =$

- 0,75 si le mur est lié à un plancher ou à une toiture en béton armé, avec une surface d'appui d'au moins les 2/3 de l'épaisseur du mur, à moins que l'excentricité de la charge au sommet du mur ne soit supérieure à 0,25 fois l'épaisseur du mur auquel cas $\rho_2 = 1$;
- $\rho_2 = 1$ dans tous les autres cas.

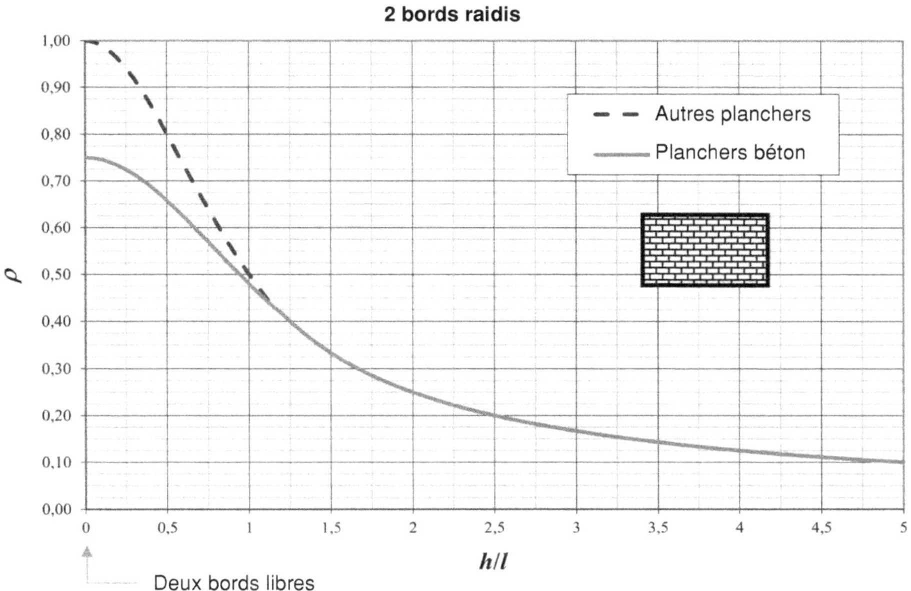

Figure 4.14. Valeur du coefficient de réduction dans le cas d'un mur raidi sur deux bords verticaux

4.2.3.4 Épaisseur effective des murs de maçonnerie t_{ef}

Comme pour la hauteur, il peut parfois être nécessaire de déterminer l'épaisseur effective t_{ef} d'une paroi.

Dans le cas d'un mur simple, d'un mur à double paroi, d'un mur à parement apparent ou d'un mur avec remplissage de béton, l'épaisseur effective du mur est égale à l'épaisseur réelle du mur (épaisseur totale des différentes parois) soit :

$$t_{ef} = t \tag{4.34}$$

Mur raidi par des poteaux

Dans le cas d'un mur raidi par des poteaux, l'épaisseur effective du mur est donnée par :

$$t_{ef} = \rho_t \times t \tag{4.35}$$

ρ_t est un coefficient de majoration qui dépend :

- du rapport de l'espacement entre les poteaux et de la largeur d'un poteau $\left(\dfrac{e_p}{\ell_p}\right)$;
- du rapport de l'épaisseur d'un poteau et l'épaisseur réelle du mur auquel il est relié $\left(\dfrac{t_p}{t}\right)$ (Figure 4.15).

Les valeurs de ρ_t sont données dans le Tableau 4.13 (une interpolation linéaire entre les valeurs données dans le tableau est admise).

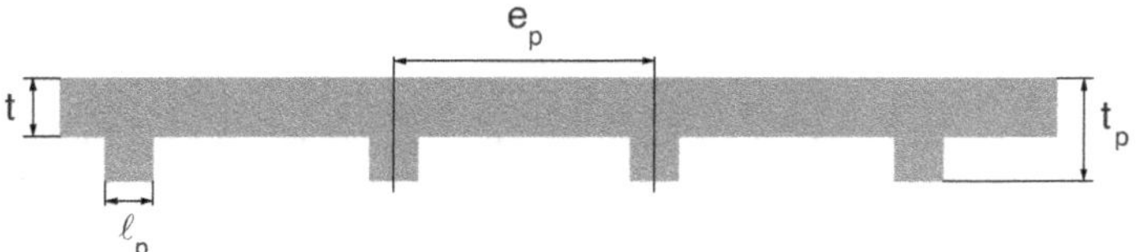

Figure 4.15. Mur raidi par des poteaux

Tableau 4.13. Coefficient de majoration ρ_t pour les murs raidis par des poteaux

		$\dfrac{t_p}{t}$		
		1	**2**	**3**
$\dfrac{e_p}{\ell_p}$	**6**	1,0	1,4	2,0
	10	1,0	1,2	1,4
	20	1,0	1,0	1,0

Mur creux

Lorsqu'un mur est constitué de deux parois reliées entre elles par des attaches, l'épaisseur effective t_{ef} de la paroi est égale à :

$$t_{ef} = \sqrt[3]{k_{tef} \times t_1^3 + t_2^3} \tag{4.36}$$

où :

t_1 est l'épaisseur réelle ou effective de la paroi externe,

t_2 est l'épaisseur réelle ou effective de la paroi interne,

k_{tef} est un coefficient prenant en compte des modules d'élasticité des parois.

Si les deux parois sont simplement maintenues au déversement par les attaches, ce qui est généralement le cas en France, alors $k_{tef} = 0$. Dans les autres cas, le coefficient k_{tef} est donné par :

$$k_{tef} = \min\left(\frac{E_1}{E_2} \, ; 1\right) \tag{4.37}$$

avec E_1 et E_2 respectivement les modules d'élasticité des parois extérieure et intérieure.

Pour pouvoir employer l'expression (4.36), il est nécessaire que l'épaisseur de la paroi non porteuse ne soit pas supérieure à celle de la paroi porteuse.

4.2.4 Ouvrages de maçonnerie armée soumis à un chargement vertical

4.2.4.1 Élancement des murs

Il est déterminé conformément au paragraphe 4.2.3.1.

Pour calculer l'élancement des murs creux remplis, l'épaisseur effective est obtenue en limitant la valeur de l'épaisseur de la cavité à 100 mm.

4.2.4.2 Portée utile des poutres de maçonnerie

La portée utile ℓ_{ef} de poutres sur appuis simples ou continus est la plus petite des deux valeurs :

- distance entre centres des deux appuis ;
- distance libre entre appuis, augmentée de la profondeur ou hauteur utile de la section, d.

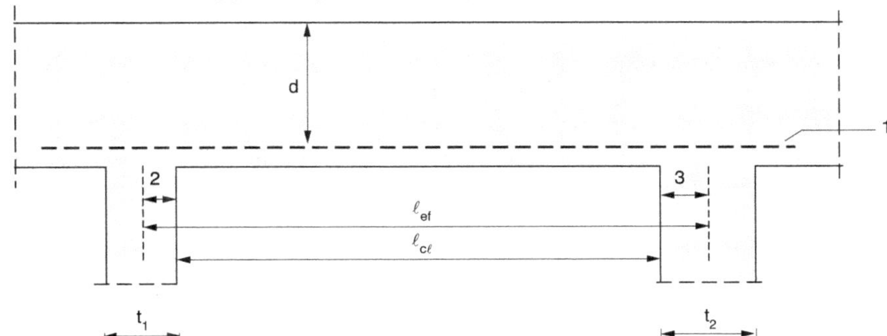

Figure 4.16. Portée utile de poutres de maçonnerie sur appuis simples ou continus

avec :

1 : armature

2 : $t_1/2$ ou $d/2$ selon la plus petite des deux valeurs

3 : $t_2/2$ ou $d/2$ selon la plus petite des deux valeurs

La portée utile ℓ_{ef} d'une poutre en porte-à-faux est la plus petite des deux valeurs :

- distance entre l'extrémité de la poutre en porte-à-faux et le centre de son appui ;
- distance libre entre l'extrémité de la poutre en porte-à-faux et la face de l'appui, augmentée de la moitié de la profondeur utile de la section, d.

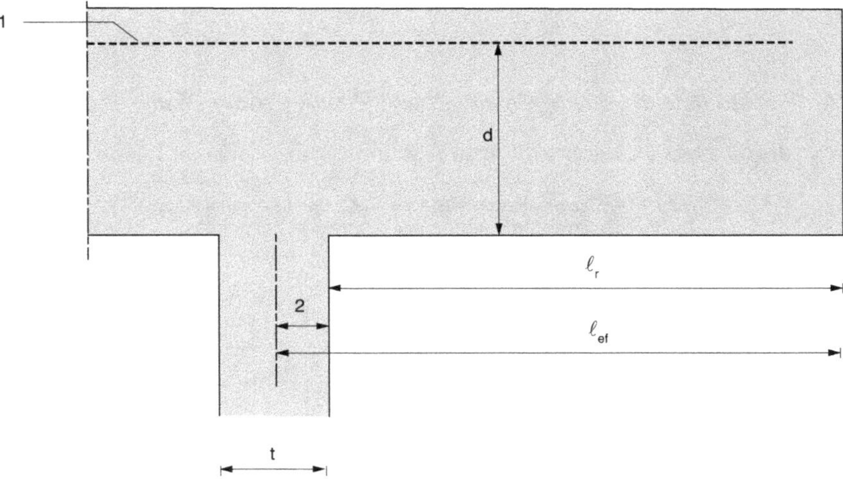

Figure 4.17. Portée utile d'une poutre en porte-à-faux

avec :

1 : armature

2 : $t/2$ ou $d/2$ selon la plus petite des deux valeurs

4.2.4.3   Portée utile des poutres hautes

Les poutres hautes sont des murs ou des parties de mur soumis à des charges verticales franchissant les ouvertures. Dans les poutres hautes, le rapport entre la hauteur totale du mur au-dessus de l'ouverture à la portée utile de l'ouverture est au moins de 0,5. La portée utile de la poutre haute est égale à :

$$\ell_{ef} = 1,15 \times \ell_{cl} \tag{4.38}$$

avec ℓ_{cl} portée libre de l'ouverture.

Remarques

1/ Les charges verticales à prendre en compte sont celles qui agissent effectivement sur la portée utile. Les charges verticales reprises par d'autres moyens, par exemple par les planchers supérieurs agissant comme liaisons, ne sont pas à prendre en compte.

2/ Pour le calcul des moments fléchissants, la poutre haute peut être considérée comme une portée sur appui simple selon la Figure 4.18.

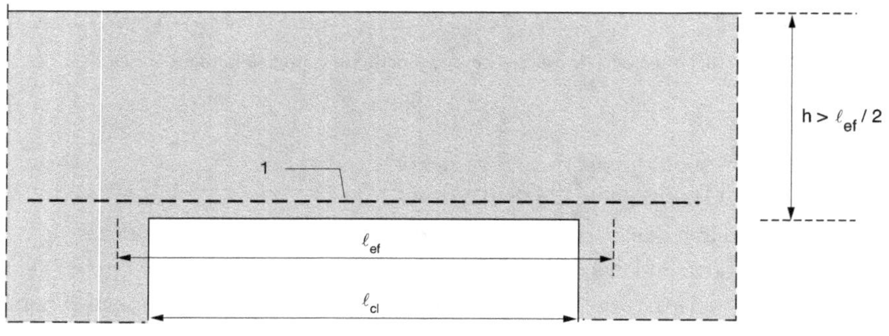

Figure 4.18. Analyse d'une poutre haute

4.2.4.4   Portée limite des ouvrages de maçonnerie armée soumis à une flexion hors plan

La portée des ouvrages de maçonnerie armée est limitée aux valeurs du Tableau 4.14.

Tableau 4.14. Maçonneries armées soumises à une flexion hors du plan
Valeurs limites de la portée utile des murs et des poutres

	Rapport portée utile sur épaisseur utile (ℓ_{ef} /t_{ef})(1)	Rapport portée utile sur hauteur utile (ℓ_{ef} /d)
	Mur soumis à une flexion hors du plan	**Poutre**
Appui simple	35	20
Appui continu	45	26
Portée dans 2 directions	45	–
Porte-à-faux	18	7
Dans le cas de murs autoporteurs isolés de toute construction et soumis essentiellement au vent (exemple : mur de clôture), les valeurs indiquées peuvent être augmentés de 30 %, à condition de ne comporter aucun enduit susceptible d'être endommagé par les flèches.		
(1) : ℓ_{ef} est soit la longueur du mur, soit sa hauteur, selon les appuis ou encastrements associés.		

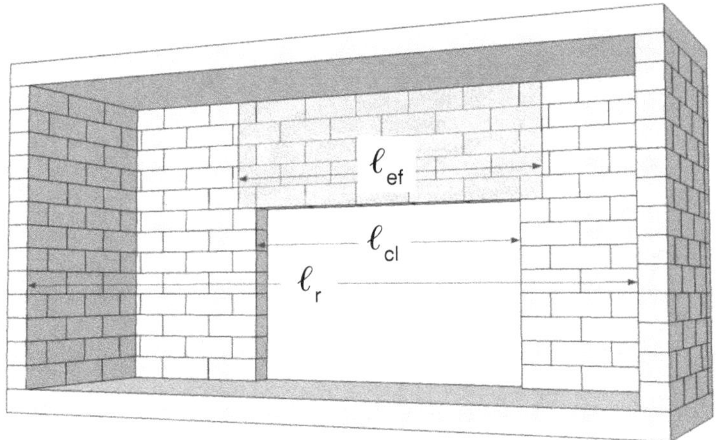

Figure 4.19. Définition des différentes longueurs – Cas d'une poutre haute

4.2.4.4.1 Respect de la stabilité latérale

Afin de respecter cette exigence, la distance libre entre appuis latéraux ℓ_r des éléments sur appuis simples ou continus est limitée à la plus petite des 2 valeurs (voir Figure 4.19) :

$$\ell_r \leq \min\left\{60 \times b_c \; ; \; \frac{250}{d}\,b_c^2\right\} \qquad (4.39)$$

avec :

d : profondeur (ou hauteur) utile de l'élément,

b_c : largeur (ou épaisseur) de la face comprimée de l'élément structural à mi-portée.

Pour les poutres en porte-à-faux, la distance libre ℓ_r entre l'extrémité du porte-à-faux et la face d'appui est limitée par la plus petite des 2 valeurs (voir Figure 4.17) :

$$\ell_r \leq \min\left\{25 \times b_c \; ; \; \frac{100}{d}\,b_c^2\right\} \qquad (4.40)$$

avec b_c : largeur (ou épaisseur) de la face du support.

4.2.5 Murs de maçonnerie soumis à un cisaillement

Le rôle de ces murs est de résister aux efforts horizontaux dus par exemple au vent ou à un séisme. Ils sont liaisonnés aux planchers pour constituer le contreventement du bâtiment (Figure 4.19) et sont disposés parallèlement à la direction de l'action.

La stabilité générale du bâtiment est en général réalisée en considérant deux axes principaux de déplacement orthogonaux.

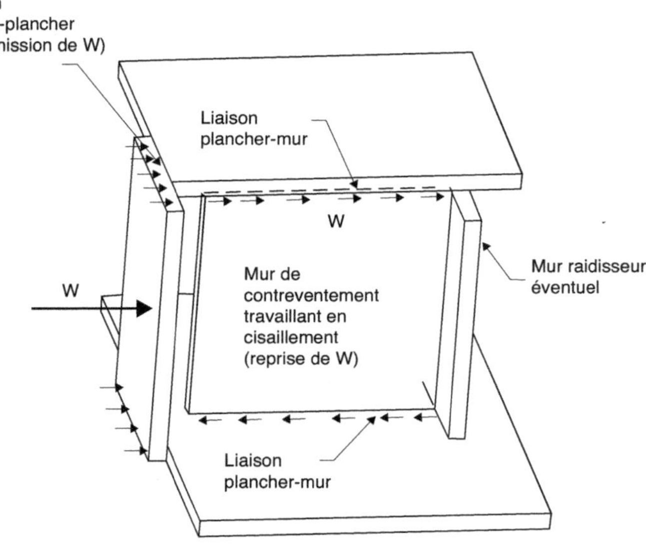

Figure 4.20. Mur de contreventement soumis à un cisaillement

Le mur de contreventement peut être associé à un mur raidisseur de même épaisseur que le mur de contreventement.

De plus le mur raidisseur doit avoir une longueur minimale ℓ_r disposée de chaque côté du mur de contreventement (Figure 4.21) :

$$\ell_r \leq \min\left\{\frac{h_{tot}}{5} \; ; \; \frac{\ell_s}{2} \; ; \; \frac{h}{2} \; ; \; 6 \times t\right\} \tag{4.41}$$

avec :

h_{tot} : hauteur totale du mur de contreventement (depuis la fondation jusqu'à son sommet),

ℓ_s : distance entre deux murs de contreventement reliés par un mur raidisseur (Figure 4.21),

h : hauteur libre du mur de contreventement (hauteur entre planchers),

t : épaisseur du mur de contreventement.

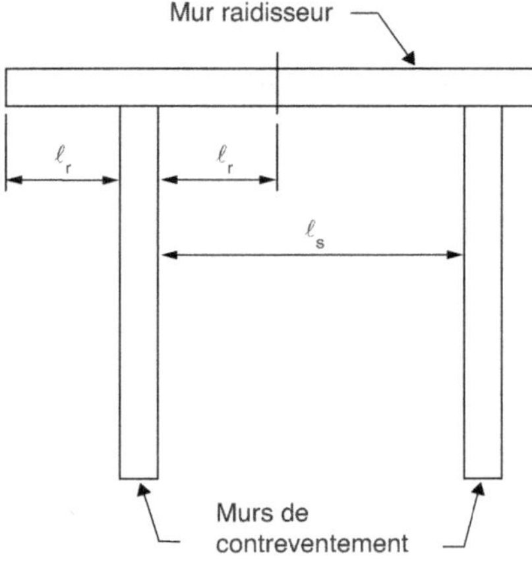

Figure 4.21. Mur raidisseur – définition de ℓ_s

La longueur des murs raidisseurs est également délimitée par toute ouverture de dimension supérieure à h/4 ou l/4, l étant la longueur du mur raidisseur.

4.2.5.1 Répartition des murs de contreventement

Les murs de contreventement doivent être répartis de préférence de manière symétrique, dans les deux directions principales orthogonales d'inertie du bâtiment (Figure 4.22).

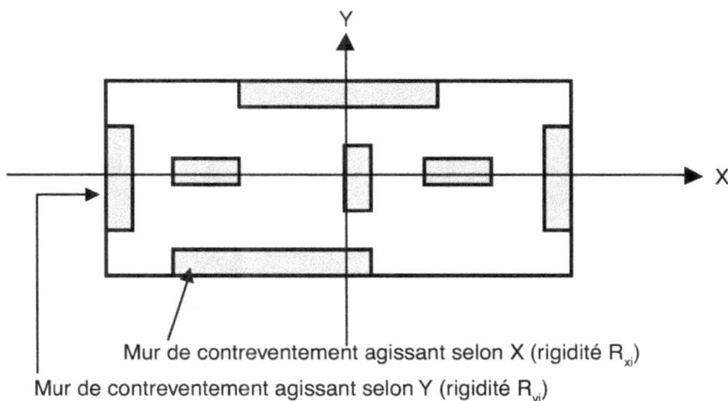

Figure 4.22. Exemple de répartition des murs de contreventement

4.2.5.2 Répartition des forces horizontales

Lorsque les planchers peuvent être considérés comme des diaphragmes rigides (voir chapitre 7, § 7.1.1.1), les forces horizontales peuvent être réparties sur les murs de contreventement en fonction de leur rigidité.

En cas contraire, les efforts sont répartis selon les sections de planchers auxquelles les murs de contreventement sont reliés.

Détermination de la rigidité des murs

R_{xi} et R_{yi} représentent les rigidités de flexion-cisaillement définies pour chaque direction de calcul (voir Figure 4.22). Elles sont définies comme suit :

$$R_{xi} = \left(\frac{h^3}{3 \cdot E \cdot I_{yi}} + \frac{h}{G \cdot A_{ti}} \right)^{-1} \; ; \; R_{yi} = \left(\frac{h^3}{3 \cdot E \cdot I_{xi}} + \frac{h}{G \cdot A_{ti}} \right)^{-1} \tag{4.42}$$

avec :

h : hauteur libre des murs,

E : module d'élasticité (module de Young) de la maçonnerie,

G : module de cisaillement de la maçonnerie, G = 0,4 E,

I_{yi} : moment d'inertie de la section transversale d'un mur agissant selon x,

Pour le mur i (Figure 4.23) :

$$I_{yi} = \frac{t_i \times \ell_i^3}{12} \; ; \; I_{xi} = 0 \tag{4.43}$$

A_{ti} : aire de la section transversale horizontale du mur,

Pour le mur i :

$$A_{ti} = t_i \times \ell_i \qquad (4.44)$$

Pour les murs orientés selon l'axe X, on pourra prendre $R_{yi} = 0$ et vice versa pour l'axe Y.

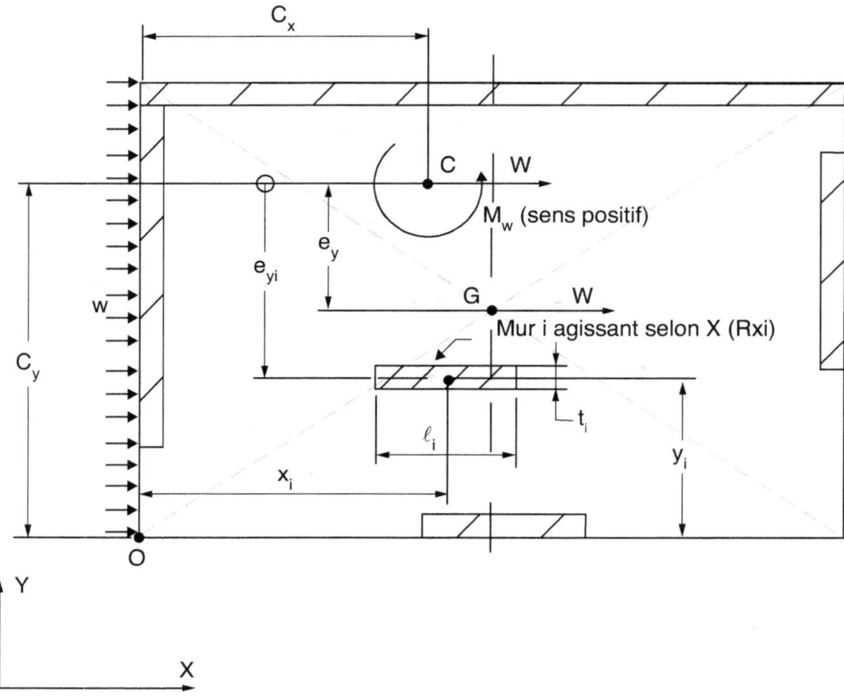

Figure 4.23. Détermination de la rigidité des murs et du centre de rigidité

4.2.5.3 Effet de la torsion

Lorsque l'agencement en plan des murs de contreventement n'est pas symétrique, le centre de rigidité de la structure est excentré par rapport au centre de poussée de l'effort horizontal appliqué. Il se crée dans ce cas un effet de torsion qui doit être pris en compte dans le dimensionnement (Figures 4.24 et 4.25).

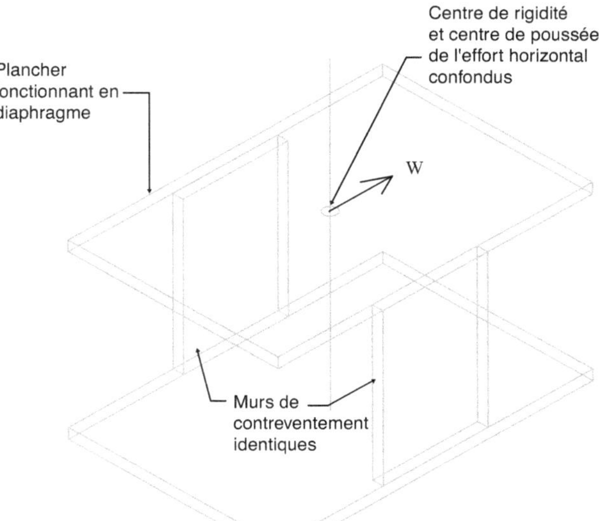

Figure 4.24. Répartition symétrique des murs de contreventement : pas d'effet de torsion

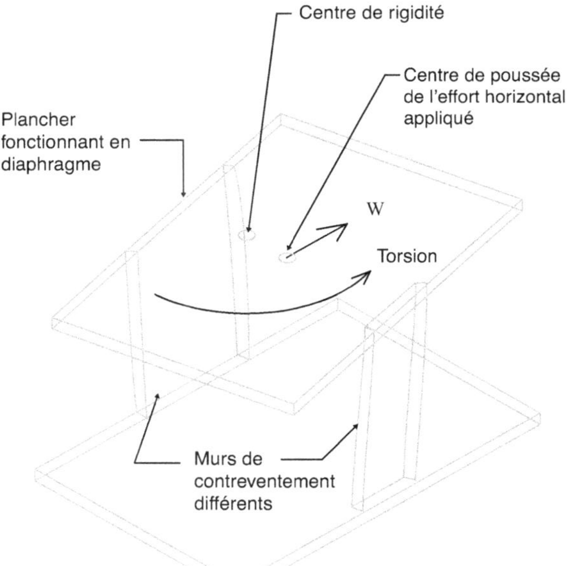

Figure 4.25. Répartition non symétrique des murs de contreventement : effet de torsion

Détermination du centre de rigidité C

$$C_x = \frac{\sum R_{yi} x_i}{\sum R_{yi}} \; ; \; C_y = \frac{\sum R_{xi} y_i}{R_{xi}} \tag{4.45}$$

xi et yi sont définis par rapport à un point quelconque du repère considéré (O par exemple selon Figure 4.23).

R_{xi} et R_{yi} sont définis par les relations 4.42.

Répartition des charges horizontales (centre de rigidité excentré)

Les formules suivantes sont définies pour l'axe X. Elles sont à transformer pour les calculs selon l'axe Y (remplacement des indices x par y et vice versa).

Le torseur dû à l'effort W au centre de rigidité (centre de torsion) se traduit par :

* une force W à répartir sur les différents murs de contreventement agissant selon l'axe considéré (axe X dans l'exemple de la Figure 4.23) ;
* un moment $M_{w,x}$ à répartir également sur les différents murs orientés selon X :

$$M_{w,x} = W \times e_y \tag{4.46}$$

La force W est distribuée sur les différents murs, selon leur rigidité.

Pour le mur i on obtient :

$$W_{xi} = W \times \frac{R_{xi}}{\sum R_{xi}} \tag{4.47}$$

avec $\sum R_{xi}$ la somme des rigidités des murs dans la direction considérée (X dans l'exemple).

La répartition du moment $M_{w,x}$ se traduit par une force complémentaire W_{Mxi} (positive ou négative selon la position du mur par rapport au centre de torsion et le signe du moment) définie comme suit :

* Calcul de la rotation du bâtiment à partir de la formule ci-dessous :

$$\varpi_x = \frac{\overline{M}_{w,x}}{\Omega} \tag{4.48}$$

avec $\overline{M}_{w,x}$ le moment de torsion (en valeur algébrique) dans la direction X considérée,

Ω le module de rigidité de torsion calculé pour l'ensemble des murs orientés selon x ou y (indépendant de l'axe de calcul) :

$$\Omega = \sum R_{xi} \times e_{yi}^2 + \sum R_{yi} \times e_{xi}^2 \tag{4.49}$$

Calcul de la force complémentaire W_{Mxi} :

$$W_{Mxi} = -\varpi_x \times \overline{e}_{yi} \times R_{xi} \tag{4.50}$$

avec :

ϖ_x la rotation pour l'axe X, selon la relation 4.48,

R_{xi} la rigidité du mur i, orienté selon x

R_{yi}, la rigidité du mur i, orienté selon y

$\overline{e}_{yi}$ l'ordonnée, en valeur algébrique, du mur i par rapport au centre de torsion.

La force résultante pour le mur i est donc la somme des deux termes $W_{xi} + W_{Mxi}$

On rappelle que ces calculs sont à réaliser dans les deux directions principales orthogonales considérées.

4.2.5.4 Partition des charges verticales accompagnant le calcul de la résistance au cisaillement

La charge verticale appliquée aux dalles portant dans deux directions peut être distribuée sur les murs porteurs de manière uniforme.

Dans le cas de planchers portant dans une seule direction, une répartition à 45° de la charge peut être considérée, à partir de la charge axiale, dans les étages inférieurs sur les murs non directement chargés.

4.2.5.5 Répartition des contraintes de cisaillement

La répartition de la contrainte de cisaillement le long de la partie de mur soumise à la compression est supposée constante.

4.2.6 Ouvrages de maçonnerie armée soumis à un cisaillement

Pour les ouvrages soumis à une charge uniformément répartie, l'effort tranchant maximal est situé à une distance d/2 de la face d'appui (Figure 4.26).

De plus :

- l'armature requise à 2,5 d doit être ancrée sur l'appui ;
- sur un appui intermédiaire, l'armature tendue doit être prolongée de chaque côté de l'appui vers le milieu de la portée à une distance 2,5 d, augmentée d'une longueur d'ancrage (Figure 4.27).

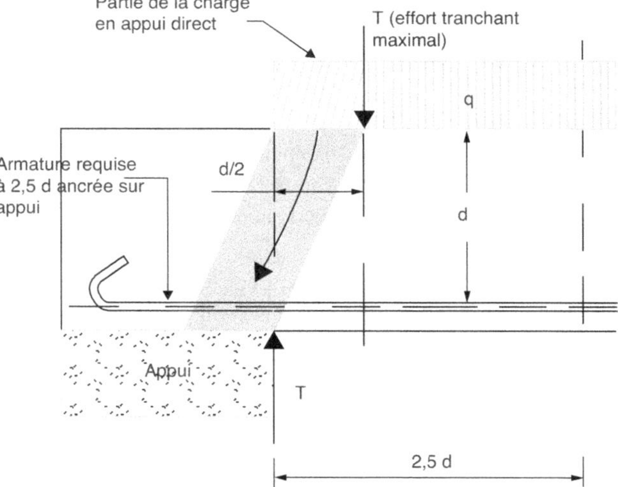

Figure 4.26. Caractérisation de l'effort tranchant avec une charge répartie

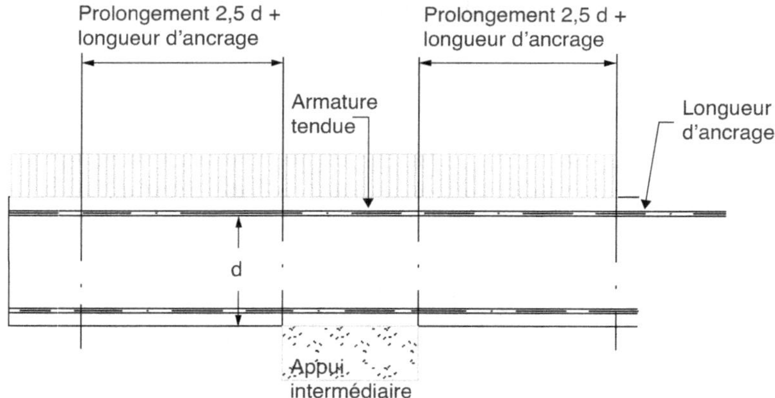

Figure 4.27. Disposition pour l'armature tendue sur un appui intermédiaire

4.2.7 Murs de maçonnerie soumis à un chargement latéral

4.2.7.1 Caractérisation des appuis

Lors de l'analyse de ces murs, il y a lieu de considérer les conditions d'appui et de continuité au droit des appuis. En particulier :

- les coupures de capillarité se traduisent généralement par une absence de continuité (joints en appui simple). L'appui peut toutefois être considéré comme continu lorsque la contrainte verticale de calcul exercée à ce niveau est supérieure ou égale à la contrainte de traction de calcul due au moment provoqué par l'action ;

- les joints de fractionnement sont également à considérer comme appuis simples ;

- les appuis directs de planchers et de toitures peuvent être considérés comme continus ;

- les appuis de murs reliés à des murs porteurs chargés verticalement (ou autre structure appropriée) au moyen d'attaches, ou tout système équivalent, peuvent être considérés comme partiellement continus ;

- dans le cas de murs creux, la continuité totale peut être assurée si les attaches permettent effectivement de transmettre les efforts appliqués (voir chapitre 7, § 7.1.1.5).

Un mur à double paroi doit être calculé comme un mur à une seule paroi constituée des éléments assurant la résistance à la flexion la plus faible.

La réaction d'appui le long d'un bord de mur peut en général être considérée comme uniformément répartie.

La liaison à un support peut être réalisée par :

- différentes liaisons mécaniques ;
- des retours de maçonnerie harpés ;
- les planchers et les toitures.

4.2.7.2 Calcul des moments sollicitants

Ils sont calculés selon le chapitre 5, § 5.3.

CHAPITRE 5

Dimensionnement à l'état limite ultime (ELU)

Le dimensionnement aux états limites est basé sur une approche semi-probabiliste du calcul de structures, dans laquelle les actions, les résistances et la mise en œuvre des matériaux sont considérées comme des variables aléatoires (voir le chapitre 4).

L'étude statistique de ces différents paramètres conduit à l'introduction de coefficients partiels appliqués à la fois aux actions (γ_A, γ_G, γ_Q et ψ) et aux caractéristiques mécaniques des matériaux (γ_M).

Le principe de dimensionnement à l'état limite ultime consiste à vérifier que la charge de calcul appliquée C_{Ed} est inférieure ou égale à la résistance de calcul de la maçonnerie C_{Rd}, de sorte que :

$$C_{Ed} \leq C_{Rd} \tag{5.1}$$

Cette condition devra être vérifiée pour les murs soumis à des charges de compression, de cisaillement, de flexion ou à une combinaison de ces trois chargements.

Il est important de rappeler que la charge appliquée C_{Ed} doit être déterminée à partir des coefficients partiels relatifs aux chargements, en particulier γ_G pour les actions permanentes et γ_Q pour les actions variables, définis dans l'Eurocode 0 (voir le chapitre 4).

Les murs sont soumis à différents chargements présentés sur la Figure 5.1.

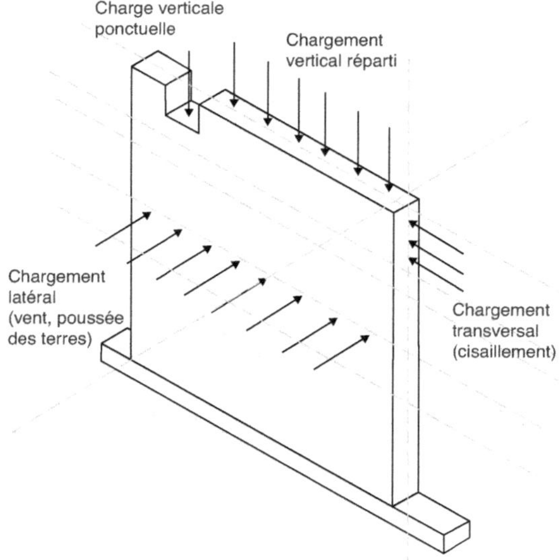

Figure 5.1. Types de chargement appliqués sur les murs

Leur dimensionnement est réalisé selon différentes méthodes qui prennent en compte leur constitution interne (simple paroi ou à double mur) et le type de renforcement éventuellement employé : maçonnerie armée ou chaînée (Figure 5.2).

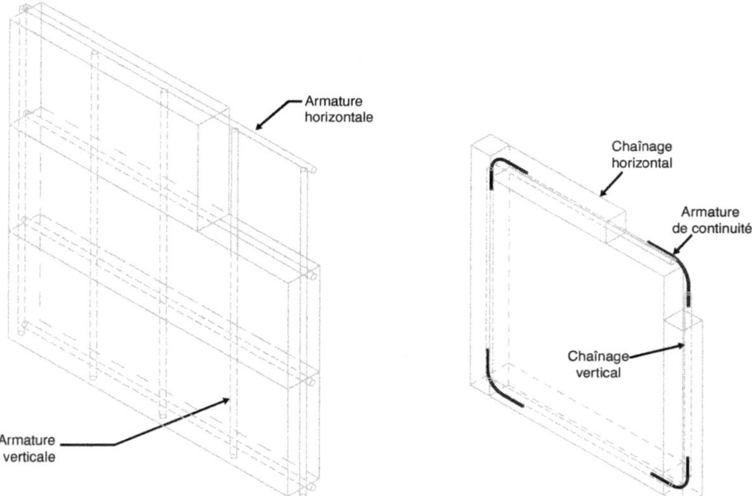

Figure 5.2. Types de renforcement des maçonneries (maçonnerie armée à gauche, maçonnerie chaînée à droite)

5.1   Mur soumis principalement à un chargement vertical réparti

La résistance à l'état limite ultime des maçonneries principalement soumises à un chargement vertical est vérifiée lorsque la charge appliquée N_{Ed} est inférieure ou égale à la résistance de calcul de la maçonnerie aux charges verticales N_{Rd}, de sorte que :

$$N_{Ed} \leq N_{Rd} \tag{5.2}$$

La résistance de calcul de la maçonnerie se calcule de deux manières différentes :
- la charge est appliquée de manière répartie sur la longueur du mur ;
- la charge est concentrée sur une zone.

5.1.1   Méthode générale (mur armé ou non)

Cette méthode est également utilisable pour les murs soumis à un chargement horizontal, ou pour les murs armés verticalement lorsque leur élancement est supérieur à 12.

La résistance de calcul dépend :
- de la résistance et du mode de montage des éléments ;
- de la géométrie du mur ;
- du mode de chargement (chargement centré ou excentré).

Ainsi, un mur de grande hauteur, ou dont le chargement n'est pas réparti sur son épaisseur (chargement excentré), aura une résistance inférieure à celle d'un mur soumis à un chargement centré (Figure 5.3).

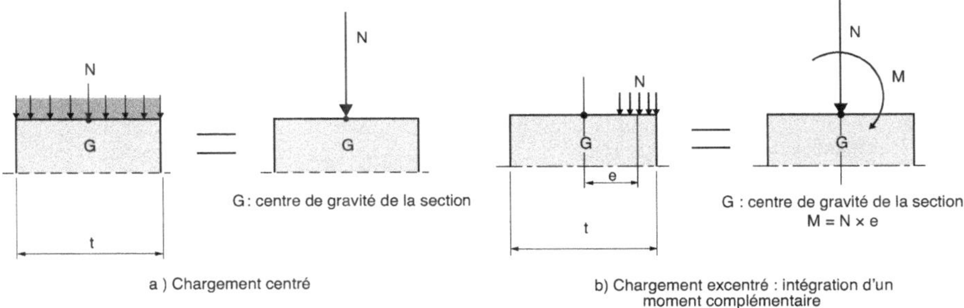

Figure 5.3. Sollicitations appliquées sur un mur selon son mode de chargement

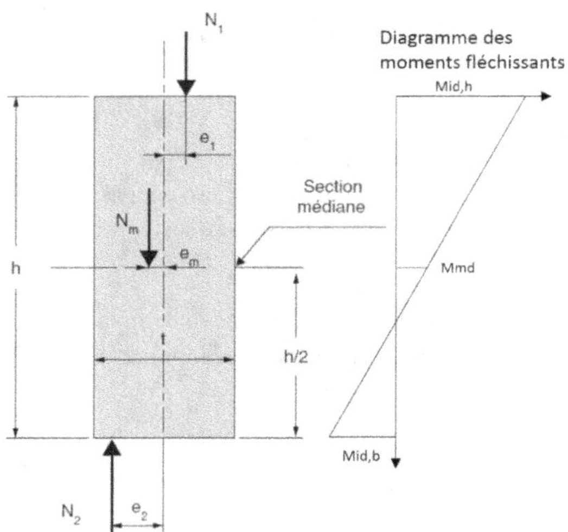

Figure 5.4. Chargement vertical appliquée sur un mur – variation de l'excentricité selon l'élévation de la section
(cas d'un mur de rive)

5.1.1.1 Calcul de la résistance de la maçonnerie

La résistance de la maçonnerie soumise à un chargement vertical, N_{Rd}, est :

$$N_{Rd} = \phi \times \ell \times t \times f_d \tag{5.3}$$

où :

ϕ est le coefficient de réduction permettant de prendre en compte les effets de l'élancement géométrique (h_{ef}/t_{ef}, avec h_{ef} hauteur effective et t_{ef} épaisseur effective du mur – voir le chapitre 4) et de l'excentricité e des charges,

t est l'épaisseur du mur,

ℓ est la longueur du mur,

f_d est la résistance de calcul à la compression de la maçonnerie.

$$f_d = \frac{f_k}{\gamma_M} \text{ (voir chapitre 4, § 4.1.4)}$$

Lorsque $\ell \times t < 0,1$ m², il est nécessaire de réduire la résistance de calcul de la maçonnerie f_d par le facteur :

$$(0,7 + 3 \times A) \tag{5.4}$$

avec A, la section horizontale brute chargée du mur en mètres carrés.

Trois vérifications de résistance doivent être faites : en tête, en pied, ainsi qu'à mi-hauteur du mur (Figure 5.4). La valeur du coefficient de réduction est calculée dans chacun des cas.

5.1.1.2 Coefficient de réduction Φ en tête et en pied de mur

Les coefficients de réduction en tête et en pied de mur, respectivement Φ_t et Φ_p, sont donnés par :

$$\phi_i = 1 - 2 \times \frac{e_i}{t} \tag{5.5}$$

où :

e_i est l'excentricité en pied ou en tête de mur,

t est l'épaisseur du mur.

Définition de l'excentricité e_i :

$$e_i = \max\left(\frac{M_{id}}{N_{id}} + e_{init} + e_{he} \; ; \; 0,05 \times t\right) \quad (5.6)$$

où :

M_{id} est le moment fléchissant au sommet ou en pied de mur, dû à l'excentrement de la charge d'appui,

N_{id} est la charge verticale agissant sur le sommet ou en pied de mur,

e_{init} est l'excentricité initiale,

e_{he} est l'excentricité due aux charges horizontales (dues au vent notamment),

t est l'épaisseur du mur.

En tête et en pied de mur, l'excentricité due aux charges horizontales e_{he} peut être négligée.

L'excentricité initiale e_{init} est déterminée de manière forfaitaire par :

$$e_{init} = \frac{h_{ef}}{450} \quad (5.7)$$

avec h_{ef} la hauteur effective du mur en mètres (chapitre 4, § 4.2.3.2), e_{init} correspondant aux imperfections de mise en œuvre.

5.1.1.3   Calcul des moments fléchissants M_{id} (méthode forfaitaire)

Le moment fléchissant M_{id} s'obtient en déterminant l'excentrement dû aux charges de plancher.

La méthode est différente selon qu'il s'agit d'un mur de rive de plancher (Figure 5.5a), en général les murs de façade, ou d'un mur intermédiaire (Figure 5.5b), ce qui est le cas des murs intérieurs.

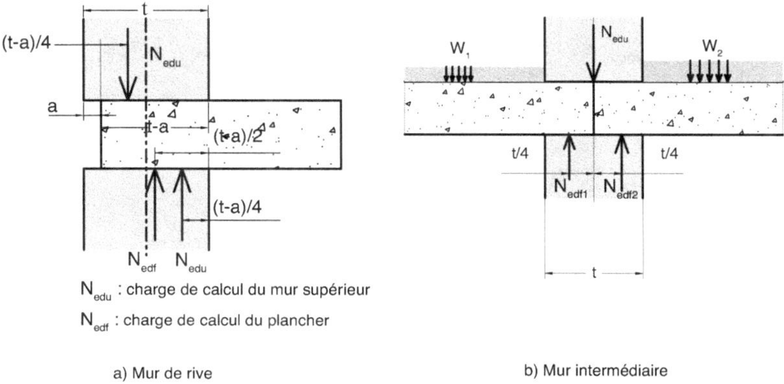

N_{edu} : charge de calcul du mur supérieur

N_{edf} : charge de calcul du plancher

a) Mur de rive

b) Mur intermédiaire

Figure 5.5. Positionnement des charges selon la configuration du mur

Cas d'un mur de rive

Le moment fléchissant au sommet d'un mur de rive M_{Edf} est pris égal à :

$$M_{Edf} = N_{Edf} \times \frac{a}{2} + N_{Edu} \times \frac{t+a}{4} \qquad (5.8)$$

Le moment fléchissant au pied d'un mur de rive M_{Edu} est donné par :

$$M_{Edu} = E_{du} \times \frac{t - 3 \times a}{4} \qquad (5.9)$$

N_{Edf} est la charge appliquée par le plancher,

N_{Edu} est la charge appliquée par le mur supérieur,

a est la distance entre la face du mur et le bord du plancher,

t est l'épaisseur du mur.

En général, la distance a correspond à l'épaisseur de la planelle, lorsque celle-ci ne collabore pas avec le plancher (cas des planelles munies d'un isolant).

Cas d'un mur intermédiaire

Le moment fléchissant au sommet d'un mur intermédiaire M_{Edf} est donné par :

$$M_{Edf} = \left| N_{Edf1} - N_{Edf2} \right| \times \frac{t}{4} \qquad (5.10)$$

où :

$N_{Edf\,i}$ est la charge appliquée par le plancher i, avec i = 1 ou 2 (Figure 5.5b),

t est l'épaisseur du mur.

Pour mémoire, | x | signifie valeur absolue de x (= max [x ; – x]).

Le moment fléchissant au pied d'un mur intermédiaire M_{Edu} peut être considéré comme nul.

Le Tableau 5.1 regroupe les quatre formules permettant de déterminer le moment aux extrémités du mur.

Tableau 5.1. Valeurs des moments en tête et en pied de mur

	Mur intermédiaire	Mur de rive
Tête de mur	$M_{Edf} = \left\| N_{Edf1} - N_{Edf2} \right\| \times \frac{t}{4}$	$M_{Edf} = N_{Edf} \times \frac{a}{2} + N_{Edu} \times \frac{t+a}{4}$
Pied de mur	0	$M_{Edu} = N_{Edu} \times \frac{t-3 \times a}{4}$

5.1.1.4. Calcul des moments fléchissants (méthode des rigidités)

Cette méthode ne s'applique pas aux planchers en solivage bois.

Il est possible de déterminer le moment en tête M_{Edf} ou en pied M_{Edu} selon cette seconde méthode.

Les moments sont alors donnés par (Figure 4.6) :

$$M = \eta \times \dfrac{\dfrac{n_1 \times E_1 \times I_1}{h_1}}{\dfrac{n_1 \times E_1 \times I_1}{h_1} + \dfrac{n_2 \times E_2 \times I_2}{h_2} + \dfrac{n_3 \times E_3 \times I_3}{h3} + \dfrac{n_4 \times E_4 \times I_4}{h_4}} \tag{5.11}$$

$$\times \left(\dfrac{w_3 \times \ell_3^2}{4 \times (n_3 - 1)} - \dfrac{w_4 \times \ell_4^2}{4 \times (n_4 - 1)} \right)$$

Le moment M est calculé pour une largeur unitaire.

Lorsqu'un des éléments est absent, l'équation (5.11) peut être utilisée en supprimant les variables correspondant à celui-ci, par exemple pour les murs en rives de plancher ou au dernier étage.

n_i est un facteur de rigidité de l'élément i, avec $n_i = 4$ pour les éléments fixés aux deux extrémités (cas général) et $n_i = 3$ pour les autres,

On prendra $n_i = 3$ lorsqu'une extrémité sera réputée ne reprendre aucun moment.

E_i est le module d'élasticité de l'élément i,

E_i est pris égal à $1\,000.f_k$ pour l'ensemble des éléments.

I_i est le moment d'inertie de l'élément i.

Pour un plancher : $I_i = \dfrac{h_P^3}{12}$ Pour un mur : $I_i = \dfrac{t^3}{12}$.

Dans le cas d'un mur double, seule la paroi porteuse est à considérer.

h_i : hauteur libre de l'élément i,

ℓ_i : portée libre de l'élément i,

w_i : charge de calcul uniformément répartie sur l'élément i,

η : facteur de réduction (équation 5.12),

h_{P} : hauteur du plancher,

t : épaisseur du mur.

Les hauteurs h_1 et h_2, et les caractéristiques correspondantes des murs, à considérer pour le calcul des moments M_{Edf} et M_{Edu} sont définies Figure 5.6.

Le facteur de réduction η est pris égal à :

$$\eta = \max \left(1 - 0,25 \times \dfrac{\dfrac{n_3 \times E_3 \times I_3}{h_3} + \dfrac{n_4 \times E_4 \times I_4}{h_1}}{\dfrac{n_1 \times E_1 \times I_1}{h_1} + \dfrac{n_2 \times E_2 \times I_2}{h_2}} \; ; 0,5 \right) \tag{5.12}$$

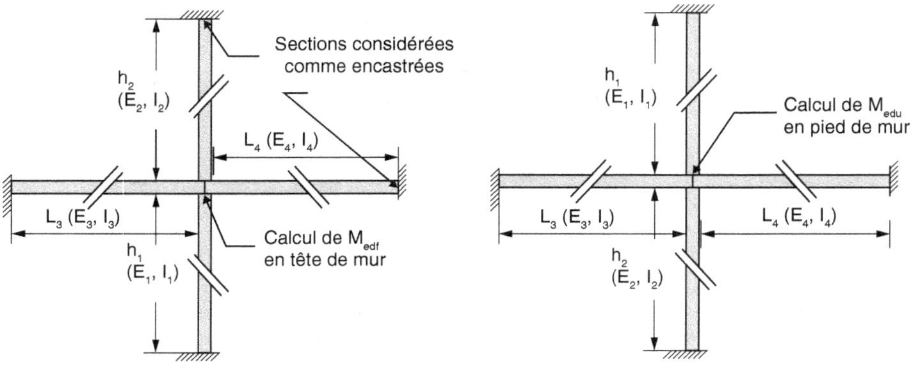

a) Calcul du moment en tête du mur   b) Calcul du moment en pied du mur

Figure 5.6. Définition des hauteurs h_1 et h_2 pour le calcul des moments fléchissants

5.1.1.5 Exemple 5.1 : comparaison des deux méthodes de calcul des moments fléchissants

Dans cet exemple, nous allons comparer les valeurs des moments donnés en tête d'un mur intermédiaire selon les deux méthodes. La première méthode correspond à l'équation (5.10) et la seconde à l'équation (5.11).

La configuration de l'exemple est donnée par les Figures 5.5b et 5.6.

Données :

- résistance caractéristique de la maçonnerie f_k = 2,61 MPa ;
- module d'élasticité de la maçonnerie E_m = 2 610 MPa ;
- résistance caractéristique du plancher f_{ck} = 25 MPa ;
- module d'élasticité du plancher E_p = 25 000 MPa ;
- hauteur des murs, h = 2,5 m ;
- épaisseur des murs, t = 0,2 m ;
- hauteur des planchers, h_p = 0,2 m ;
- longueurs des planchers, l_1 ou l_3 = 5 m et l_2 ou l_4 = 2 m ;
- charge répartie sur les planchers, w = 6,3 kN/m ;
- les murs et les planchers sont fixés à leurs extrémités, n = 4.

On obtient les résultats suivants pour les différents éléments :

	Unités	Mur 1	Mur 2	Plancher 3	Plancher 4
h (ou L)	m	2,5	2,5	5	2
n		4	4	4	4
E	MPa	2 610	2 610	25 000	25 000
I	m⁴	$6{,}67.10^{-4}$	$6{,}67.10^{-4}$	$6{,}67.10^{-4}$	$6{,}67.10^{-4}$
$\dfrac{n_i \times E_i \times I_i}{h_i}$	MN.m	2,78	2,78	13,3	33

À partir de ces résultats, on trouve $\eta = 0{,}5$ et $\boxed{M = 294 \text{ N.m}}$ par la seconde méthode. Par la première méthode, on trouve $N_{Edf3} = 31\ 500$ N et $N_{Edf4} = 12\ 600$ N. On aboutit alors à un moment $\boxed{M = 945 \text{ N.m}}$

Le graphique suivant compare le rapport entre le moment au sommet du mur M et la charge de plancher $N_{plancher}$ pour différentes valeurs du rapport entre les longueurs ℓ_3 et ℓ_4, en gardant $\ell_4 = 2$ m constant et en faisant varier ℓ_3 entre 2 et 12 m.

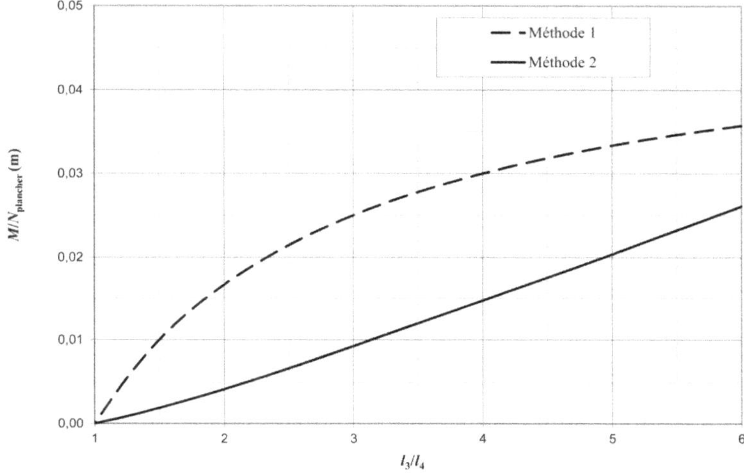

Figure 5.7. Comparaison des méthodes de calcul des moments fléchissants (moments en tête du mur)

Cette illustration, visant à comparer les deux méthodes de calcul des moments fléchissants, montre que la méthode des rigidités est plus favorable que la méthode forfaitaire, en particulier pour les faibles portées.

5.1.1.6 Coefficient de réduction Φ_m à mi-hauteur du mur

Du fait de la variation d'excentricité selon la hauteur (voir Figure 5.4), le moment à mi-hauteur du mur est en général plus faible qu'à ses extrémités. Cependant, la courbure du mur, engendrée par l'excentricité des charges d'appui, n'est pas négligeable et le flambement du mur n'est pas à exclure.

Le coefficient de réduction dû à l'élancement et à l'excentricité à mi-hauteur du mur Φ_m est donné par :

$$\Phi_m = A \times 2{,}72^{-\frac{u^2}{2}} \tag{5.13}$$

où :

$$A = 1 - 2 \times \frac{e_{mk}}{t} \tag{5.14}$$

et

$$u = \frac{h_{ef} - 2 \times t}{23 \times t - 37 \times e_{mk}} \tag{5.15}$$

avec :

e_{mk} : l'excentricité à mi-hauteur du mur (équation 5.16),

h_{ef} : la hauteur effective du mur,
t : l'épaisseur du mur.

L'excentricité à mi-hauteur du mur, e_{mk}, est donnée par :

$$e_{mk} = \max (e_m + e_k \,;\, 0{,}05 \times t) \tag{5.16}$$

où :

e_m est l'excentricité due aux charges (équation 5.17),
e_k est l'excentricité due au fluage (équation 5.21),

L'excentricité due aux charges, e_m est donnée par :

$$e_m = \frac{M_{md}}{N_{md}} + e_{hm} + e_{init} \tag{5.17}$$

où :

M_{md} est le moment à mi-hauteur du mur (équation 5.22),
N_{md} est la charge à mi-hauteur du mur,
e_{init} est l'excentricité initiale (équation 5.7),
e_{hm} est l'excentricité due au chargement horizontal (vent par exemple).

Voir l'exemple du chapitre 9 pour le dimensionnement avec une charge de vent.

L'excentricité e_{hm} est calculée à partir du moment sollicitant $M_{ed,h}$ dû à la charge horizontale :

$$e_{hm} = \frac{M_{Ed,h}}{N_{md}} \tag{5.18}$$

où :

$M_{Ed,h}$ est le moment fléchissant dû au chargement horizontal à mi-hauteur du mur,

Pour une charge répartie :

$$M_{Ed,h} = \frac{q_{d,h} \times h_{ef}^2}{8} \tag{5.20}$$

Dans le cas d'un mur double, seul la paroi porteuse est à considérer.

L'excentricité due au fluage, e_k, est considérée comme nulle si $\dfrac{h_{ef}}{t_{ef}} \leq 15$ (voir chapitre 4, § 4.2.3). Sinon elle est donnée par :

$$e_k = 0{,}002 \times \phi_\infty \times \frac{h_{ef}}{t_{ef}} \times \sqrt{t \times e_m} \tag{5.21}$$

où :

h_{ef} est la hauteur effective du mur,
t_{ef} est l'épaisseur effective du mur,
ϕ_∞ est le coefficient de fluage ultime, défini chapitre 3 Tableau 3.10.
e_m est l'excentricité due aux charges (équation 5.17).

Le moment à mi-hauteur du mur M_{md} est donné par :

$$M_{md} = \frac{|M_{Edf} - M_{Edu}|}{2} \tag{5.22}$$

où :

M_{Edf} est le moment en haut du mur,
M_{Edu} est le moment en pied du mur.

La Figure 5.8 donne la valeur du coefficient de réduction Φ_m en fonction de l'excentricité à mi-hauteur du mur e_{mk} et de l'élancement $\dfrac{h_{ef}}{t_{ef}}$.

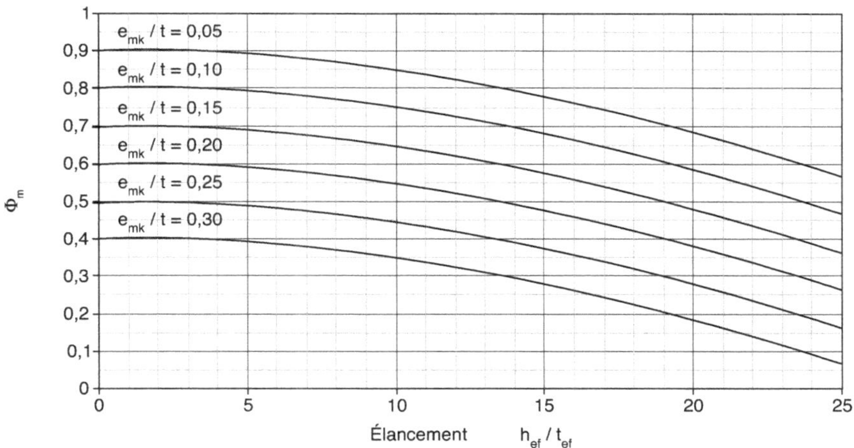

Figure 5.8. Valeurs de l'excentricité à mi-hauteur du mur Φ_m
Valeurs pour $E = 1000 \times f_k$

5.1.1.7 Exemple 5.2 : vérification de la résistance verticale des murs pour un bâtiment de trois niveaux (méthode générale)

Prenons l'exemple de trois murs superposés dans la configuration donnée par la Figure 5.9. Les charges indiquées sur la figure sont pondérées pour un calcul à l'état limite ultime.

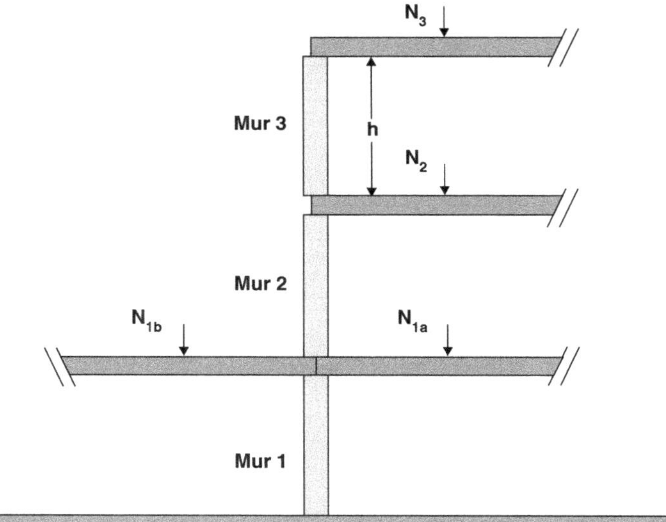

Figure 5.9. Configuration en élévation des trois murs pour la vérification de leur résistance à la compression

Données :
- blocs creux en béton de type B40 ($f_b = 5{,}43$ MPa) ;
- résistance de calcul à la compression de la maçonnerie $f_d = 1{,}18$ MPa ;
- épaisseur des murs $t = 0{,}2$ m ;
- masse volumique des blocs $\rho_b = 1\ 400$ kg/m^3 ;

- hauteur du niveau h = 2,7 m ;
- largueur de la planelle a = 0,05 m ;
- longueur du mur ℓ = 1 m.

Les valeurs des différentes forces dues aux planchers à l'ELU (charges permanentes et variables) sont :

- N_{1a} = 20 kN ;
- N_{1b} = 22 kN ;
- N_2 = 20 kN ;
- N_3 = 18,5 kN.

Les moments sont calculés à partir des formules du Tableau 5.1.

Le Tableau 5.2 donne les valeurs obtenues, pour chaque mur, aux différentes étapes de la vérification :

Tableau 5.2. Calcul de différents murs (exemple 5.2 méthode générale)

		Unités	Mur 1	Mur 2	Mur 3	Équations
	ρ		0,75	1	1	
	h_{ef}	m	2,025	2,7	2,7	
Tête de mur	N_{Edf}	N	20 000 + 22 000	20 000	18 500	
	N_{Edu}	N	58 912	28 706	0	
	N_{Ed}	N	100 912	48 706	18 500	
	M_{Edf}	N.m	100	2 294	463	(5.8) ou (5.10)
	e_{init}	m	0,0045	0,006	0,006	(5.7)
	e_t	m	0,010	0,053	0,031	(5.6)
	Φ_t		0,90	0,47	0,69	(5.5)
	N_{Rd}	N	213 382	111 192	163 593	(5.3)
	Vérification $N_{Rd} \geq N_{Ed}$		OK	OK	OK	(5.2)
Pied de mur	$N_{Edu} = N_{Ed}$	N	111 118	58 912	28 706	
	M_{Edu}	N.m	0	736	359	(5.9)
	e_{init}	m	0,0045	0,006	0,006	(5.7)
Pied de mur	e_p	m	0,01	0,0185	0,0185	(5.6)
	Φ_p		0,90	0,82	0,82	(5.5)
	N_{Rd}	N	213 382	193 229	193 229	(5.3)
	Vérification $N_{Rd} \geq N_{Ed}$		OK	OK	OK	(5.2)
Mi-hauteur	$N_m = N_{Ed}$	N	106 015	53 809	23 603	
	M_{md}	N.m	50	779	52	(5.22)
	e_{init}	m	0,005	0,006	0,006	(5.7)
	e_m	m	0,005	0,020	0,008	(5.17)
	e_{mk}	m	0,010	0,020	0,010	(5.16)
	u		0,38	0,60	0,54	(5.15)
	A		0,90	0,80	0,90	(5.14)
	Φ_m		0,84	0,66	0,78	(5.13)
	N_{Rd}	N	198 194	157 605	184 042	(5.3)
	Vérification $N_{Rd} \geq N_{Ed}$		OK	OK	OK	(5.2)

La résistance à la compression des trois murs, montés avec des blocs creux en béton de catégorie B40, est vérifiée à leur pied et sommet, ainsi qu'à mi-hauteur.

5.1.2   Méthode simplifiée (mur non armé)

Un grand nombre de bâtiments en maçonnerie respectent une géométrie simple avec de faibles hauteurs de mur ou de faibles portées de plancher et un nombre peu important de niveaux. Pour ces constructions, que l'on peut qualifier de courantes, il est possible d'utiliser une méthode simplifiée de vérification de la résistance à la compression des murs de maçonnerie.

5.1.2.1   Conditions d'utilisation

Les conditions pour pouvoir utiliser la méthode simplifiée sont :
- la hauteur H du bâtiment au-dessus du sol ne doit pas dépasser 16 m ;
- la portée ℓ_f des planchers ne doit pas dépasser :
    - $\ell_f = \min\,(4{,}5 + 10 \times t\,;\,7)$ lorsque $f_d > 2{,}5$ MPa,
    - $\ell_f = \min\,(4{,}5 + 10 \times t\,;\,6)$ lorsque $f_d \leq 2{,}5$ MPa,

avec t, l'épaisseur du mur ;
- la hauteur libre h d'un étage ne doit pas dépasser 3,2 m ou 4,0 m pour un rez-de-chaussée d'un bâtiment de hauteur H supérieure à 7 m ;
- les valeurs caractéristiques des actions variables sur les planchers et sur la toiture ne doivent pas dépasser 500 kg/m^2 ;
- les murs porteurs doivent être alignés verticalement en hauteur ;
- les planchers et la toiture doivent avoir un appui sur le mur d'au moins 0,4 fois l'épaisseur du mur, sans être inférieur à 75 mm ;
- pour les murs en rive de plancher soumis à des charges dues au vent, l'épaisseur t du mur doit respecter l'inégalité suivante :

$$t \geq \frac{c_1 \times q_{swd} \times \ell \times h^2}{N_{Ed}} + c_2 \times h \qquad (5.23)$$

Cette dernière condition est en général vérifiée pour des murs d'au moins 15 cm d'épaisseur.
Où :

h est la hauteur libre d'un étage,

q_{Swd} est la charge de calcul due au vent exercée sur le mur par unité de surface,

N_{Ed} est la valeur de calcul de la charge verticale la moins défavorable sur le haut du mur,

ℓ est la longueur du mur,

t est l'épaisseur du mur,

c_1 et c_2 sont des constantes dépendant de α, avec :

$$\alpha = \frac{N_{Ed}}{\ell \times t \times f_d} \qquad (5.24)$$

Les valeurs de c_1 et c_2 en fonction de α sont données dans les graphiques suivants (Figures 5.10 et 5.11).

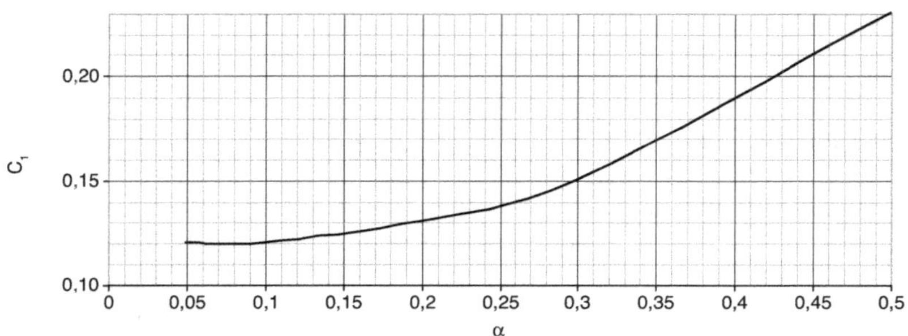

Figure 5.10. Valeurs du coefficient c_1 en fonction de α

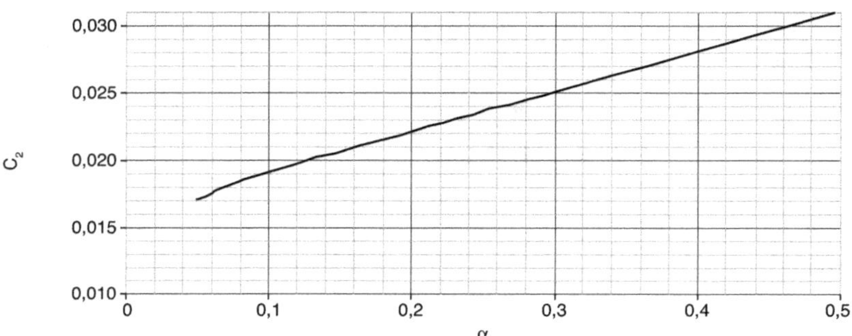

Figure 5.11. Valeurs du coefficient c_2 en fonction de α

5.1.2.2   Résistance à une charge verticale

La résistance de calcul du mur N_{Rd} est donnée par :

$$N_{Rd} = \phi_s \times f_d \times A \tag{5.26}$$

où :

ϕ_s est le facteur de réduction pour les effets d'élancement et d'excentricité des charges,

f_d est la résistance de calcul à la compression de la maçonnerie,

A est la section horizontale brute chargée du mur (voir chapitre 1, Figure 1.3).

Le facteur de réduction ϕ_s est déterminé de manière différente selon le type de chargement. Ainsi, on obtient :

- pour les murs intermédiaires :

$$\phi_s = 0,85 - 0,0011 \times \left(\frac{h_{ef}}{t_{ef}}\right)^2 \tag{5.27}$$

- pour les murs en rive de plancher :

$$\phi_s = \min\left(0,85 - 0,0011 \times \left(\frac{h_{ef}}{t_{ef}}\right)^2 \; ; \; 1,3 - \frac{\ell_{ef}}{8}\right) \tag{5.28}$$

- pour les murs du dernier niveau :

$$\phi_s = \min\left(0,85 - 0,0011 \times \left(\frac{h_{ef}}{t_{ef}}\right)^2 \; ; 1,3 - \frac{\ell_{ef}}{8} \; ; 0,4\right) \qquad (5.29)$$

où :

h_{ef} est la hauteur effective du mur (Tableau 5.3),

t_{ef} est l'épaisseur effective du mur,

ℓ_{ef} est la portée effective du plancher.

La portée effective du plancher ℓ_{ef} est égale à :

$\ell_{ef} = \ell_f$ pour les planchers à simple appui,

$\ell_{ef} = 0,7 \times \ell_f$ pour les planchers continus ;

avec ℓ_f la portée du plancher.

Les graphiques suivants donnent la valeur du facteur de réduction ϕ_s pour les murs intermédiaires (Figure 5.12) et pour les murs en rive de plancher (Figure 5.13).

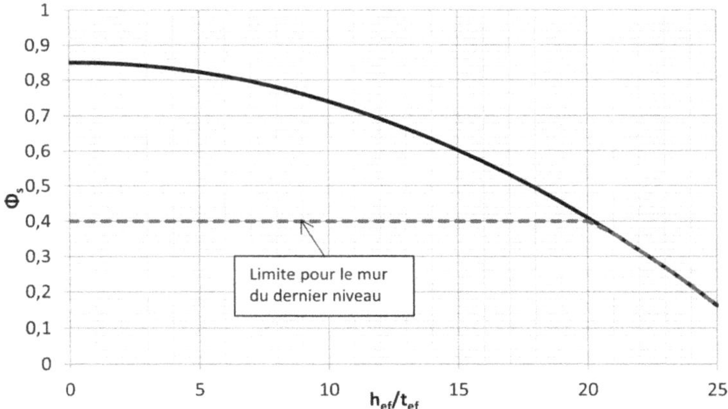

Figure 5.12. Évolution du facteur de réduction Φ_s pour les murs intermédiaires

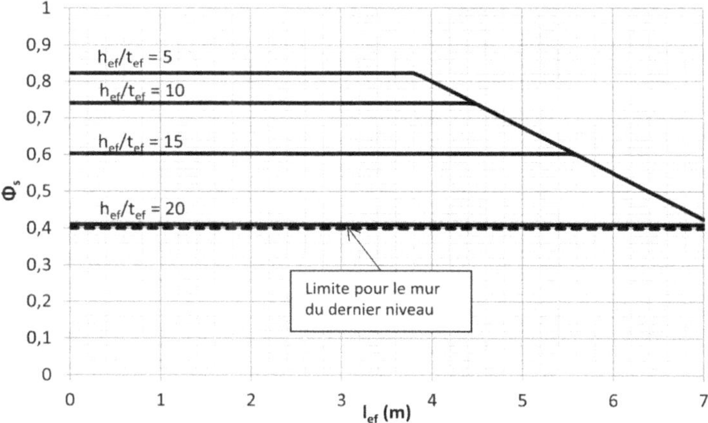

Figure 5.13. Évolution du facteur de réduction Φ_s pour les murs en rive de plancher

Tableau 5.3. Définition de la hauteur effective

Eurocode 6 – partie 3 – Définition de la hauteur effective : $h_{ef} = \rho \times h$		
Dispositions constructives	**Liaisonnements**	**Encastrement vertical latéral**
Murs de rive avec liaisons à un plancher en béton armé ou précontraint ; ou murs maintenus latéralement par un chaînage horizontal ou une liaison mécanique sans encastrement.	≥ 0,75 t Et 85 mm — Liaison mécanique sans encastrement	Sans : $\rho = 1$ 1 bord : $\rho = 1,5 \times \dfrac{h}{\ell} \leq 1$ 2 bords : $\rho = \dfrac{\ell}{2 \times h} \leq 1$
Mur intermédiaire avec liaisons à un plancher en béton armé ou précontraint.	Appui ≥ 0,75 t Et 85 mm	Sans : $\rho = 0,75$ 1 bord : $\rho = 1,5 \times \dfrac{h}{\ell} \leq 0,75$ 2 bords : $\rho = \dfrac{\ell}{2 \times h} \leq 0,75$

5.1.2.3 Exemple 5.3 : vérification de la résistance par la méthode simplifiée – comparaison avec l'exemple 5.2

Se reporter au fichier téléchargeable en ligne sur la fiche de l'ouvrage : www.editions-eyrolles.com.

Reprenons l'exemple 5.2, en utilisant cette fois-ci la méthode de vérification simplifiée des murs soumis à des charges réparties.

Il est ici nécessaire de connaître la portée effective ℓ_{ef} des planchers et la charge due au vent q_{Swd}. Nous considérons ici le cas de planchers à simple appui avec $\ell_f = \ell_{ef} = 6$ m et $q_{Swd} = 1\ 000$ N/m².

Pour pouvoir utiliser la méthode simplifiée, il faut respecter l'ensemble des conditions données au début du paragraphe 1.2.1.

Nous allons vérifier que l'épaisseur du mur t est suffisante pour la charge de vent imposée q_{Swd} aux murs 2 et 3 et l'on supposera que les autres conditions sont respectées.

Tableau 5.4. Vérification de l'épaisseur minimale t_{min} (inégalité 5.23)

	Unités	Mur 2	Mur 3	Équations
t	cm	20	20	
q_{Swd}	N.m⁻²	1 000	1 000	
h	m	2,70	2,70	
N_{Ed}	N	48 706	18 500	
α		0,20	0,08	(5.24)
c_1	m⁻¹	0,14	0,12	Figure 5.10
c_2		0,022	0,018	Figure 5.11
t_{min}	cm	8	10	(5.23)
Vérification t ≥ t_{min}		OK	OK	

L'inégalité (5.23) est vérifiée ($t \geq t_{min}$). Il est donc possible d'utiliser la méthode simplifiée.

Tableau 5.5. Vérification de la résistance à la compression des murs (méthode simplifiée)

	Unités	Mur 1	Mur 2	Mur 3	Équations
ρ		0,75	1,00	1,00	(4.29) à (4.32)
h_{ef}	m	2,03	2,70	2,70	(4.28)
h_{ef}/t		10,13	13,50	13,50	
l_{ef}	m	-	6,00	6,00	
équation utilisée		(5.27)	(5.28)	(5.29)	
Φ_s		0,74	0,55	0,40	
N_{Rd}	N	174 791	130 400	94 836	(5.26)
N_{Ed}	N	100 912	48 706	18 500	
Vérification N_{Rd} N_{Ed}		OK	OK	OK	(5.2)

La résistance à la compression des trois murs, montés avec des blocs creux en béton de catégorie B40, est vérifiée.

5.2 Mur soumis à des charges concentrées

On vérifiera la résistance sous la charge concentrée comme indiquée ci-après, selon le groupe auquel appartient l'élément de maçonnerie.

Dans tous les cas, l'excentricité e de la charge concentrée ne peut excéder le quart de l'épaisseur du mur (Figure 5.14).

Il est également recommandé de vérifier selon la méthode générale (§ 5.1) la résistance à mi-hauteur sous les appuis en superposant les effets de toute autre charge verticale (charges réparties des étages supérieurs notamment), en particulier dans le cas où les charges concentrées sont suffisamment rapprochées pour que leurs longueurs effectives se chevauchent.

On pourra admettre pour la descente de charge à mi-hauteur un épanouissement de la charge ponctuelle selon un angle de 60 ° (Figure 5.14).

Une semelle de répartition définie Figure 5.14 peut être utilisée pour supporter la charge concentrée et augmenter la résistance à la compression du support. La valeur de calcul de la contrainte de compression sous la charge concentrée est limitée à 1,5 f_d.

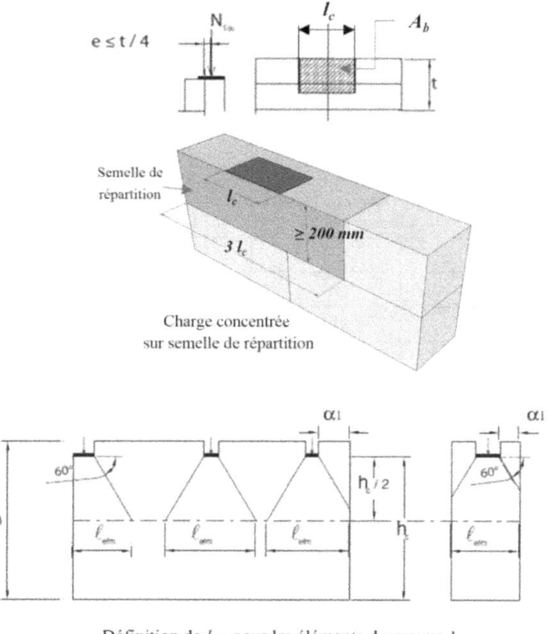

Définition de l_{efm} pour les éléments du groupe 1

Figure 5.14. Mur soumis à des charges concentrées

5.2.1 Dispositions pour les éléments de maçonnerie des groupes 2, 3 ou 4

Il y a lieu de vérifier que la contrainte de compression sous l'appui de la charge ne dépasse pas la résistance de calcul de la maçonnerie f_d (risque d'écrasement local).

5.2.2 Dispositions pour les éléments de maçonnerie du groupe 1

Pour les murs réalisés à partir d'éléments du groupe 1, la charge verticale concentrée N_{Edc} appliquée sur le mur doit être inférieure ou égale à la résistance de calcul sous une charge concentrée N_{Rdc}, de sorte que :

$$N_{Edc} \leq N_{Rdc} \tag{5.30}$$

La résistance de calcul du mur sous une charge concentrée N_{Rdc} a pour valeur :

$$N_{Rdc} = \beta \times A_b \times f_d \tag{5.31}$$

où :

β est un facteur de majoration pour les charges concentrées défini par la relation 5.32,

A_b est la surface soumise à la charge,

f_d est la résistance de calcul à la compression de la maçonnerie.

En première approche, on peut considérer que le facteur de majoration $\beta = 1$.

Si la condition 5.31 n'est pas vérifiée, il est possible d'affiner le calcul en déterminant β par la relation :

$$\beta = \min\left(\left(1+0,3\times\frac{\alpha_1}{h_c}\right)\times\left(1,5-1,1\times\min\left(\frac{A_b}{A_{ef}}\;;\;0,45\right)\right)\;;\;1,25+\frac{\alpha_1}{2\times h_c}\;;\;1,5\right) \qquad (5.32)$$

dans laquelle :

α_1 est la distance de l'extrémité du mur au bord le plus proche de la surface soumise à la charge (voir Figure 5.14),

h_c est la hauteur du mur par rapport au niveau de la charge (voir Figure 5.14),

A_b est la surface d'appui soumise à la charge,

A_{ef} est la surface d'appui effective (équation 5.33).

La surface d'appui effective A_{ef} est donnée par :

$$A_{ef} = \ell_{efm} \times t = \min\,(\ell_c + 0,57 \times h_c\;;\;\ell_c + 0,28 \times h_c + \alpha_1\;;\;\ell) \times t \qquad (5.33)$$

avec (voir Figure 5.14) :

ℓ_{efm} : la longueur utile de l'appui de la charge,

ℓ_c : la longueur d'appui de la charge,

h_c : la hauteur du mur par rapport au niveau de la charge,

α_1 : la distance de l'extrémité du mur au bord le plus proche de la surface soumise à la charge,

ℓ : la longueur du mur,

t : l'épaisseur du mur.

Le graphique de la Figure 5.15 donne la valeur du coefficient de majoration β en fonction des rapports A_b/A_{ef} et α_1/h_c.

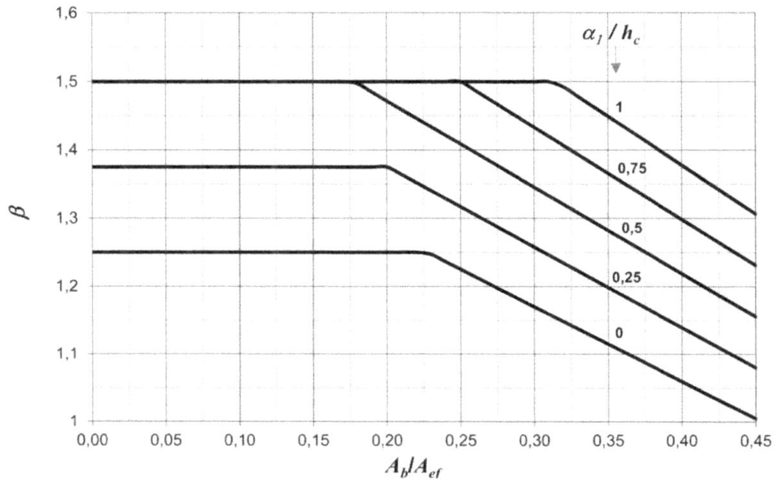

Figure 5.15. Facteur de majoration en fonction des rapports A_b/A_{ef} et α_1/h_c

À titre d'exemple, pour $h_c = 2,5$ m, $t = \ell_c = 0,2$ m, $e = t/4 = 0,05$ m et $\alpha_1 = 0$, on obtient :
$A_b = \ell_c \times (t - 2 \times e) = 0,02$ m²

$$A_{ef} = (\ell_c + 0{,}28 \times h_c) \times t = 0{,}18 \text{ m}^2$$

$$\frac{A_b}{A_{ef}} = \frac{0{,}02}{0{,}18} = 0{,}11$$

Soit d'après la courbe, $\beta = 1{,}25$.

On peut remarquer, pour des murs de hauteur habituelle (2,5 m à 3 m), que l'on se trouve pratiquement toujours sur la partie horizontale des courbes pour déterminer β.

5.2.3 Exemple 5.4 : vérification de la résistance des appuis d'un linteau

Se reporter au fichier téléchargeable en ligne sur la fiche de l'ouvrage : www.editions-eyrolles.com.

Nous allons reprendre l'exemple de la Figure 5.9, et disposer un linteau sous le mur 1. On considère un linteau supporté par 2 parties de mur selon la disposition présentée par la Figure 5.16.

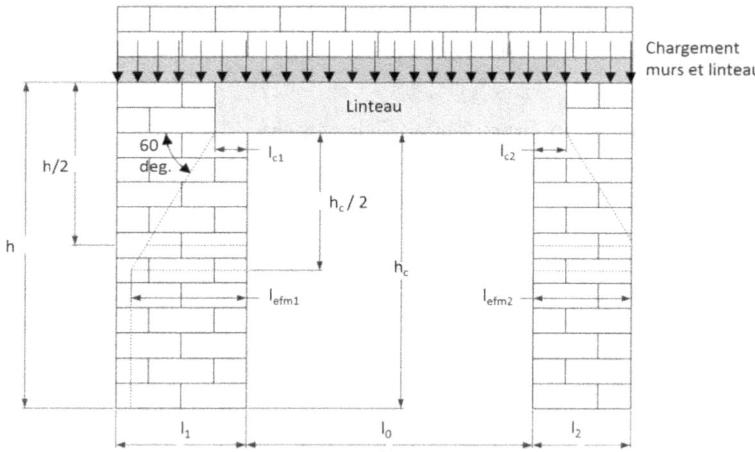

Figure 5.16. Configuration du mur avec ouverture

Nous allons vérifier la résistance de la maçonnerie sous les appuis du linteau.

Données :

$f_d = 1{,}19$ MPa ;

$\gamma_g = 1{,}35$, le coefficient partiel relatif au poids propre des matériaux ;

$\gamma_q = 1{,}50$, le coefficient partiel relatif aux charges d'exploitation ;

$\ell_1 = 3$ m ;

$\ell_2 = 0{,}75$ m ;

$\ell_0 = 2{,}20$ m ;

portée effective du linteau ℓ_{ef} ;

portée du plancher $\ell_p = 6{,}00$ m ;

$g_p = 4\,800$ N/m^2, le poids propre du plancher ;

$q_p = 1\,500$ N/m^2, la charge d'exploitation sur le plancher ;

d = 0,55 m ;

h = 2,70 m ;

h_c = 2,30 m ;

épaisseur du mur t = 0,20 m ;

$\rho\_\text{élém}$ = 1 400 kg/m³, masse volumique des éléments (groupe 3).

Dans un premier temps, il faut déterminer la charge au niveau de chacun des deux appuis.

La charge appliquée sur le linteau correspond à la descente de charge relative aux chargements supérieurs (planchers et murs) + le poids pondéré du linteau.

La portée effective ℓ_{ef} est obtenue par :

$\ell_{ef} = \ell_0 + \ell_{c1} + \ell_{c2} = 2,56$ m

avec :

$$\ell_{c1} = \min\left(\frac{d}{2} \; ; \frac{\ell_1}{2}\right) = 0,18 \text{ m et } \ell_{c2} = \min\left(\frac{d}{2} \; ; \frac{\ell_2}{2}\right) = 0,18 \text{ m}$$

La charge N_{Ed} reprise par le linteau est égale à (voir Tableau 5.2, mur 1, charge en tête de mur) :

100 912 × 2,56 = 258 334 N.

ρ_linteau : 2400 kg/m³

Poids pondéré du linteau : 6635 N

N_{edu} total : 258 334 + 6635 = 264 970 N.

Charge appliquée de chaque côté du linteau : N_{edc} = 264 970 / 2 = 132 485 N.

On obtient les résultats suivants pour les deux murs (blocs béton groupe 3, f_d = 1,19 MPa) :

Tableau 5.6. Vérification de la résistance des appuis du linteau

	Unités	Mur gauche	Mur droit	Équations
l_c	m	0,18	0,18	
A_b	m²	0,036	0,036	
N_{Rdc}	N	42 840	42 840	(5.31)
Vérification $N_{Rdc} \geq N_{Edc}$		Non	Non	

Dans les deux cas, la résistance des appuis est trop faible. Pour l'augmenter nous prendrons des blocs béton de groupe 1 avec une résistance caractéristique des éléments de 12 MPa (f_d = 3,52 MPa). Le nouveau calcul donne :

	Unités	Mur gauche	Mur droit	Équations
ℓ_c	m	0,18	0,18	
A_b	m²	0,036	0,036	
α_1	m	0	0	
h_c	m	2,30	2,30	
l_{efm}	m	0,82	0,75	
A_{ef}	m²	0,16	0,15	(5.33)
A_b / A_{ef}		0,22	0,24	(5.32)
β		1,25	1,24	
N_{Rdc}	N	158 400	156 626	(5.31)
Vérification $N_{Rdc} \geq N_{Edc}$		OK	OK	

Cette solution est acceptable.

Tableau 5.7. Vérification de la résistance à mi-hauteur des murs supportant le linteau

		Unités	Mur gauche	Mur droit
Longueur chargée à h/2	$\ell_{ef(h/2)}$	m	0,728	0,728
Charge due au linteau à h/2	$N_{ed,c\_h/2}$	N/m	181 948	181 948
Charge verticale étages supérieurs	N_{Ed}	N/m	100 912	100 912
Poids pondéré d'une demie hauteur de mur (ρ : 2100 kg/m^3)	G	N/m	7 654	7 654
Charge total à mi-hauteur	N_m	N/m	290 514	290 514
Vérification à mi-hauteur (voir exemple 5.2, Tableau 5.2)				
	M_{md}	N.m	50	50
	e_{init}	m	0,005	0,005
	e_m	m	0,005	0,005
	e_{mk}	m	0,010	0,010
	u		0,38	0,38
	A		0,90	0,90
(1)	Φ_m		0,84	0,84
	f_d	MPa	3,52	3,52
	N_{Rd}	N	588 199	588 199
	Vérification $N_{Rd} \geq N_{Ed}$		OK	OK

(1) Compte-tenu du chargement apporté par le linteau (charge centrée) et du faible moment agissant dans la section, la valeur de Φ_m est quasiment inchangée.

La solution est acceptable.

5.3 Murs de maçonnerie soumis à un chargement latéral et vertical

Cette vérification concerne les murs soumis à une pression ou une poussée latérale (vent, pression des terres).

La méthode de dimensionnement des murs de maçonnerie soumis à un chargement latéral dépend de l'éventuel chargement vertical concomitant.

Ainsi, lorsque la contrainte de compression σ_d au milieu du mur est supérieure à $\dfrac{0,15 \times N_{Rd}}{\ell \times t}$ pour les murs non armés (voir équation 5.3) ou $0,3 \times f_d$ pour les murs armés, la résistance à l'état limite ultime du mur doit être vérifiée selon la méthode générale du paragraphe 5.1.1, en considérant les deux cas de chargements suivants (double vérification) :

Première vérification	Seconde vérification
$N_{Ed,max} \leq N_{Rd,m}$	$N_{Ed,min} \geq N_{Rdl,m}$

$$(5.34)$$

Où :

$N_{Ed,max}$ est la valeur de calcul de la charge verticale appliquée sur le mur ayant l'effet le plus défavorable dû à une charge permanente à mi-hauteur du mur, conformément à l'EN 1990 ;

$N_{Rd,m}$ est la résistance de calcul de la maçonnerie aux charges verticales à mi-hauteur du mur ;

$N_{Ed,min}$ est la valeur de calcul de la charge verticale appliqué sur le mur ayant l'effet le moins défavorable dû à une charge permanente à mi-hauteur du mur, conformément à l'EN 1990 ;

$N_{Rdl,m}$ est la charge verticale minimale limite à mi-hauteur du mur ;

La première expression consiste à vérifier la résistance en compression de la maçonnerie.

La seconde expression permet de s'assurer que le mur ne dépasse pas la limite de traction spécifiée.

La limite de traction pourra être prise égale à $f_{xd1,app}$ définie par l'équation (5.46).

Pour la vérification à mi-hauteur du mur, il est nécessaire de tenir compte de l'influence du chargement latéral dans le calcul du moment (voir calcul de e_{hm}, formule (5.18)).

Pour la seconde vérification, lorsque la résistance en traction est prise égale à zéro, la charge verticale minimale limite à mi-hauteur du mur $N_{Rdl,m}$ est déterminée par (Figure 5.17) :

$$N_{Rdl,m} = \frac{6 \times M_m}{t} \tag{5.35}$$

M_m étant le moment sollicitant à mi-hauteur.

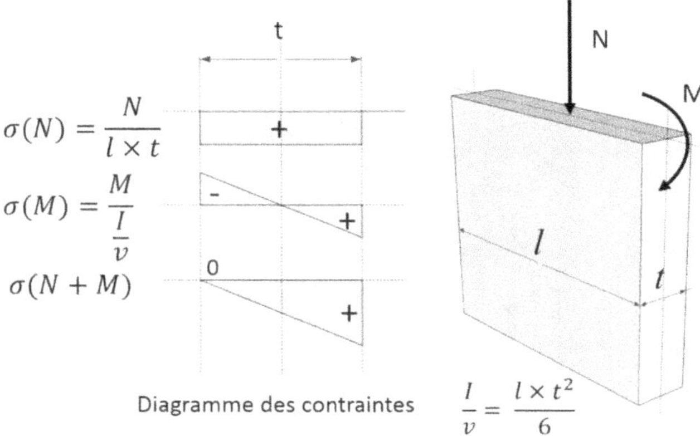

Figure 5.17. Diagramme des contraintes en flexion composée (résistance en traction nulle)

Nota

Une vérification en cisaillement des sections d'appui peut être effectuée selon les dispositions du paragraphe 5.5.2.

5.3.1 Méthode simplifiée pour les murs chargés au vent

Lorsque le chargement latéral est limité à une charge de vent, la méthode simplifiée du paragraphe 5.1.2 pour la vérification des murs soumis à un chargement vertical est applicable. Elle permet de s'abstenir d'effectuer les vérifications indiquées ci-dessus. En effet, une condition préalable à l'utilisation de la méthode simplifiée implique que l'épaisseur de la maçonnerie est adaptée au chargement latéral (formule (5.23)).

5.3.2   Méthode simplifiée pour les murs de soubassement

5.3.2.1   Conditions d'utilisation

La méthode de vérification des murs de soubassement soumis à la poussée des terres n'est applicable que si les conditions suivantes sont respectées :

- la hauteur libre du mur h doit être inférieure ou égale à 2,6 m et avoir une épaisseur minimale t de 20 cm ;
- le plancher au niveau du sol est suffisamment rigide pour résister à la poussée des terres ;
- aucun plan de glissement n'est créé sous le plancher, par exemple par une membrane de coupure de capillarité ;

> Dans le cas d'interposition d'une membrane en partie inférieure de plancher, il est nécessaire de vérifier la résistance au cisaillement due à la pression des terres (voir chapitre 7, § 7.6.2).
> Pour la vérification au cisaillement des surfaces de maçonnerie en contact direct (sans interposition de membrane), un coefficient de frottement de 0,6 peut être utilisé.

- la charge caractéristique appliquée sur la surface du sol, dans la zone d'influence de la poussée des terres sur le mur de soubassement, ne dépasse pas 5 kN/m² ;
- aucune charge concentrée appliquée à moins de 1,5 m du bord du mur ne dépasse 15 kN ;
- la surface du sol est sensiblement horizontale ;
- la hauteur de remblai ne dépasse pas la hauteur du mur ;
- aucune pression hydrostatique n'agit sur le mur.

Ces conditions sont reprises par la Figure 5.18.

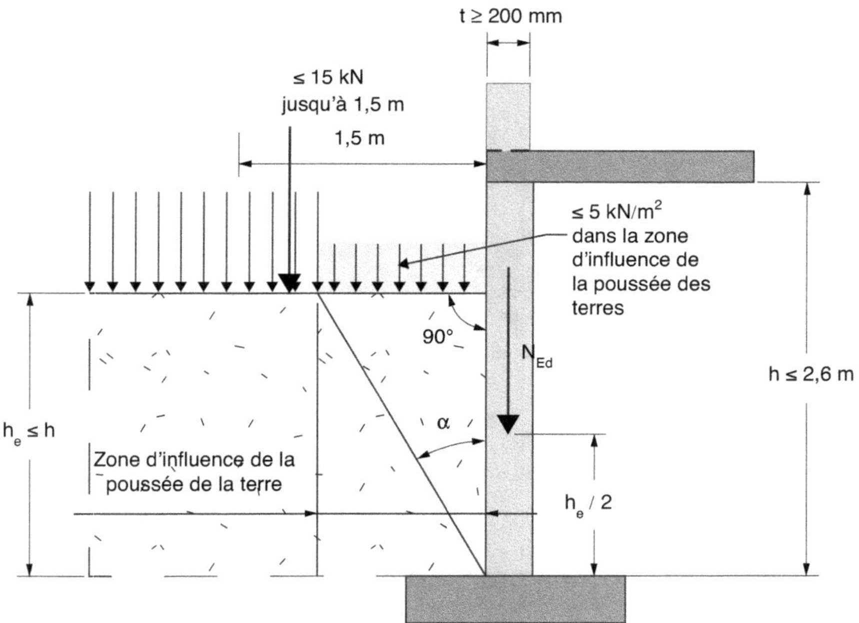

Figure 5.18. Conditions et variables applicables aux murs de soubassement (vue en coupe)

5.3.2.2 Vérification

La charge de calcul N_{Ed} doit être encadrée entre les deux valeurs suivantes :

- La charge de calcul ayant l'effet le plus défavorable sur le mur $N_{Ed,max}$ conformément à l'Eurocode 0 doit être inférieure à :

$$N_{Ed,max} \leq \frac{t \times b \times f_d}{3} \tag{5.36}$$

où :

t est l'épaisseur du mur,

b est la largeur du mur,

f_d est la résistance de calcul à la compression de la maçonnerie.

- La charge de calcul ayant l'effet le moins défavorable sur le mur $N_{Ed,min}$ conformément à l'Eurocode 0 doit être supérieure à :

$$N_{Ed,min} \geq \frac{\rho_e \times b \times h \times h_e^2}{\beta \times t} \tag{5.37}$$

où :

ρ_e est le poids volumique de la terre supportée,

h est la hauteur libre du mur de soubassement,

h_e est la hauteur du remblai,

β est une variable dont la valeur dépend du rapport b_c/h, avec b_c la distance de part et d'autre des murs transversaux ou des éléments de butée (Figure 5.19).

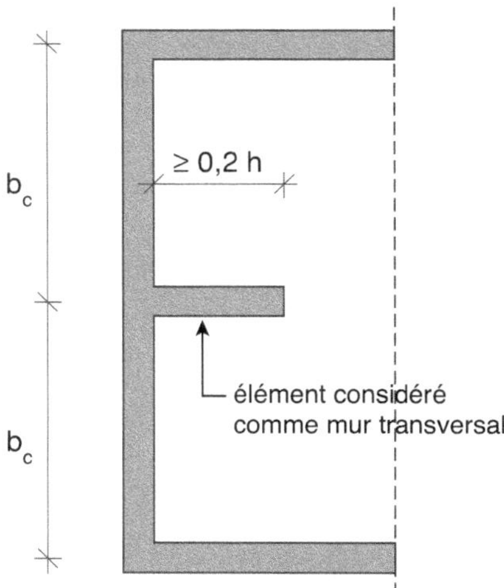

Figure 5.19. Définition de b_c (vue en plan)

La valeur de la variable β dépend du rapport b_c/h et est donnée par le graphique de la Figure 5.20.

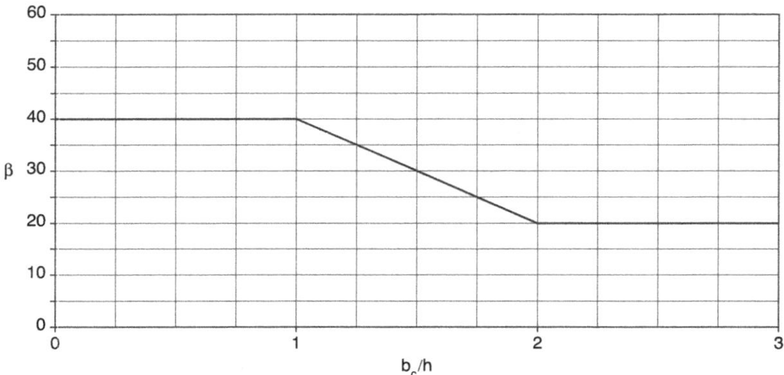

Figure 5.20. Valeur de la variable β en fonction du rapport b_c/h

5.3.3 Méthode générale pour les murs pas ou faiblement chargés verticalement

Cette méthode est applicable aux murs qui respectent les limites de chargement suivantes (rappel des conditions mentionnées plus haut) : la contrainte de compression σ_d au milieu du mur est limitée à $\dfrac{0,15 \times N_{Rd}}{\ell \times t}$ pour les murs non armés (voir équation 5.3) ou $0,3 \times f_d$ pour les murs armés.

Pour la vérification de la limite de compression des murs non armés, on pourra utiliser les limites suivantes : $0,15 \times \phi \times f_d$, avec ϕ pris égal à 0,6 pour les murs de rive et 0,8 pour les murs intermédiaires (voir Figure 5.5).

5.3.3.1 Détermination du moment sollicitant M_{Ed}

Ce moment tient compte des conditions d'appui et de continuité au droit des appuis.

Deux moments (M_{ed1} ou M_{ed2}) sont définis en fonction du mode de ruine possible (voir chapitre 3, § 3.3).

Cas particulier d'un mur très long

Lorsque le rapport h/ℓ est inférieur à 0,3, le moment sollicitant est déterminé directement comme suit :

$$M_{Ed} = \frac{1}{8} \times W_{Ed} \times h_{ef}^2 \text{, par unité de longueur du mur} \tag{5.38}$$

h_{ef} est défini au chapitre 4, § 4.2.3.

Cas particulier d'un mur très haut

Lorsque le rapport h/ℓ est supérieur à 2, le moment sollicitant est déterminé directement comme suit :

$$M_{Ed} = \frac{1}{8} \times W_{Ed} \times \ell_{ef}^2 \text{, par unité de hauteur du mur} \tag{5.39}$$

Cas général : murs appuyés sur 3 ou 4 bords

- Lorsque le plan de rupture est perpendiculaire au lit de pose, c'est-à-dire dans la direction f_{xk2} (voir Figure 3.8 du chapitre 3) :

$$M_{Ed2} = \alpha_2 \times W_{Ed} \times \ell^2, \text{ par unité de hauteur du mur} \tag{5.40}$$

- Lorsque le plan de rupture est parallèle au lit de pose, c'est-à-dire dans la direction f_{xk1} :

$$M_{Ed1} = \alpha_1 \times W_{Ed} \times \ell^2 = \mu \times M_{Ed2}, \text{ par unité de longueur du mur} \tag{5.41}$$

α_1 et α_2 sont les coefficients de moment fléchissant définis ci-après,

ℓ est la longueur du mur entre supports verticaux,

W_{Ed} est la charge de calcul latérale par unité de surface.

> Les deux moments sont calculés avec la même grandeur ℓ. La grandeur h est introduite dans les paramètres α_1 et α_2.

Détermination des coefficients α_1 et α_2

Les coefficients α_1 et α_2 tiennent compte du degré de liaison des bords des panneaux.

Le coefficient α_2 est obtenu à partir des Tableaux 5.9 à 5.26, en fonction du rapport h/ℓ et de μ.

Le coefficient α_1 est calculé comme suit :

$$\alpha_1 = \mu \times \alpha_2 \tag{5.42}$$

Le coefficient μ est le rapport des deux résistances de calcul à la flexion de la maçonnerie (voir chapitre 3, § 3.3) :

- mur sans chargement axial (ou coplanaire) :

$$\mu = \frac{f_{xd1}}{f_{xd2}} \tag{5.43}$$

- mur avec chargement axial vertical :

$$\mu = \frac{f_{xd1},app}{f_{xd2}} \tag{5.44}$$

- mur avec chargement axial horizontal :

$$\mu = \frac{f_{xd1}}{f_{xd2,app}} \tag{5.45}$$

où :

f_{xd1} est la résistance de calcul à la flexion de la maçonnerie dont le plan de rupture est parallèle au lit de pose,

f_{xd2} est la résistance de calcul à la flexion de la maçonnerie dont le plan de rupture est perpendiculaire au lit de pose,

$f_{xd1,app}$ est la résistance de calcul à la flexion apparente de la maçonnerie dont le plan de rupture est parallèle au lit de pose :

$$f_{xd1,app} = f_{xd1} + \sigma_d \tag{5.46}$$

avec σ_d, contrainte de compression s'exerçant sur le mur, limitée à $\dfrac{0,15 \times N_{Rd}}{\ell \times t}$

$f_{xd2,app}$ est la résistance de calcul à la flexion apparente de la maçonnerie dont le plan de rupture est perpendiculaire au lit de pose (voir cas particulier plus loin pour la détermination de $f_{xd2,app}$ avec des armatures préfabriquées dans les joints d'assises).

Le Tableau 5.8 regroupe les valeurs de µ pour les différents matériaux à partir des résistances f_{xd1} et f_{xd2}.

Tableau 5.8. Valeurs du rapport $\sigma = \dfrac{f_{xd1}}{f_{xd2}}$ pour différents matériaux

Ouvrage de maçonnerie		$\mu = \dfrac{f_{xd1}}{f_{xd2}}$	
		Mortier d'usage courant ($f_m \geq 5$ MPa)	**Mortier de joints minces**
Béton de granulats		0,25	0,67
Terre cuite		0,25	1,00
Béton cellulaire autoclavé	$\rho < 400$ kg/m^3	0,25	0,75
	$\rho \geq 400$ kg/m^3	0,25	0,50
Silico-calcaire		0,25	0,67
Pierre reconstituée		0,25	Non utilisé
Pierre naturelle prétaillée		0,25	1,00

Détermination de $f_{xd2,app}$ avec des armatures préfabriquées dans les joints d'assises

Pour ces murs dont la section est représentée Figure 5.21, la résistance de calcul à la flexion f_{xd2} peut être remplacée par une résistance apparente $f_{xd2,app}$ (résistance apparente d'une section non fissurée de maçonnerie) telle que :

$$f_{xd2,app} = \frac{6 \times A_S \times f_{yd} \times z}{1000 \times t^2} \text{ (pour une hauteur unitaire de 1 m)} \tag{5.47}$$

où :

$A_S \times f_{yd} \times z$ est égal au moment résistant de la section armée,

A_S est la section transversale d'armature en traction des joints d'assise pour une hauteur de mur de un mètre définie Figure 5.21,

f_{yd} est la résistance de calcul à la traction de l'armature des joints d'assise,

t est l'épaisseur du mur,

z est le bras de levier déterminé par :

$$z = \min\left(d - 05 \times \frac{A_S \times f_{yd}}{1000 \times f_{d,h}} \; ; \; 0,95 \times d\right) \tag{5.48}$$

où :

d est la hauteur utile de la section (Figure 5.21),

$f_{d,h}$ est la résistance de calcul à la compression de la maçonnerie, selon le sens horizontal

$f_{d,h} = \dfrac{f_{k,h}}{\gamma_M}$ (voir chapitre 3, § 3.1.4).

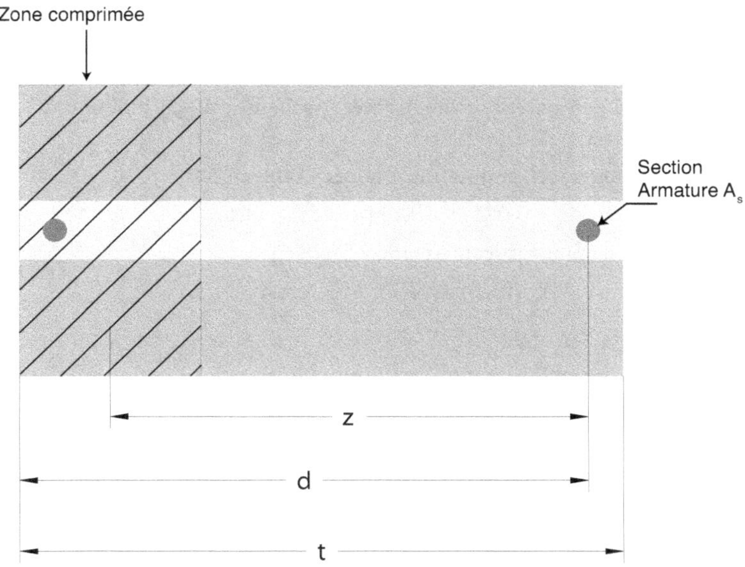

Figure 5.21. Coupe transversale d'un lit de mortier armé (section soumise à un moment sollicitant M_{Ed2})

À titre d'exemple, la Figure 5.22 donne la valeur de $f_{xd2,app}$ en fonction de la résistance de calcul à la compression de la maçonnerie f_d dans les conditions suivantes :

- mur d'épaisseur 200 mm ;
- $f_{yd} = 500$ MPa pour les armatures dans les joints d'assise.

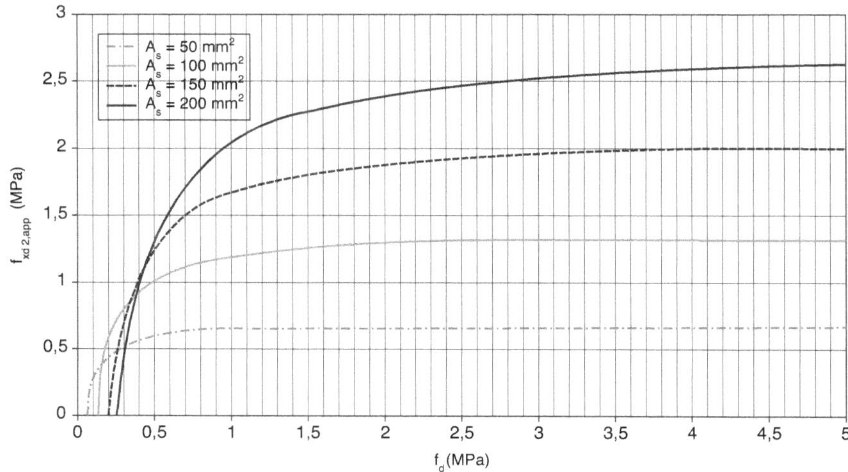

Figure 5.22. Valeurs de $f_{xd2,app}$ en fonction de la résistance de calcul à la compression de la maçonnerie f_d (ou $f_{d,h}$) pour un mur de 20 cm d'épaisseur

Cet exemple montre que pour la plupart des matériaux ($f_{xk2} = 0,4$ MPa, coefficient partiel $\gamma_M = 2,2$, $f_{xd2} = 0,18$ MPa) et avec la plus petite section d'armature, $f_{xd2,app}$ est supérieur à 0,5 MPa, soit un gain de 250 % par rapport à f_{xd2}.

L'adjonction d'une armature même minime entraîne donc un gain important de f_{xd2}.

Tableaux pour déterminer α_2

Les Tableaux 5.9 à 5.26 permettent de déterminer la valeur de α_2 en fonction des conditions d'appui et du coefficient μ.

Exemple pour un mur en appui simple sur 4 bords (Tableau 5.9).

Pour $\mu = 0,25$ et $h/\ell = 1 : \alpha_2 = 0,071$ (valeur grisée du Tableau 5.9).

Moment selon l'axe de flexion vertical (équation 5.40) :

$$M_{Ed2} = 0,071 \times W_{Ed} \times \ell^2$$

$\alpha_1 = \mu \times \alpha_2 = 0,071 \times 0,25 = 0,0177$

Moment selon l'axe de flexion horizontal (équation 5.41) :

$$M_{Ed1} = 0,0177 \times W_{Ed} \times l^2$$

Tableau 5.9. Valeurs de α_2 – 4 appuis simples

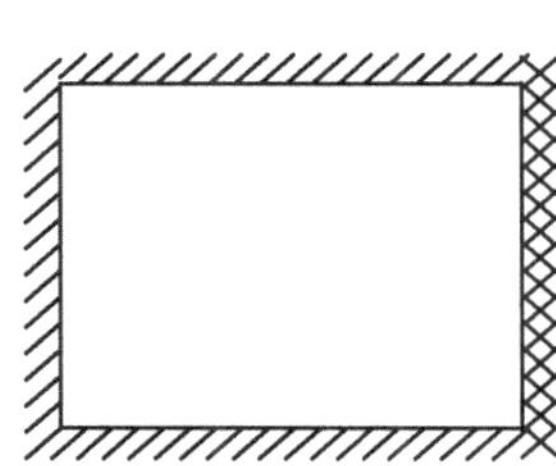

μ	h/ℓ							
	0,30	**0,50**	**0,75**	**1,00**	**1,25**	**1,50**	**1,75**	**2,00**
1,00	0,008	0,018	0,030	0,042	0,051	0,059	0,066	0,071
0,90	0,009	0,019	0,032	0,044	0,054	0,062	0,068	0,074
0,80	0,010	0,021	0,035	0,046	0,056	0,064	0,071	0,076
0,70	0,011	0,023	0,037	0,049	0,059	0,067	0,073	0,078
0,60	0,012	0,025	0,040	0,053	0,062	0,070	0,076	0,081
0,50	0,014	0,028	0,044	0,057	0,066	0,074	0,080	0,085
0,40	0,017	0,032	0,049	0,062	0,071	0,078	0,084	0,088
0,35	0,018	0,035	0,052	0,064	0,074	0,081	0,086	0,090
0,30	0,020	0,038	0,055	0,068	0,077	0,083	0,089	0,093
0,25	0,023	0,042	0,059	0,071	0,080	0,087	0,091	0,095
0,20	0,027	0,046	0,064	0,076	0,084	0,090	0,095	0,098
0,15	0,032	0,053	0,070	0,081	0,089	0,094	0,098	0,102
0,10	0,039	0,062	0,078	0,088	0,095	0,100	0,103	0,106
0,05	0,054	0,076	0,090	0,098	0,103	0,107	0,109	0,111

Tableau 5.10. Valeurs de α_2 – 3 appuis simples, 1 bord encastré

μ	h/l							
	0,30	**0,50**	**0,75**	**1,00**	**1,25**	**1,50**	**1,75**	**2,00**
1,00	0,008	0,016	0,026	0,034	0,041	0,046	0,051	0,054
0,90	0,008	0,017	0,027	0,036	0,042	0,048	0,052	0,055
0,80	0,009	0,018	0,029	0,037	0,044	0,049	0,054	0,057
0,70	0,010	0,020	0,031	0,039	0,046	0,051	0,055	0,058
0,60	0,011	0,022	0,033	0,042	0,048	0,053	0,057	0,060
0,50	0,013	0,024	0,036	0,044	0,051	0,056	0,059	0,062
0,40	0,015	0,027	0,039	0,048	0,054	0,058	0,062	0,064
0,35	0,016	0,029	0,041	0,050	0,055	0,060	0,063	0,066
0,30	0,018	0,031	0,044	0,052	0,057	0,062	0,065	0,067
0,25	0,020	0,034	0,046	0,054	0,060	0,063	0,066	0,069
0,20	0,023	0,037	0,049	0,057	0,062	0,066	0,068	0,070
0,15	0,027	0,042	0,053	0,060	0,065	0,068	0,070	0,072
0,10	0,033	0,048	0,058	0,064	0,068	0,071	0,073	0,075
0,05	0,043	0,057	0,066	0,070	0,073	0,075	0,077	0,078

Tableau 5.11. Valeurs de α_2 – 2 appuis simples, 2 bords encastrés

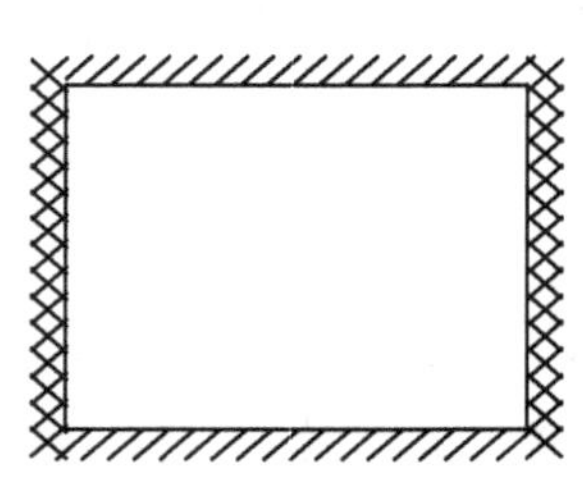

µ	h/ℓ							
	0,30	0,50	0,75	1,00	1,25	1,50	1,75	2,00
1,00	0,006	0,012	0,021	0,029	0,035	0,041	0,045	0,049
0,90	0,006	0,013	0,022	0,030	0,037	0,042	0,047	0,050
0,80	0,007	0,014	0,024	0,032	0,039	0,044	0,048	0,052
0,70	0,007	0,016	0,026	0,034	0,041	0,046	0,050	0,054
0,60	0,008	0,017	0,028	0,036	0,043	0,048	0,052	0,056
0,50	0,010	0,019	0,030	0,039	0,045	0,051	0,055	0,058
0,40	0,011	0,022	0,034	0,042	0,049	0,054	0,057	0,061
0,35	0,013	0,024	0,036	0,044	0,051	0,055	0,059	0,062
0,30	0,014	0,026	0,038	0,046	0,053	0,057	0,061	0,064
0,25	0,016	0,029	0,041	0,049	0,055	0,059	0,063	0,065
0,20	0,018	0,032	0,044	0,052	0,058	0,062	0,065	0,067
0,15	0,022	0,036	0,048	0,056	0,061	0,065	0,068	0,070
0,10	0,027	0,042	0,054	0,061	0,065	0,068	0,071	0,073
0,05	0,037	0,052	0,062	0,067	0,071	0,073	0,075	0,076

Tableau 5.12. Valeurs de α_2 – 2 appuis simples, 2 bords encastrés

µ	h/ℓ							
	0,30	0,50	0,75	1,00	1,25	1,50	1,75	2,00
1,00	0,007	0,014	0,022	0,028	0,033	0,037	0,040	0,042
0,90	0,008	0,015	0,023	0,029	0,034	0,038	0,041	0,043
0,80	0,008	0,016	0,024	0,031	0,035	0,039	0,042	0,044
0,70	0,009	0,017	0,026	0,032	0,037	0,040	0,043	0,045
0,60	0,010	0,019	0,028	0,034	0,038	0,042	0,044	0,046
0,50	0,011	0,021	0,030	0,036	0,040	0,043	0,046	0,048
0,40	0,013	0,023	0,032	0,038	0,042	0,045	0,047	0,049
0,35	0,014	0,025	0,033	0,039	0,043	0,046	0,048	0,050
0,30	0,016	0,026	0,035	0,041	0,044	0,047	0,049	0,051
0,25	0,018	0,028	0,037	0,042	0,046	0,048	0,050	0,052
0,20	0,020	0,031	0,039	0,044	0,047	0,050	0,052	0,053
0,15	0,023	0,034	0,042	0,046	0,049	0,051	0,053	0,054
0,10	0,027	0,038	0,045	0,049	0,052	0,053	0,055	0,056
0,05	0,035	0,044	0,050	0,053	0,055	0,056	0,057	0,058

Tableau 5.13. Valeurs de α_2 – 1 appui simple, 3 bords encastrés

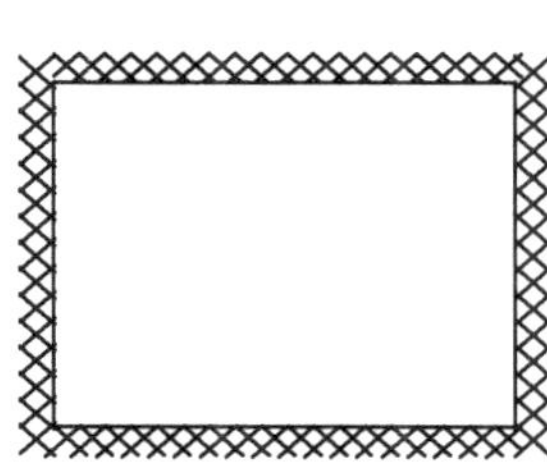

μ	0,30	0,50	0,75	1,00	1,25	1,50	1,75	2,00
				h/ℓ				
1,00	0,005	0,011	0,018	0,024	0,029	0,033	0,036	0,039
0,90	0,006	0,012	0,019	0,025	0,030	0,034	0,037	0,040
0,80	0,006	0,013	0,020	0,027	0,032	0,035	0,038	0,041
0,70	0,007	0,014	0,022	0,028	0,033	0,037	0,040	0,042
0,60	0,008	0,015	0,024	0,030	0,035	0,038	0,041	0,043
0,50	0,009	0,017	0,025	0,032	0,036	0,040	0,043	0,045
0,40	0,010	0,019	0,028	0,034	0,039	0,042	0,045	0,047
0,35	0,011	0,021	0,029	0,036	0,040	0,043	0,046	0,047
0,30	0,013	0,022	0,031	0,037	0,041	0,044	0,047	0,049
0,25	0,014	0,024	0,033	0,039	0,043	0,046	0,048	0,050
0,20	0,016	0,027	0,035	0,041	0,045	0,047	0,049	0,051
0,15	0,019	0,030	0,038	0,043	0,047	0,049	0,051	0,052
0,10	0,023	0,034	0,042	0,047	0,050	0,052	0,053	0,054
0,05	0,031	0,041	0,047	0,051	0,053	0,055	0,056	0,057

Tableau 5.14. Valeurs de α_2 – 4 bords encastrés

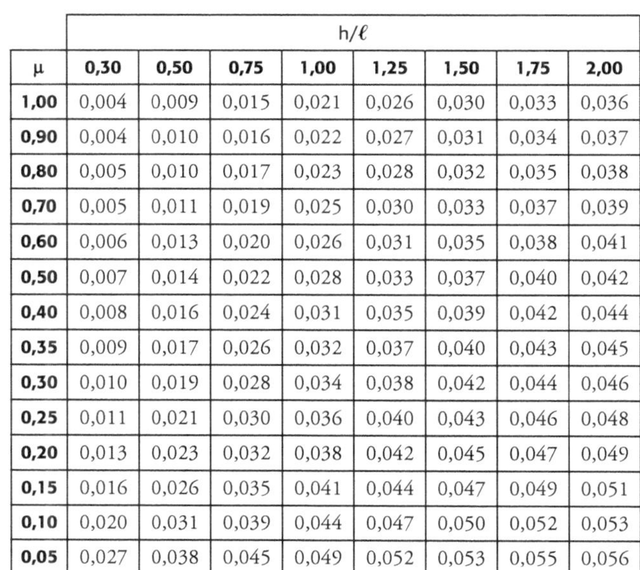

μ	0,30	0,50	0,75	1,00	1,25	1,50	1,75	2,00
				h/ℓ				
1,00	0,004	0,009	0,015	0,021	0,026	0,030	0,033	0,036
0,90	0,004	0,010	0,016	0,022	0,027	0,031	0,034	0,037
0,80	0,005	0,010	0,017	0,023	0,028	0,032	0,035	0,038
0,70	0,005	0,011	0,019	0,025	0,030	0,033	0,037	0,039
0,60	0,006	0,013	0,020	0,026	0,031	0,035	0,038	0,041
0,50	0,007	0,014	0,022	0,028	0,033	0,037	0,040	0,042
0,40	0,008	0,016	0,024	0,031	0,035	0,039	0,042	0,044
0,35	0,009	0,017	0,026	0,032	0,037	0,040	0,043	0,045
0,30	0,010	0,019	0,028	0,034	0,038	0,042	0,044	0,046
0,25	0,011	0,021	0,030	0,036	0,040	0,043	0,046	0,048
0,20	0,013	0,023	0,032	0,038	0,042	0,045	0,047	0,049
0,15	0,016	0,026	0,035	0,041	0,044	0,047	0,049	0,051
0,10	0,020	0,031	0,039	0,044	0,047	0,050	0,052	0,053
0,05	0,027	0,038	0,045	0,049	0,052	0,053	0,055	0,056

Tableau 5.15. Valeurs de α_2 – 3 appuis simples

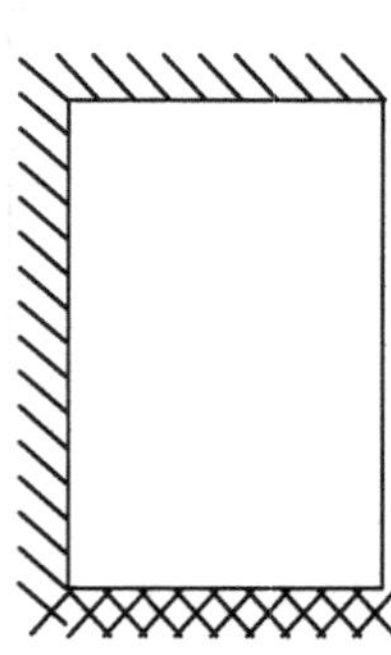

	h/ℓ							
μ	0,30	0,50	0,75	1,00	1,25	1,50	1,75	2,00
1,00	0,009	0,023	0,046	0,071	0,096	0,122	0,151	0,180
0,90	0,010	0,026	0,050	0,076	0,103	0,131	0,162	0,193
0,80	0,012	0,028	0,054	0,083	0,111	0,142	0,175	0,208
0,70	0,013	0,032	0,060	0,091	0,121	0,156	0,191	0,227
0,60	0,015	0,036	0,067	0,100	0,135	0,173	0,211	0,250
0,50	0,018	0,042	0,077	0,113	0,153	0,195	0,237	0,280
0,40	0,021	0,050	0,090	0,131	0,177	0,225	0,272	0,321
0,35	0,024	0,055	0,098	0,144	0,194	0,244	0,296	0,347
0,30	0,027	0,062	0,108	0,160	0,214	0,269	0,325	0,381
0,25	0,032	0,071	0,122	0,180	0,240	0,301	0,362	0,424
0,20	0,038	0,083	0,142	0,208	0,276	0,344	0,413	0,482
0,15	0,048	0,100	0,173	0,250	0,329	0,408	0,488	0,568
0,10	0,065	0,131	0,225	0,321	0,418	0,515	0,613	0,712
0,05	0,106	0,208	0,344	0,482	0,620	0,759	0,898	1,038

Tableau 5.16. Valeurs de α_2 – 2 appuis simples, 1 bord encastré

	h/ℓ							
μ	0,30	0,50	0,75	1,00	1,25	1,50	1,75	2,00
1,00	0,007	0,017	0,034	0,053	0,074	0,096	0,116	0,140
0,90	0,007	0,019	0,037	0,058	0,080	0,102	0,125	0,150
0,80	0,008	0,021	0,040	0,063	0,087	0,110	0,136	0,163
0,70	0,009	0,023	0,045	0,070	0,095	0,120	0,149	0,178
0,60	0,011	0,026	0,051	0,078	0,105	0,134	0,165	0,197
0,50	0,013	0,031	0,058	0,088	0,118	0,152	0,186	0,221
0,40	0,015	0,037	0,069	0,102	0,138	0,176	0,215	0,255
0,35	0,017	0,041	0,076	0,111	0,151	0,192	0,234	0,277
0,30	0,020	0,046	0,084	0,123	0,167	0,212	0,258	0,304
0,25	0,023	0,053	0,096	0,140	0,189	0,238	0,289	0,339
0,20	0,028	0,063	0,110	0,163	0,218	0,274	0,330	0,387
0,15	0,036	0,078	0,134	0,197	0,261	0,326	0,392	0,458
0,10	0,049	0,102	0,176	0,255	0,334	0,415	0,496	0,577
0,05	0,082	0,163	0,274	0,387	0,502	0,616	0,731	0,847

Tableau 5.17. Valeurs de α_2 – 1 appui simple, 2 bords encastrés

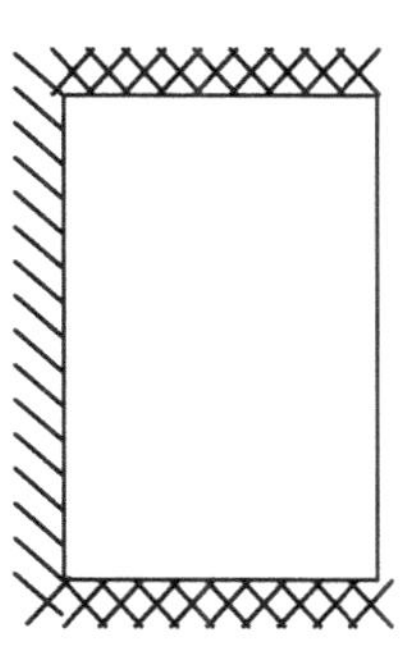

μ	\multicolumn{8}{c}{h/ℓ}
	0,30	0,50	0,75	1,00	1,25	1,50	1,75	2,00
1,00	0,005	0,013	0,026	0,042	0,059	0,077	0,095	0,113
0,90	0,005	0,014	0,028	0,045	0,064	0,083	0,102	0,121
0,80	0,006	0,016	0,031	0,050	0,070	0,090	0,110	0,131
0,70	0,007	0,017	0,035	0,055	0,076	0,098	0,119	0,144
0,60	0,008	0,020	0,040	0,062	0,085	0,108	0,133	0,160
0,50	0,009	0,023	0,046	0,071	0,096	0,122	0,151	0,180
0,40	0,012	0,028	0,054	0,083	0,111	0,142	0,175	0,208
0,35	0,013	0,032	0,060	0,091	0,121	0,156	0,191	0,227
0,30	0,015	0,036	0,067	0,100	0,135	0,173	0,211	0,250
0,25	0,018	0,042	0,077	0,113	0,153	0,195	0,237	0,280
0,20	0,021	0,050	0,090	0,131	0,177	0,225	0,272	0,321
0,15	0,027	0,062	0,108	0,160	0,214	0,269	0,325	0,381
0,10	0,038	0,083	0,142	0,208	0,276	0,344	0,413	0,482
0,05	0,065	0,131	0,225	0,321	0,418	0,515	0,613	0,712

Tableau 5.18. Valeurs de α_2 – 2 appuis simples, 1 bord encastré

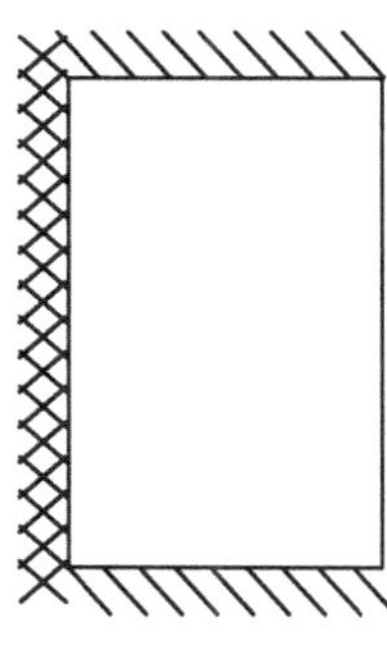

μ	\multicolumn{8}{c}{h/ℓ}
	0,30	0,50	0,75	1,00	1,25	1,50	1,75	2,00
1,00	0,009	0,021	0,038	0,056	0,074	0,091	0,108	0,123
0,90	0,010	0,023	0,041	0,060	0,079	0,097	0,113	0,129
0,80	0,011	0,025	0,045	0,065	0,084	0,103	0,120	0,136
0,70	0,012	0,028	0,049	0,070	0,091	0,110	0,128	0,145
0,60	0,014	0,031	0,054	0,077	0,099	0,119	0,138	0,155
0,50	0,016	0,035	0,061	0,085	0,109	0,130	0,149	0,167
0,40	0,019	0,041	0,069	0,097	0,121	0,144	0,164	0,182
0,35	0,021	0,045	0,075	0,104	0,129	0,152	0,173	0,191
0,30	0,024	0,050	0,082	0,112	0,139	0,162	0,183	0,202
0,25	0,028	0,056	0,091	0,123	0,150	0,175	0,196	0,214
0,20	0,033	0,065	0,103	0,136	0,165	0,190	0,211	0,230
0,15	0,040	0,077	0,119	0,155	0,185	0,210	0,231	0,250
0,10	0,053	0,097	0,144	0,182	0,213	0,238	0,260	0,278
0,05	0,080	0,136	0,190	0,230	0,261	0,286	0,306	0,322

Tableau 5.19. Valeurs de α_2 – 1 appui simple, 2 bords encastrés

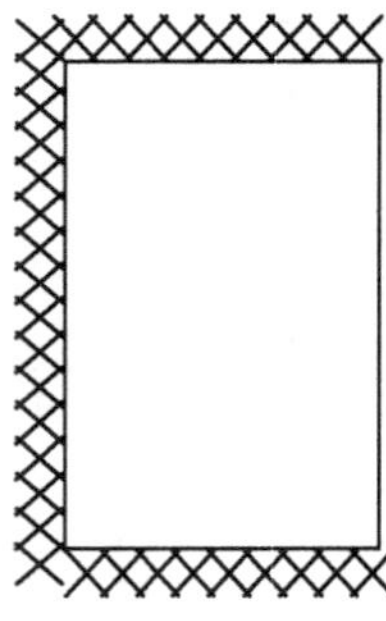

	h/ℓ							
μ	0,30	0,50	0,75	1,00	1,25	1,50	1,75	2,00
1,00	0,006	0,015	0,029	0,044	0,059	0,073	0,088	0,102
0,90	0,007	0,017	0,032	0,047	0,063	0,078	0,093	0,107
0,80	0,008	0,018	0,034	0,051	0,067	0,084	0,099	0,114
0,70	0,009	0,021	0,038	0,056	0,073	0,090	0,106	0,122
0,60	0,010	0,023	0,042	0,061	0,080	0,098	0,115	0,131
0,50	0,012	0,027	0,048	0,068	0,089	0,108	0,126	0,142
0,40	0,014	0,032	0,055	0,078	0,100	0,121	0,139	0,157
0,35	0,016	0,035	0,060	0,084	0,108	0,129	0,148	0,165
0,30	0,018	0,039	0,066	0,092	0,116	0,138	0,158	0,176
0,25	0,021	0,044	0,073	0,102	0,127	0,150	0,170	0,188
0,20	0,025	0,051	0,084	0,114	0,141	0,164	0,185	0,204
0,15	0,031	0,061	0,098	0,131	0,159	0,184	0,205	0,224
0,10	0,041	0,078	0,121	0,157	0,187	0,212	0,233	0,252
0,05	0,064	0,114	0,164	0,204	0,235	0,260	0,281	0,299

Tableau 5.20. Valeurs de α_2 – 3 bords encastrés

	h/ℓ							
μ	0,30	0,50	0,75	1,00	1,25	1,50	1,75	2,00
1,00	0,005	0,012	0,023	0,035	0,048	0,061	0,073	0,085
0,90	0,005	0,013	0,025	0,038	0,052	0,065	0,078	0,091
0,80	0,006	0,014	0,027	0,041	0,056	0,069	0,083	0,097
0,70	0,007	0,016	0,030	0,045	0,060	0,075	0,090	0,104
0,60	0,008	0,018	0,034	0,050	0,066	0,082	0,098	0,112
0,50	0,009	0,021	0,038	0,056	0,074	0,091	0,108	0,123
0,40	0,011	0,025	0,045	0,065	0,084	0,103	0,120	0,136
0,35	0,012	0,028	0,049	0,070	0,091	0,110	0,128	0,145
0,30	0,014	0,031	0,054	0,077	0,099	0,119	0,138	0,155
0,25	0,016	0,035	0,061	0,085	0,109	0,130	0,149	0,167
0,20	0,019	0,041	0,069	0,097	0,121	0,144	0,164	0,182
0,15	0,024	0,050	0,082	0,112	0,139	0,162	0,183	0,202
0,10	0,033	0,065	0,103	0,136	0,165	0,190	0,211	0,230
0,05	0,053	0,097	0,144	0,182	0,213	0,238	0,260	0,278

Tableau 5.21. Valeurs de α_2 – 3 appuis simples

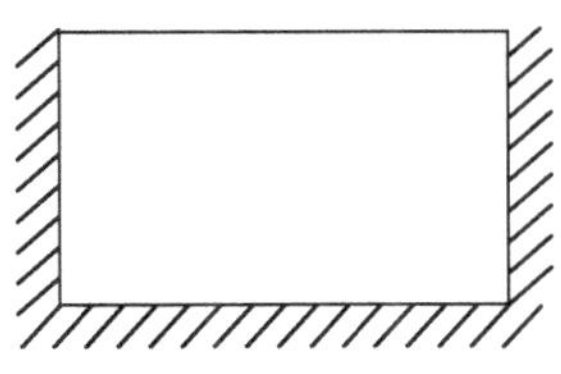

μ	h/ℓ							
	0,30	**0,50**	**0,75**	**1,00**	**1,25**	**1,50**	**1,75**	**2,00**
1,00	0,031	0,045	0,059	0,071	0,079	0,085	0,090	0,094
0,90	0,032	0,047	0,061	0,073	0,081	0,087	0,092	0,095
0,80	0,034	0,049	0,064	0,075	0,083	0,089	0,093	0,097
0,70	0,035	0,051	0,066	0,077	0,085	0,091	0,095	0,098
0,60	0,038	0,053	0,069	0,080	0,088	0,093	0,097	0,100
0,50	0,040	0,056	0,073	0,083	0,090	0,095	0,099	0,102
0,40	0,043	0,061	0,077	0,087	0,093	0,098	0,101	0,104
0,35	0,045	0,064	0,080	0,089	0,095	0,100	0,103	0,105
0,30	0,048	0,067	0,082	0,091	0,097	0,101	0,104	0,107
0,25	0,051	0,071	0,085	0,094	0,099	0,103	0,106	0,108
0,20	0,054	0,075	0,089	0,097	0,102	0,105	0,108	0,110
0,15	0,060	0,080	0,093	0,100	0,105	0,108	0,110	0,112
0,10	0,069	0,087	0,098	0,104	0,108	0,111	0,113	0,114
0,05	0,082	0,097	0,105	0,110	0,113	0,115	0,116	0,117

Tableau 5.22. Valeurs de α_2 – 2 appuis simples, 1 bord encastré

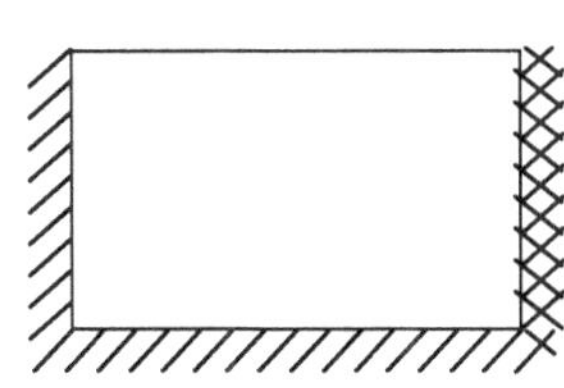

μ	h/ℓ							
	0,30	**0,50**	**0,75**	**1,00**	**1,25**	**1,50**	**1,75**	**2,00**
1,00	0,024	0,035	0,046	0,053	0,059	0,062	0,065	0,068
0,90	0,025	0,036	0,047	0,055	0,060	0,063	0,066	0,068
0,80	0,027	0,037	0,049	0,056	0,061	0,065	0,067	0,069
0,70	0,028	0,039	0,051	0,058	0,062	0,066	0,068	0,070
0,60	0,030	0,042	0,053	0,059	0,064	0,067	0,069	0,071
0,50	0,031	0,044	0,055	0,061	0,066	0,069	0,071	0,072
0,40	0,034	0,047	0,057	0,063	0,067	0,070	0,072	0,074
0,35	0,035	0,049	0,059	0,065	0,068	0,071	0,073	0,074
0,30	0,037	0,051	0,061	0,066	0,070	0,072	0,074	0,075
0,25	0,039	0,053	0,062	0,068	0,071	0,073	0,075	0,076
0,20	0,043	0,056	0,065	0,069	0,072	0,074	0,076	0,077
0,15	0,047	0,059	0,067	0,071	0,074	0,076	0,077	0,078
0,10	0,052	0,063	0,070	0,074	0,076	0,078	0,079	0,080
0,05	0,060	0,069	0,074	0,077	0,079	0,080	0,081	0,081

Tableau 5.23. Valeurs de α_2 – 1 appui simple, 2 bords encastrés

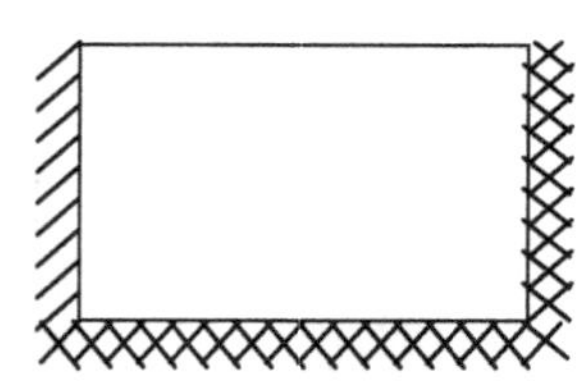

μ	0,30	0,50	0,75	1,00	1,25	1,50	1,75	2,00
				h/ℓ				
1,00	0,020	0,028	0,037	0,042	0,045	0,048	0,050	0,051
0,90	0,021	0,029	0,038	0,043	0,046	0,048	0,050	0,052
0,80	0,022	0,031	0,039	0,043	0,047	0,049	0,051	0,052
0,70	0,023	0,032	0,040	0,044	0,048	0,050	0,051	0,053
0,60	0,024	0,034	0,041	0,046	0,049	0,051	0,052	0,053
0,50	0,025	0,035	0,043	0,047	0,050	0,052	0,053	0,054
0,40	0,027	0,038	0,044	0,048	0,051	0,053	0,054	0,055
0,35	0,029	0,039	0,045	0,049	0,052	0,053	0,054	0,055
0,30	0,030	0,040	0,046	0,050	0,052	0,054	0,055	0,056
0,25	0,032	0,042	0,048	0,051	0,053	0,055	0,056	0,056
0,20	0,034	0,043	0,049	0,052	0,054	0,055	0,056	0,057
0,15	0,037	0,046	0,051	0,053	0,055	0,056	0,057	0,058
0,10	0,041	0,048	0,053	0,055	0,056	0,057	0,058	0,059
0,05	0,046	0,052	0,055	0,057	0,058	0,059	0,059	0,060

Tableau 5.24. Valeurs de α_2 – 1 appui simple, 2 bords encastrés

μ	0,30	0,50	0,75	1,00	1,25	1,50	1,75	2,00
				h/ℓ				
1,00	0,015	0,025	0,036	0,044	0,050	0,055	0,058	0,061
0,90	0,016	0,027	0,037	0,046	0,052	0,056	0,060	0,062
0,80	0,017	0,028	0,039	0,047	0,053	0,057	0,061	0,063
0,70	0,018	0,030	0,041	0,049	0,055	0,059	0,062	0,065
0,60	0,020	0,032	0,043	0,051	0,057	0,061	0,064	0,066
0,50	0,022	0,034	0,046	0,053	0,059	0,062	0,065	0,068
0,40	0,024	0,037	0,049	0,056	0,061	0,065	0,067	0,069
0,35	0,026	0,039	0,051	0,058	0,062	0,066	0,068	0,070
0,30	0,028	0,042	0,053	0,059	0,064	0,067	0,069	0,071
0,25	0,030	0,044	0,055	0,061	0,066	0,069	0,071	0,072
0,20	0,033	0,047	0,057	0,063	0,067	0,070	0,072	0,074
0,15	0,037	0,051	0,061	0,066	0,070	0,072	0,074	0,075
0,10	0,043	0,056	0,065	0,069	0,072	0,074	0,076	0,077
0,05	0,052	0,063	0,070	0,074	0,076	0,078	0,079	0,080

Tableau 5.25. Valeurs de α_2 – 2 appuis simples, 1 bord encastré

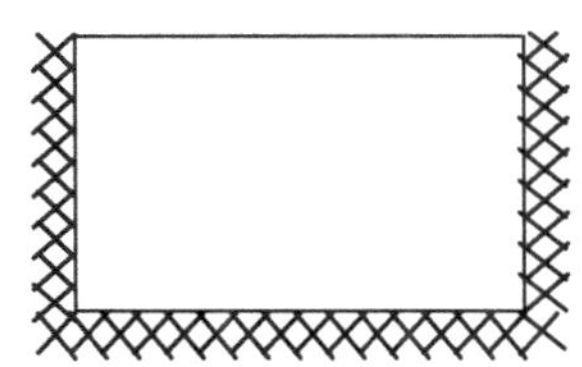

μ	\multicolumn{8}{c}{h/ℓ}							
	0,30	**0,50**	**0,75**	**1,00**	**1,25**	**1,50**	**1,75**	**2,00**
1,00	0,017	0,031	0,045	0,056	0,066	0,073	0,079	0,083
0,90	0,018	0,032	0,047	0,059	0,068	0,075	0,081	0,085
0,80	0,020	0,034	0,049	0,061	0,070	0,077	0,083	0,087
0,70	0,021	0,037	0,052	0,064	0,073	0,080	0,085	0,089
0,60	0,023	0,039	0,055	0,067	0,076	0,082	0,087	0,091
0,50	0,026	0,043	0,059	0,071	0,079	0,085	0,090	0,094
0,40	0,029	0,047	0,064	0,075	0,083	0,089	0,093	0,097
0,35	0,031	0,049	0,066	0,077	0,085	0,091	0,095	0,098
0,30	0,034	0,053	0,069	0,080	0,088	0,093	0,097	0,100
0,25	0,037	0,056	0,073	0,083	0,090	0,095	0,099	0,102
0,20	0,041	0,061	0,077	0,087	0,093	0,098	0,101	0,104
0,15	0,046	0,067	0,082	0,091	0,097	0,101	0,104	0,107
0,10	0,054	0,075	0,089	0,097	0,102	0,105	0,108	0,110
0,05	0,069	0,087	0,098	0,104	0,108	0,111	0,113	0,114

Tableau 5.26. Valeurs de α_2 – 3 bords encastrés

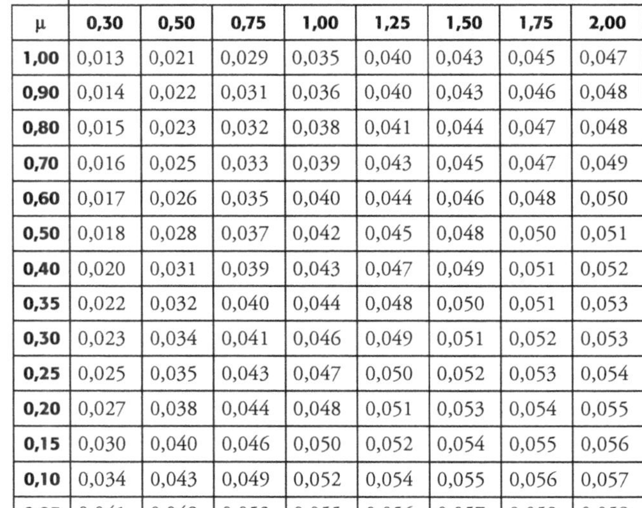

μ	\multicolumn{8}{c}{h/ℓ}							
	0,30	**0,50**	**0,75**	**1,00**	**1,25**	**1,50**	**1,75**	**2,00**
1,00	0,013	0,021	0,029	0,035	0,040	0,043	0,045	0,047
0,90	0,014	0,022	0,031	0,036	0,040	0,043	0,046	0,048
0,80	0,015	0,023	0,032	0,038	0,041	0,044	0,047	0,048
0,70	0,016	0,025	0,033	0,039	0,043	0,045	0,047	0,049
0,60	0,017	0,026	0,035	0,040	0,044	0,046	0,048	0,050
0,50	0,018	0,028	0,037	0,042	0,045	0,048	0,050	0,051
0,40	0,020	0,031	0,039	0,043	0,047	0,049	0,051	0,052
0,35	0,022	0,032	0,040	0,044	0,048	0,050	0,051	0,053
0,30	0,023	0,034	0,041	0,046	0,049	0,051	0,052	0,053
0,25	0,025	0,035	0,043	0,047	0,050	0,052	0,053	0,054
0,20	0,027	0,038	0,044	0,048	0,051	0,053	0,054	0,055
0,15	0,030	0,040	0,046	0,050	0,052	0,054	0,055	0,056
0,10	0,034	0,043	0,049	0,052	0,054	0,055	0,056	0,057
0,05	0,041	0,048	0,053	0,055	0,056	0,057	0,058	0,059

5.3.3.2 Détermination du moment résistant M_{Rd}

La détermination du moment résistant de calcul M_{Rd} est fonction du type de mur (armé ou non armé).

Pour les maçonneries chaînées, les armatures positionnées au niveau des bords du mur ont peu d'influence sur la capacité résistante et le mur peut être considéré comme non armé.

5.3.3.2.1 Résistance d'un mur de maçonnerie non armée ou chaînée

La valeur du moment résistant de calcul pour un mur de maçonnerie non armée M_{Rd}, par unité de hauteur ou de longueur du mur, est donnée par l'équation :

$$M_{Rd} = f_{xd} \times Z \tag{5.49}$$

où :

f_{xd} est la résistance de calcul en flexion selon le plan de rupture considéré et la configuration du mur, f_{xd1}, $f_{xd1,\,app}$ ou f_{xd2}, $f_{xd2,\,app}$

Z est le module d'inertie de la section d'une unité de hauteur ou de longueur de mur.

$$Z = \frac{t^2}{6} \tag{5.50}$$

5.3.3.2.2 Résistance d'un mur de maçonnerie armée avec armatures dans les joints d'assise

La valeur du moment résistant de calcul pour un mur de maçonnerie armée M_{Rd}, par unité de longueur du mur, est donnée par l'équation :

$$M_{Rd} = \min (A_S \times f_{yd} \times z \; ; \; \varphi \times f_{d,h} \times b \times d^2) \tag{5.51}$$

Moment par unité de hauteur.

où :

A_S est la section transversale d'armatures en traction par unité de hauteur du mur,

f_{yd} est la résistance de calcul de l'acier d'armature,

z est le bras de levier (équation 5.48),

φ est égal à 0,4 pour les éléments du groupe 1 autres qu'en béton de granulats légers, 0,3 dans les autres cas,

$f_{d,h}$ est la résistance de calcul à la compression de la maçonnerie, parallèlement au lit de pose,

d est la hauteur utile de la section (Figure 5.21).

5.3.3.3 Application pour différents éléments de maçonnerie

Les abaques suivants indiquent, pour différentes charges latérales de calcul W_{Ed}, les dimensions maximales admissibles du mur. La charge latérale de calcul W_{Ed} est exprimée en kN/m^2 et correspond à un chargement pondéré à l'état limite ultime.

Ces dimensions maximales dépendent des matériaux utilisés et du mode de liaison des bords verticaux et horizontaux de la maçonnerie.

Les abaques ne sont valables que dans le cas où la charge verticale de calcul au sommet du mur N_{Ed} est limitée aux valeurs suivantes (rappel des conditions mentionnées plus haut) : la contrainte de compression σ_d au milieu du mur est limitée à 0,15 N_{Rd} / (l.t) pour les murs non armés (voir équation 5.3) ou 0,3 f_d pour les murs armés.

Pour la vérification de la limite de compression des murs non armés, on pourra utiliser les limites suivantes : $0,15 \times \phi \times f_d$, avec ϕ pris égal à 0,6 pour les murs de rive et 0,8 pour les murs intermédiaires (voir Figure 5.5).

Le niveau de contrôle de l'exécution sur chantier est au minimum IL2.

Les éléments de maçonnerie doivent impérativement être de catégorie I, sauf les blocs en pierre naturelle prétaillée.

La résistance minimale du mortier est f_m = 5 MPa.

5.3.3.3.1 Deux bords verticaux libres

Tableau 5.27. Deux bords verticaux libres

Tableau 5.28. Deux bords verticaux libres

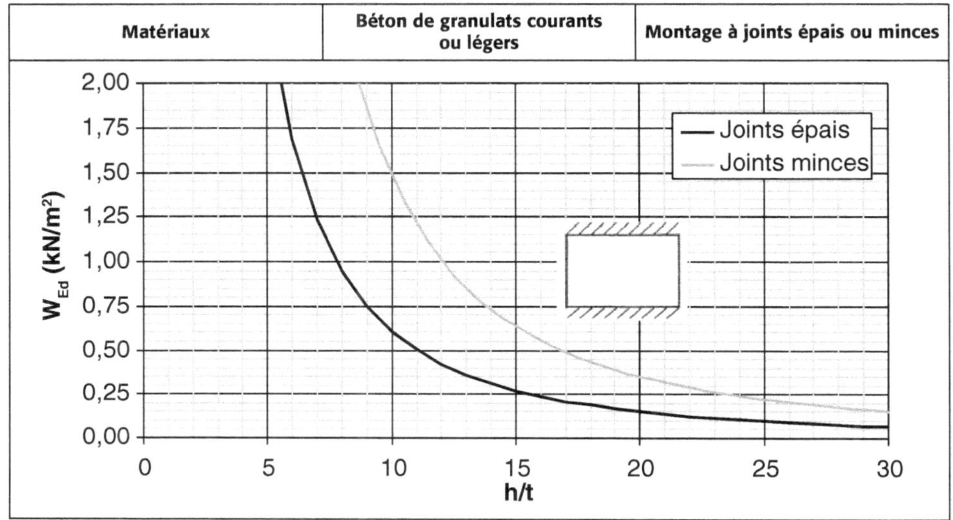

Tableau 5.29. Deux bords verticaux libres

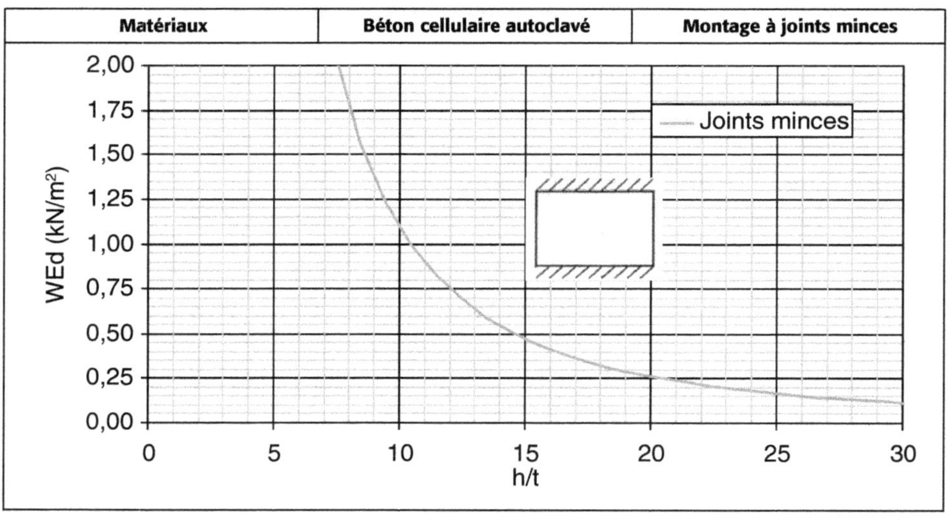

Tableau 5.30. Deux bords verticaux libres

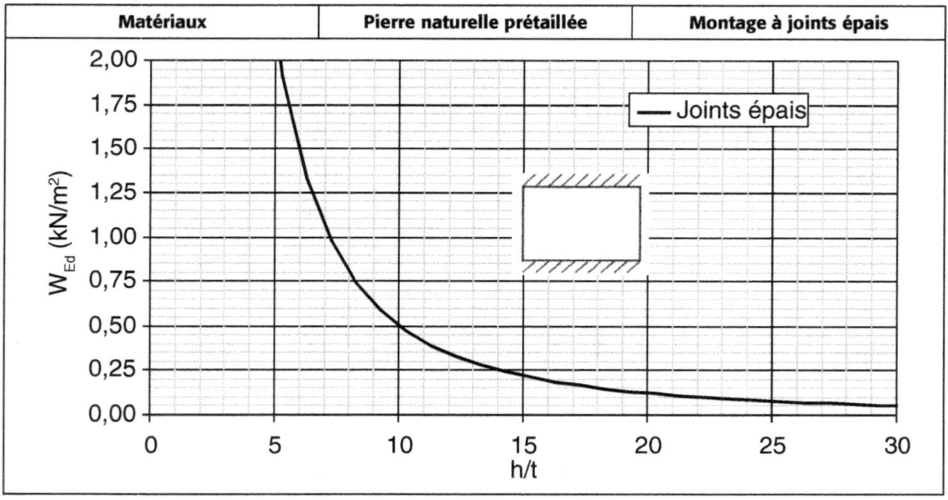

5.3.3.3.2 Quatre bords raidis

Tableau 5.31. Quatre bords raidis

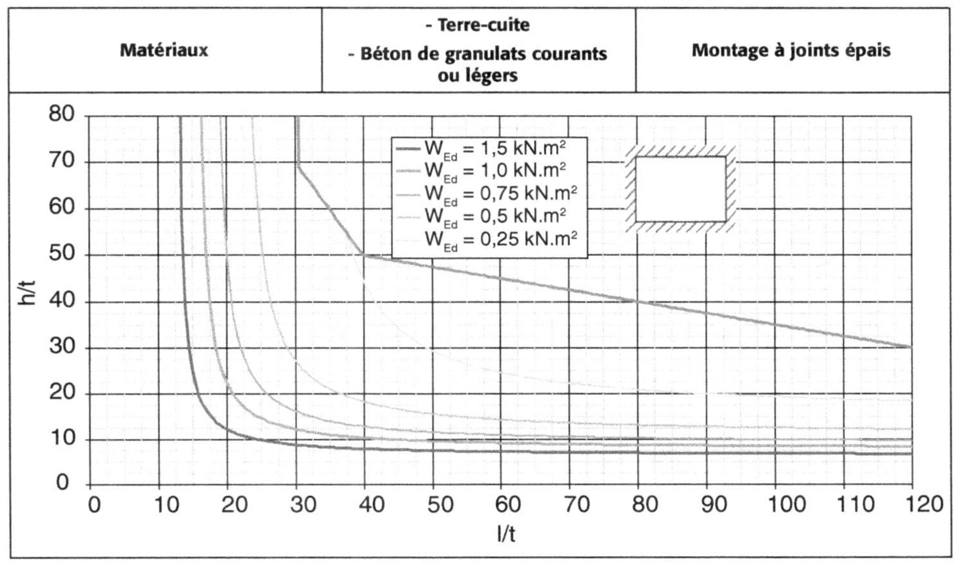

Tableau 5.32. Quatre bords raidis

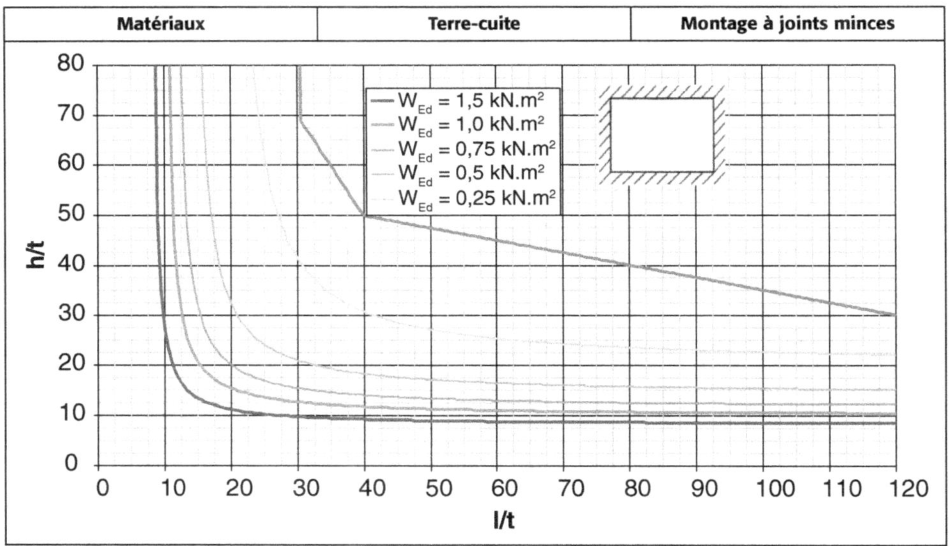

Tableau 5.33. Quatre bords raidis

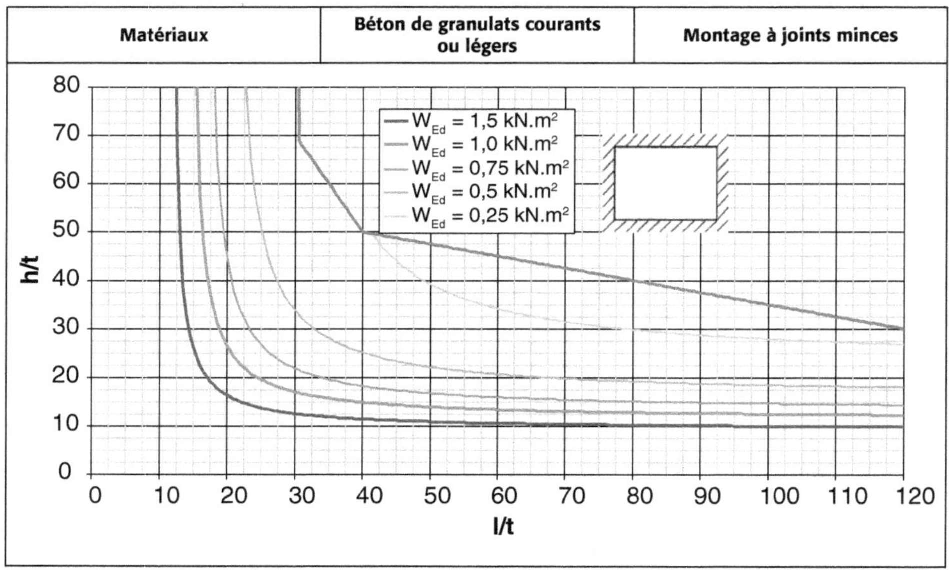

Tableau 5.34. Quatre bords raidis

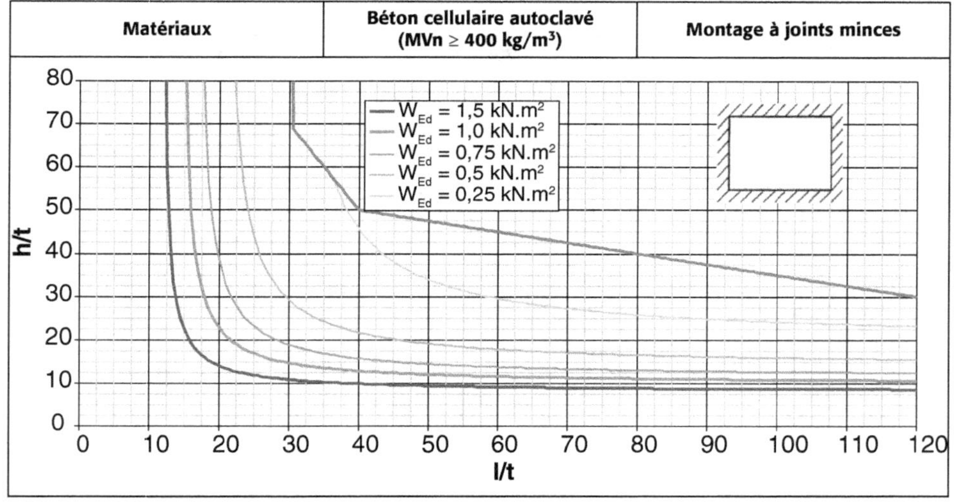

Tableau 5.35. Quatre bords raidis

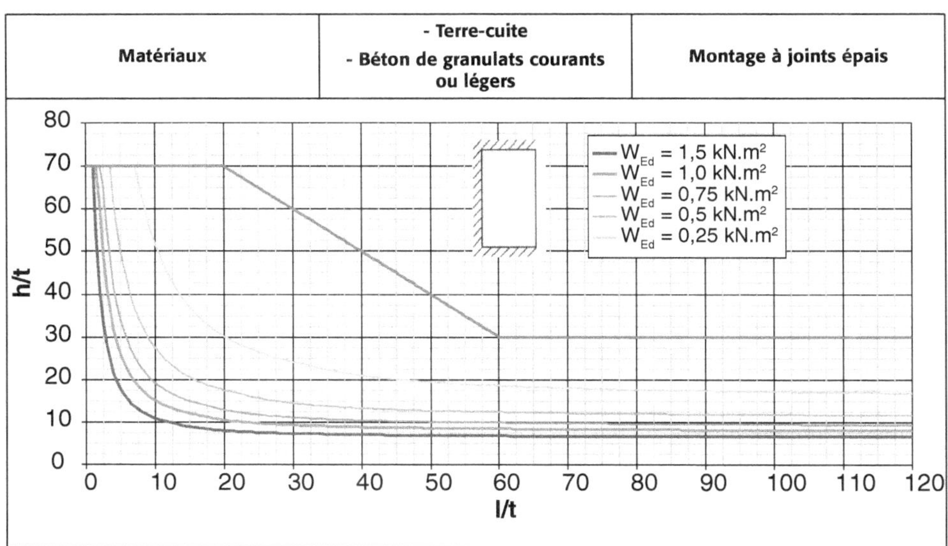

5.3.3.3.3 Un bord vertical libre

Tableau 5.36. Un bord vertical libre

Tableau 5.37. Un bord vertical libre

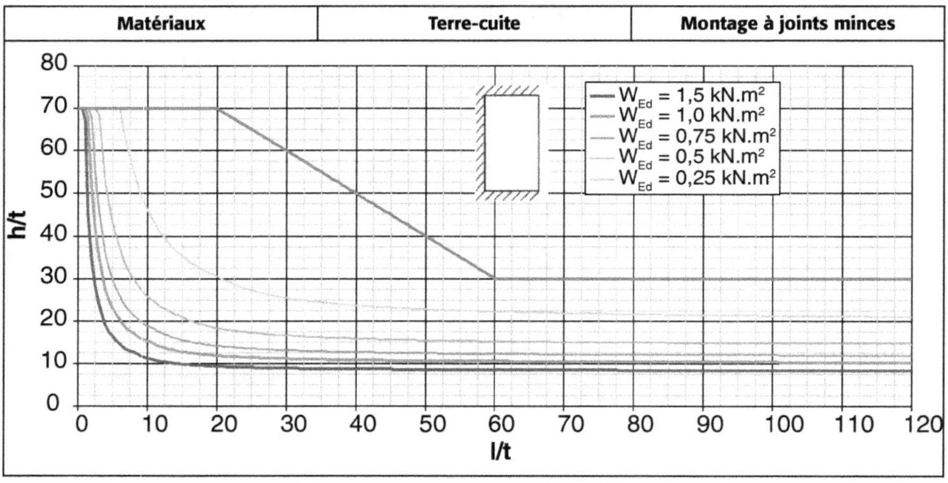

Tableau 5.38. Un bord vertical libre

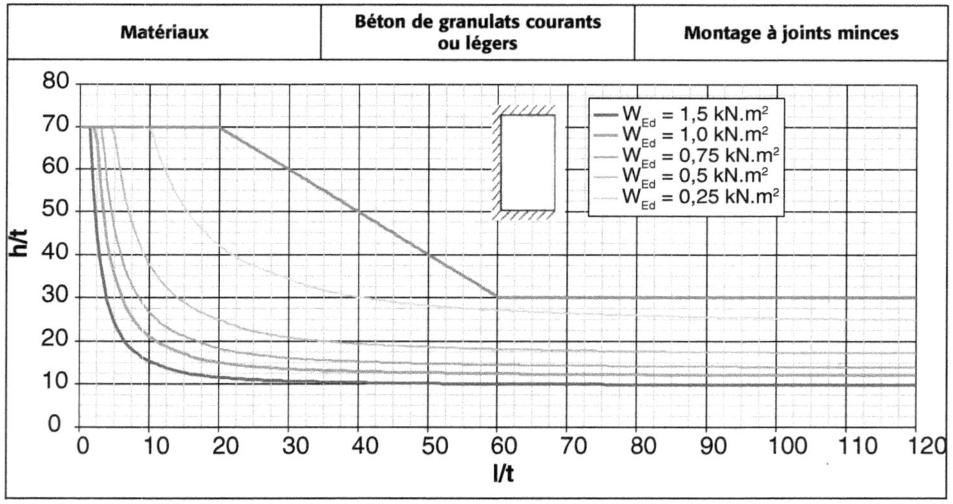

Tableau 5.39. Un bord vertical libre

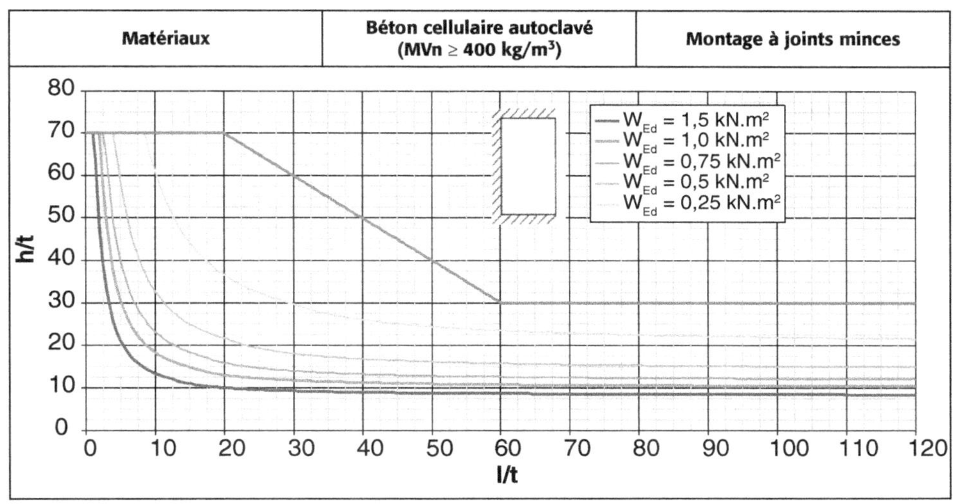

Tableau 5.40. Un bord vertical libre

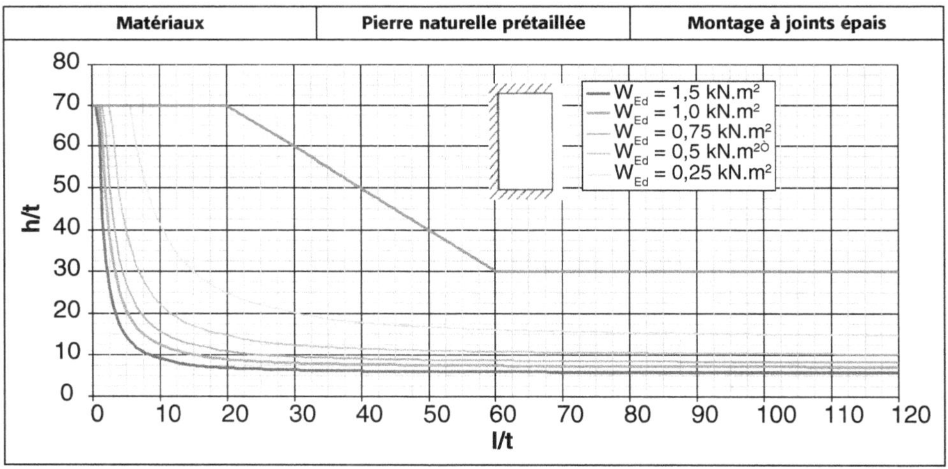

5.3.3.3.4 Un bord horizontal libre

Tableau 5.41. Un bord horizontal libre

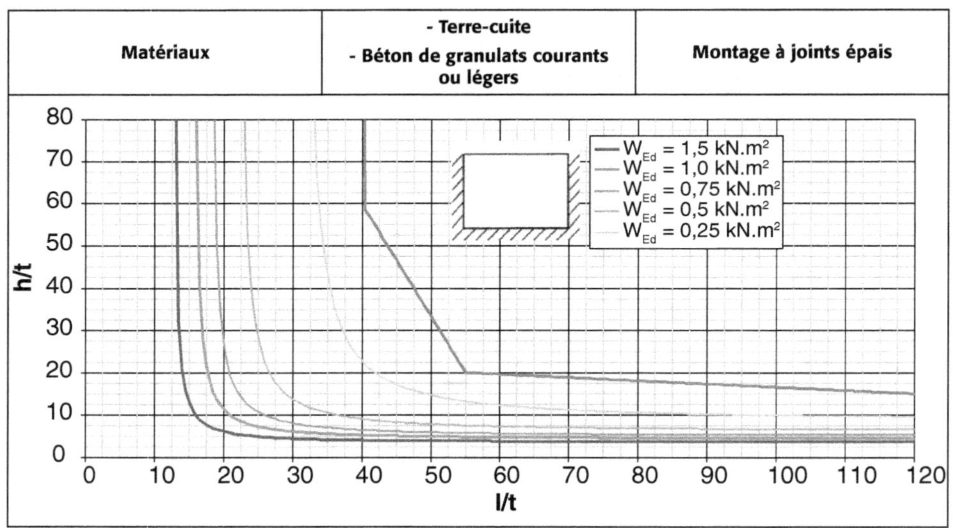

Tableau 5.42. Un bord horizontal libre

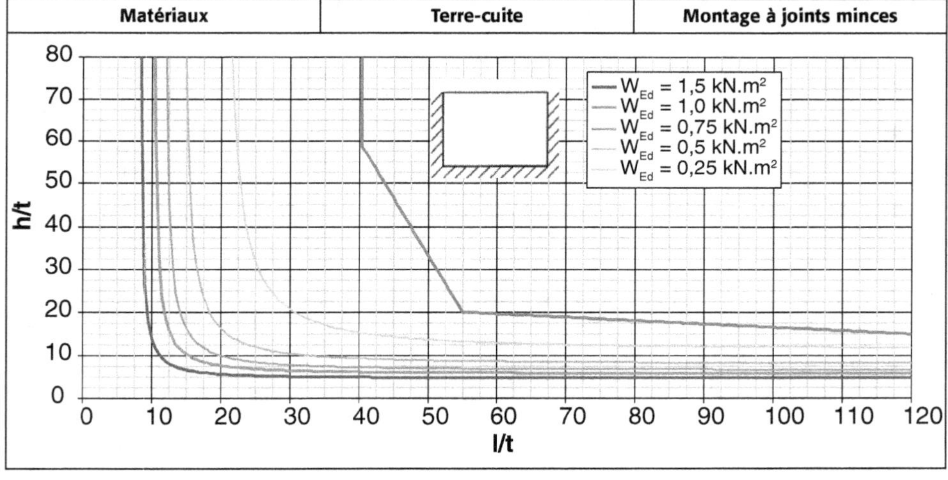

Tableau 5.43. Un bord horizontal libre

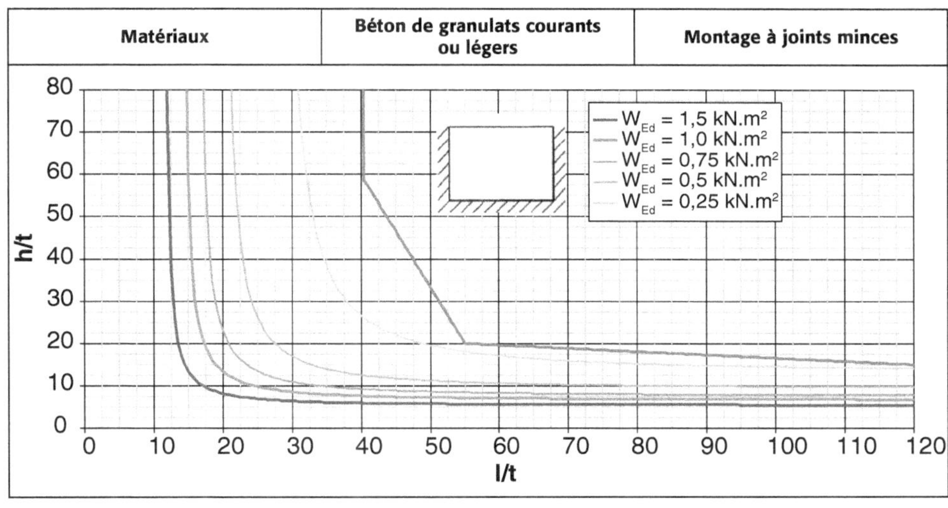

Tableau 5.44. Un bord horizontal libre

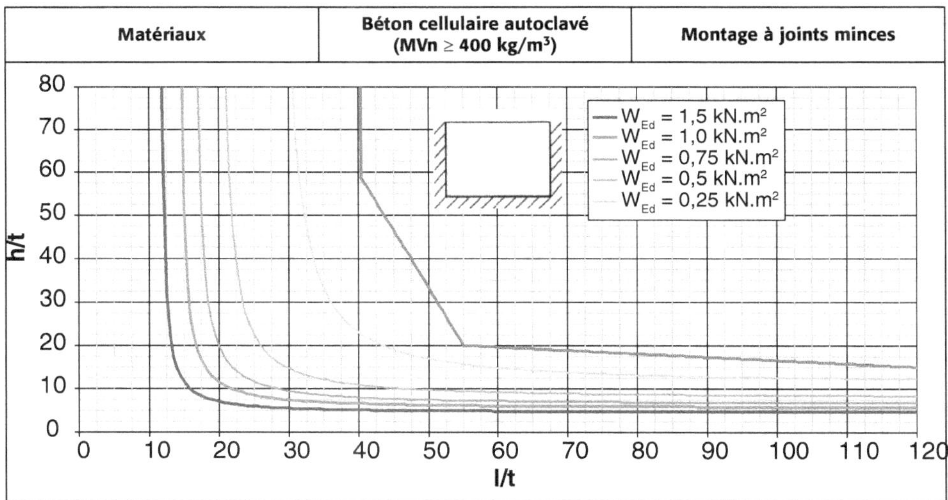

Tableau 5.45. Un bord horizontal libre

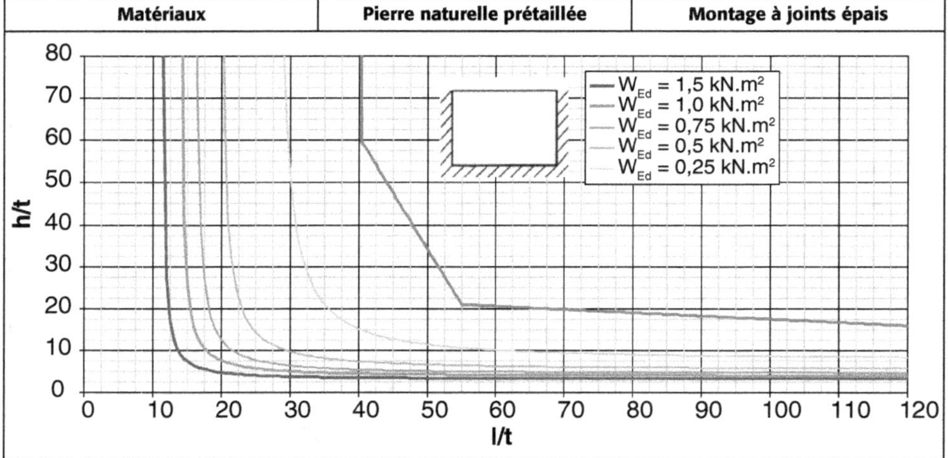

5.3.4 Méthode simplifiée pour le calcul des cloisons

Cette méthode est applicable aux cloisons respectant les conditions suivantes :

- hauteur h ≤ 6 m,
- longueur ℓ ≤ 12 m,
- épaisseur t ≥ 50 mm (hors enduit),
- la façade ne doit pas être percée par une porte de grande taille (porte de hangar par exemple) ou ouvertures similaires.

La Figure 5.23 donne les valeurs limites h/t et ℓ/t à respecter en fonction des conditions de maintien à la structure porteuse.

L'effet des ouvertures peut être ignoré :

- lorsque la surface totale des ouvertures n'est pas supérieure à 2,5 % de la surface de la cloison ;
- lorsque la surface maximale de toute ouverture individuelle ne dépasse pas 0,1 m² avec la longueur ou la largeur ne dépassant pas 0,5 m.

Dans le cas contraire, il y a lieu de scinder le mur en deux éléments (Figure 5.24).

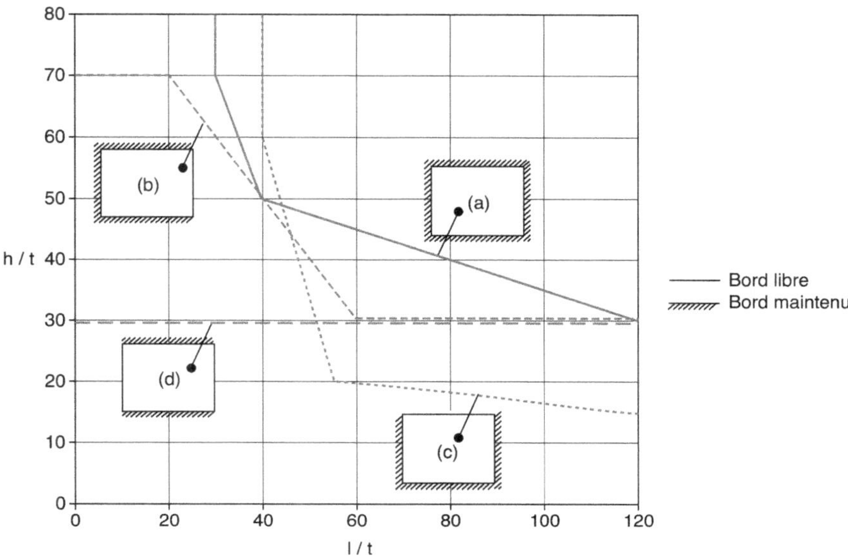

Figure 5.23. Valeurs limites h/t et l/t en fonction des conditions de maintien à la structure porteuse

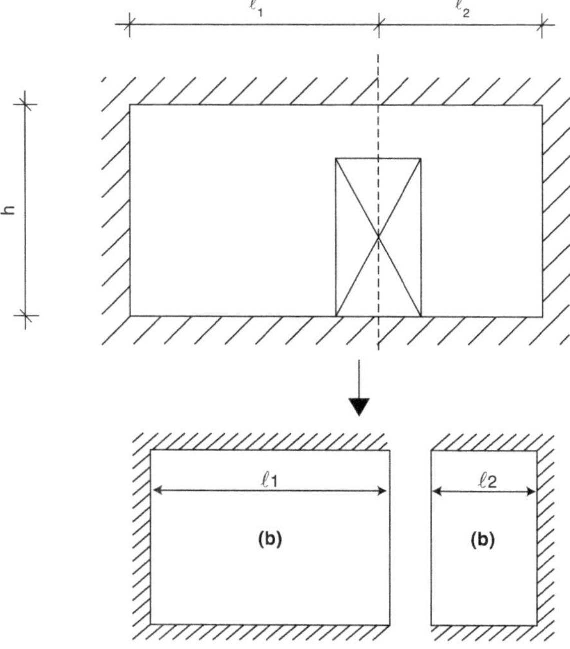

Figure 5.24. Dimensionnement d'une cloison avec ouverture (calcul en deux parties)

5.4   Murs soumis à un cisaillement

Cette vérification s'applique en particulier à la vérification des murs de contreventement.

La vérification d'un mur soumis à un effort de cisaillement V_{Ed} doit être inférieure ou égale à la résistance de calcul au cisaillement V_{Rd}, de sorte que :

$$V_{Ed} \leq V_{Rd} \tag{5.52}$$

5.4.1   Murs de maçonnerie non armée

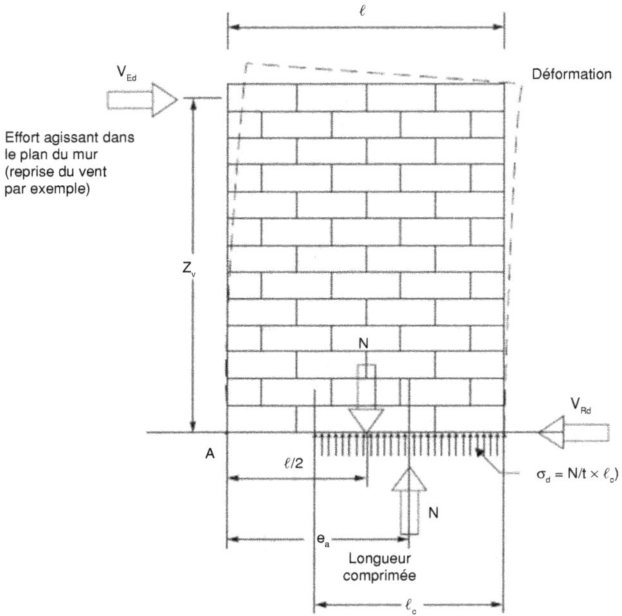

Figure 5.25. Mur non armé soumis à un cisaillement

La résistance de calcul au cisaillement de la maçonnerie V_{Rd} est donnée par :

$$V_{Rd} = f_{vd} \times t \times \ell_c \tag{5.53}$$

où :

f_{vd} est la résistance de calcul au cisaillement de la maçonnerie (voir chapitre 3, § 3.2),

t est l'épaisseur du mur,

ℓ_c est la longueur comprimée du mur.

La longueur comprimée du mur ℓ_c est obtenue à partir des équations d'équilibre de la mécanique :

Moment s'exerçant à l'extrémité A du mur :

$$M_a = N \times \frac{\ell}{2} + V_{Ed} \times z_v \tag{5.54}$$

où :

N est l'effort vertical s'appliquant sur le bas du mur,

V_{ed} est l'effort horizontal,

ℓ est la longueur du mur,

z_v est la hauteur du centre d'application de l'effort horizontal.

Position du centre de gravité e_a de l'effort normal N (point de moment nul) :

$$e_a = \frac{M_a}{N} \tag{5.55}$$

On obtient ensuite la longueur comprimée ℓ_c du mur non armé en considérant une répartition uniforme des contraintes :

$$\ell_c = 2 \times (\ell - e_a) \tag{5.56}$$

On vérifiera que la contrainte résultante σ_d est inférieure à la résistance en compression f_d :

$$\sigma_d = \frac{N}{t \cdot \ell_c} \leq f_d \tag{5.57}$$

Si l'effort horizontal appliqué sur le mur est trop important, il y a un risque de basculement du mur lorsque l'inégalité suivante n'est pas vérifiée :

$$\frac{z_v \times V_{Ed}}{N} \leq \ell/2 \tag{5.58}$$

Dans ce cas, le mur doit impérativement être armé ou chaîné.

5.4.1.1 Exemple 5.5 : résistance au cisaillement d'un mur non armé

Se reporter au fichier téléchargeable en ligne sur la fiche de l'ouvrage : www.editions-eyrolles.com.

Le mur est soumis à un cisaillement d'intensité V_{Ed} = 16 000 N et à un effort normal N = 60 000 N.

Données :

ℓ = 3,00 m,

z_v = 2,75 m,

t   = 0,20 m,

f_{vk0} = 0,2 MPa,

γ_M = 2,2,

f_b = 5,43 MPa,

f_d = 1,19 MPa.

	Calcul	Unité	Équations
M_a	134 000	N.m	(5.54)
e_a	2,23	m	(5.55)
ℓ_c	1,53	m	(5.56)
σ_d	0,196	MPa	(5.57)
$\sigma_d \leq f_d$	OK		
Vérification au renversement	OK		(5.58)
$f_{vk} \leq 0,065\, f_b$	0,28	MPa	(3.4)
f_{vd}	0,13	MPa	
V_{rd}	38 788	N	(5.53)
$V_{ed} \leq V_{rd}$	OK		

5.4.2 Murs de maçonnerie armée

Il est possible de prendre en compte les aciers dans les murs de maçonnerie armée soumis à un cisaillement.

La vérification de résistance s'effectue alors selon trois cas (Figure 5.26) :
- le mur ne comporte que des armatures verticales (cas 1) ;
- le mur ne comporte que des armatures horizontales (cas 2) ;
- le mur comporte des armatures verticales et horizontales (cas 3 = cas 1 + cas 2).

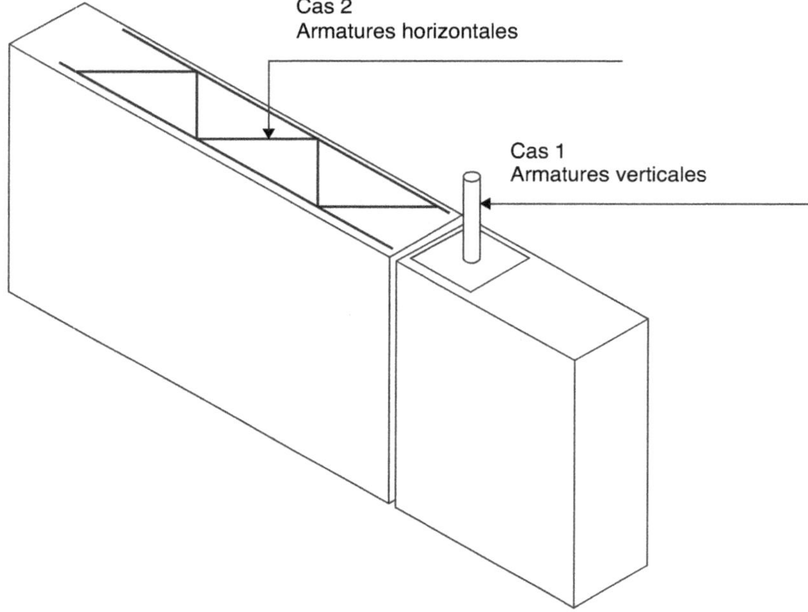

Figure 5.26. Types d'armatures pour les murs armés

Pour pouvoir être prises en compte, les armatures doivent avoir la section minimale indiquée dans le chapitre 7, § 7.3.3.5.

> Pour les armatures verticales : 0,05 % de la section transversale horizontale utile du mur.
> Pour les armatures horizontales : 0,03 ou 0,05 % de la section transversale brute ou utile verticale du mur, selon le cas.

Il est à noter que des exigences particulières sont imposées en situation sismique (voir l'annexe B).

5.4.2.1 Cas 1 : mur ne comportant que des armatures verticales

On considère que les aciers verticaux permettent d'empêcher le soulèvement du mur et ainsi de le maintenir comprimé, ou tout du moins en contact avec son support, sur toute sa longueur. Par conséquent, la longueur comprimée du mur ℓ_c est égale à la longueur du mur ℓ. La résistance de calcul au cisaillement V_{Rd} est donc égale à :

$$V_{Rd} = f_{vd} \times t \times \ell \tag{5.59}$$

où :

f_{vd} est la résistance de calcul au cisaillement de la maçonnerie,

t est l'épaisseur du mur,

ℓ est la longueur du mur.

> La vérification au cisaillement doit être complétée par la vérification au basculement afin de vérifier que la section d'aciers verticaux en rive de mur est suffisante. Cette vérification doit être faite selon le paragraphe 5.4.4.

5.4.2.2 Cas 2 : mur ne comportant que des armatures horizontales

Les aciers influencent peu la résistance du mur au cisaillement. Le mur peut en effet se soulever, voire basculer, comme un mur non armé. Le calcul de la résistance du mur de maçonnerie, armé uniquement par des armatures horizontales, doit se faire comme s'il était non armé.

5.4.2.3 Cas 3 : mur comportant des armatures verticales et horizontales

Les deux types d'armatures agissent de manière concomitante et la résistance de calcul au cisaillement V_{Rd} devient :

$$V_{Rd} = \min \left(f_{vd} \times t \times \ell + 0{,}9 \times A_{sw} \times f_{yd} \ ; \ f_{v,max} \times t \times \ell \right) \qquad (5.60)$$

où :

f_{vd} est la résistance de calcul au cisaillement de la maçonnerie,

t est l'épaisseur du mur,

ℓ est la longueur du mur,

A_{sw} est la section totale des armatures horizontales dans la partie de mur considérée (hauteur Z_v de la Figure 5.25),

f_{yd} est la résistance de calcul à la traction de l'acier,

f_{vmax} est pris égal à 2 MPa.

Cette relation permet de déterminer la section minimale d'armature permettant de résister à V_{Ed} :

$$V_{Rd} = V_{Ed} = f_{vd} \times t \times \ell + 0{,}9 \times A_{sw} \times f_{yd}$$

soit :

$$A_{sw} = \frac{V_{Ed} - f_{vd} \times t \times \ell}{0{,}9 \times f_{yd}} \qquad (5.61)$$

La section ainsi calculée doit vérifier la relation (5.60).

Dans le cas contraire, le mur, même armé, ne peut résister au cisaillement imposé (dimensionnement à revoir en augmentant la longueur du mur par exemple).

> La vérification au cisaillement doit être complétée par la vérification au basculement afin de vérifier que la section d'aciers verticaux en rive de mur est suffisante. Cette vérification doit être faite selon le paragraphe 5.4.4.

5.4.2.4 Exemple 5.6 : résistance au cisaillement d'une maçonnerie armée

> Se reporter au fichier téléchargeable en ligne sur la fiche de l'ouvrage : www.editions-eyrolles.com.

Le mur est soumis à un cisaillement d'intensité V_{Ed} = 75 000 N. Commençons par vérifier si ce mur résiste avec des armatures verticales seules. Si le mur ne résiste pas, nous déterminerons alors la section d'armatures horizontales qu'il est nécessaire d'ajouter.

Données :

ℓ = 3,00 m,

h = 2,75 m,

t = 0,20 m,

f_{vd} = 0,09 MPa,

f_{yd} = 500 MPa.

Section minimale d'armatures verticales réparties (voir chapitre 7, § 7.3.3.5) :

$$A_{sv,min} = \frac{0,05}{100} \times 3,0 \times 0,2, \text{ soit } 300 \text{ mm}^2$$

Par conséquent, dans notre exemple, le mur doit être armé de 11 barres de 6 mm de diamètre au minimum, régulièrement réparties sur toute la longueur du mur.

Calcul de la résistance au cisaillement du mur :

$$V_{Rd} = f_{vd} \times t \times \ell = 0,09 \times 0,2 \times 3, \text{ soit } 54\,545 \text{ N.}$$

La résistance du mur V_{Rd} étant inférieure à V_{Ed}, des armatures horizontales sont donc nécessaires.

Section minimale d'armatures horizontales :

$$A_{sw,min} = \frac{0,05}{100} \times 3 \times 0,2, \text{ soit } 275 \text{ mm}^2.$$

Soit 22 aciers de diamètre 4 mm (276 mm^2).

En utilisant l'équation 5.61, on obtient la section d'acier nécessaire minimale A_{SW2} par :

$$A_{SW2} = 45 \text{ mm}^2$$

On s'assure que la relation 5.60 est bien vérifiée.

La section minimale d'acier horizontal est égale à :

$$A_{SW} = \max (A_{SW,min} ; A_{SW2})$$

Soit :

$$A_{SW} = 276 \text{ mm}^2.$$

Ce qui représente 22 barres de 4 mm de diamètre réparties de manière homogène sur toute la hauteur du mur.

Vérification du basculement : cette vérification est réalisée selon le paragraphe 5.4.4 et conduit à disposer deux armatures de Ø 10 mm dans l'alvéole de rive s'opposant au basculement (voir Figure 5.28). Cette armature peut également être répartie dans les alvéoles d'une aile de rive associée (voir Figure 7.23 du chapitre 7).

Lorsque les efforts sollicitants peuvent agir de manière alternée (cas du séisme, par exemple), l'autre alvéole de rive est à renforcer de la même manière.

5.4.3 Murs de maçonnerie chaînée

Un mur de maçonnerie chaînée doit être vérifié au cisaillement, mais également au non-basculement. Ce phénomène peut se produire lorsque la section d'acier est insuffisante pour reprendre le moment de renversement. Cette vérification doit être faite selon le paragraphe 5.4.4.

Les dispositions du chapitre 7, § 7.6.6 sont à respecter pour ce type de mur.

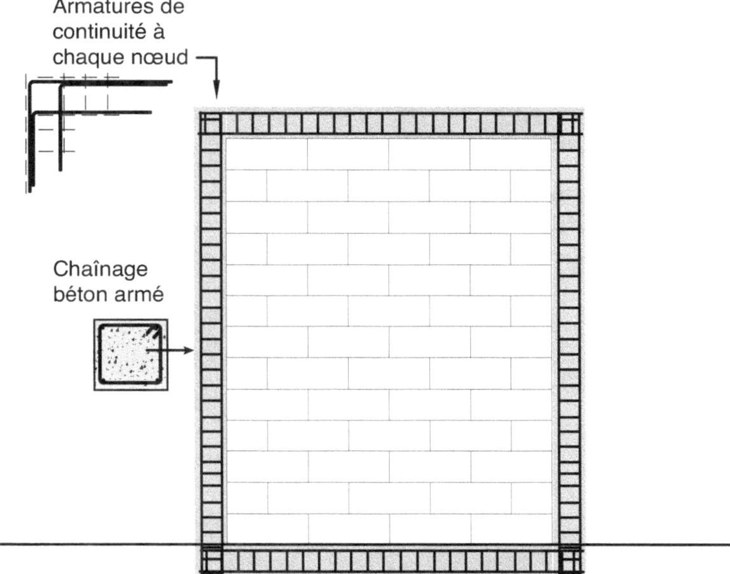

Figure 5.27. Schéma d'une maçonnerie chaînée

Le comportement de la maçonnerie chaînée est intermédiaire entre celui des murs armés et non armés. En règle générale, la densité des aciers verticaux est moindre lorsque le mur est chaîné que lorsqu'il est armé.

La résistance de calcul au cisaillement V_{Rd} du mur de maçonnerie chaînée est égale à la somme de la résistance au cisaillement de la maçonnerie et des ouvrages de confinement en béton armé :

$$V_{Rd} = f_{vd} \times t \times \ell + \sum A_c \times \frac{f_{cvk}}{\gamma_c} \qquad (5.62)$$

où :

f_{vd} est la résistance de calcul au cisaillement de la maçonnerie (chapitre 3, § 3.2) ;

t est l'épaisseur du mur ;

ℓ est la longueur de la maçonnerie ;

$\sum A_c$ est la somme des sections de béton des chaînages ;

f_{cvk} est la résistance caractéristique au cisaillement du béton ;

γ_c est le coefficient partiel relatif au béton.

γ_c est égal à 1,5 en situation courante et à 1,3 en situation accidentelle de type sismique.

Les valeurs de la résistance caractéristique au cisaillement du béton de remplissage dépendent de la classe de résistance à la compression du béton. Les valeurs de f_{cvk} sont données dans le Tableau 5.46.

Tableau 5.46. Résistance caractéristique au cisaillement du béton f_{cvk}

Classe de résistance du béton	C12/15	C16/20	C20/25	C25/30 ou plus
f_{cvk} (MPa)	0,27	0,33	0,39	0,45

5.4.4 Résistance au basculement des murs armés ou chaînés verticalement

Sous certaines conditions de chargement (voir § 5.4.1, équation 5.58) un mur soumis à un effort horizontal peut basculer. Les armatures verticales disposées dans les alvéoles du mur ou dans les chaînages verticaux permettent d'éviter ce phénomène lorsque la section d'acier est suffisante pour s'opposer au renversement.

Le mur est calculé en considérant une flexion composée (effort normal associé à un effort de cisaillement) (Figure 5.28). La section armée est calculée en adoptant un diagramme simplifié rectangulaire des contraintes (voir chapitre 3, § 3.5, Figure 3.11).

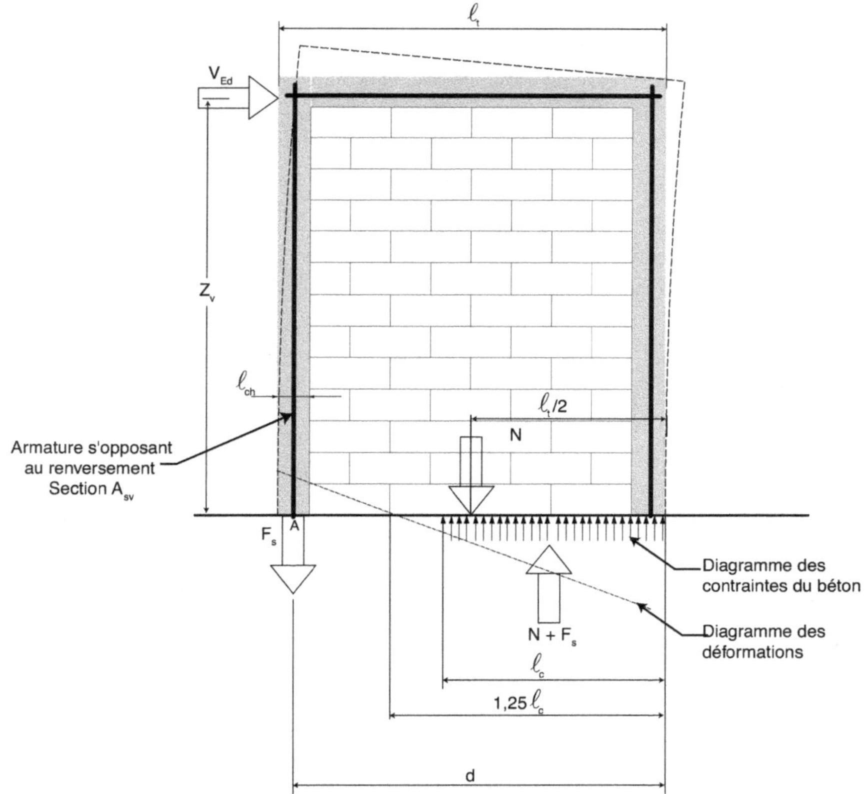

Figure 5.28. Modélisation du mur en flexion composée

Les valeurs de ℓ_c et F_S s'obtiennent à partir des équations d'équilibre de la mécanique :
– équilibre des moments (équation 5.63) ;
– équilibre des forces verticales : $f_d \times t \times \ell_c = N + F_S$, qui permet de déterminer ℓ_c (équation 5.64).

La méthode suivante est une approche simplifiée du dimensionnement en flexion composée des chaînages verticaux. La méthode exacte utilisant les lois de comportement des matériaux (voir chapitre 3, § 3.5.1) reste évidemment possible.

Pour déterminer la longueur comprimée du mur, il faut tout d'abord calculer le moment M_a s'exerçant à l'extrémité « A » du mur (côté acier tendu) :

$$M_A \cong N \times \frac{\ell_t}{2} + V_{Ed} \times z_v \qquad (5.63)$$

où :

N est l'effort vertical s'appliquant sur le bas du mur ;

V_{Ed} est l'effort horizontal ;

ℓ_t est la longueur totale du mur ;

z_v est la hauteur du centre d'application de l'effort horizontal.

On obtient ensuite la longueur comprimée ℓ_c du mur par :

$$\ell_c = \ell_t \times \left(1 - \sqrt{1 - \frac{2 \times M_A}{f_d \times \Phi_p \times \ell_t^2 \times t}} \right) \qquad (5.64)$$

où :

M_A est défini relation (5.63) ;

f_d est la résistance de calcul à la compression de la maçonnerie ;

Φ_p est le coefficient de réduction de la résistance dû à l'élancement au pied du mur ;

En première approche de calcul, Φ_p peut être pris égal à 0,6 pour les façades et les murs de rive, 0,8 pour les murs intérieurs et les refends.

t est l'épaisseur du mur.

La relation suivante permet de définir la section d'acier requise dans le chaînage vertical en traction pour s'opposer au renversement :

$$A_{sV,calc} \geq \frac{\left(\ell_c \times t \times \o_p \times f_d \right) - N}{\sigma_s} \qquad (5.65)$$

Avec : $\sigma_s = E_s \times \varepsilon_{sy} \leq f_{yd}$

où :

ℓ_c est la longueur comprimée du mur (équation 5.64) ;

t est l'épaisseur du mur ;

ϕ_p est le coefficient de réduction de la résistance dû à l'élancement au pied du mur ;

f_d est la résistance de calcul à la compression de la maçonnerie ;

N est l'effort vertical s'appliquant sur le bas du mur ;

E_S est le module d'élasticité de l'acier (en général, $E_S = 200\,000$ MPa) ;

ε_{sy} est la déformation de l'acier.

La déformation de l'acier ε_s est donnée par :

$$\varepsilon_{sy} = \min \left(\varepsilon_{mu} \times \frac{d - 1,25 \times \ell_c}{1,25 \times \ell_c} \; ; \; 0,01 \right) \qquad (5.66)$$

où :

d est la longueur utile du mur (figure 5.28) ;

ℓ_c est la longueur comprimée du mur ;

E_S est le module d'élasticité de l'acier ;

f_{yd} est la résistance de calcul de l'acier ;

ε_{mu} est la déformation ultime de la maçonnerie.

La déformation ultime de la maçonnerie est de ε_{mu} = 0,0035 pour celles constituées d'éléments du groupe 1 et ε_{mu} = 0,002 dans les autres cas.

5.4.5 Exemple 5.7 : résistance au cisaillement d'un mur de maçonnerie chaînée

Se reporter au fichier téléchargeable en ligne sur la fiche de l'ouvrage : www.editions-eyrolles.com.

Prenons le cas d'un mur chaîné soumis à une force horizontale V_{Ed} = 65 000 N appliquée à une hauteur z_v = 4,50 m et à un effort vertical N = 175 000 N. Nous allons chercher à vérifier si ce mur résiste et si les sections d'acier des chaînages verticaux sont suffisantes.

Le mur est calculé en situation accidentelle sismique avec les coefficients partiels suivants :
γ_M = 1,5 pour la maçonnerie,
γ_c = 1,3 pour le béton,
γ_S = 1 pour l'acier.

Données :

ℓ_t = 3,00 m,

z_v = 4,50 m,

t = 0,20 m,

f_b = 5,43 MPa (blocs en béton de granulats courants de type B40),

f_d = 1,74 MPa,

f_{vk0} = 0,20 MPa,

f_{yd} = 500 MPa,

A_{SV} = 314 mm² soit 4 HA 10.

(Section forfaitaire d'armature en zone sismique (voir annexe B, § 2)) ;

f_{cvk} = 0,33 MPa, béton pour les chaînages de classe de résistance C16/20 ;

Φ_p = 0,6 ;

E_S = 200 000 MPa ;

largeur du chaînage ℓ_{ch} = 150 mm ;

$A_c = \ell_{ch} \times t$ = 30 000 mm² ;

$$d = \ell_t - \frac{\ell_{ch}}{2} = 2{,}925 \text{ m;}$$

éléments du groupe 3 (blocs creux).

5.4.5.1 Vérification de la résistance au cisaillement

La résistance au cisaillement est calculée en prenant en compte la section de la maçonnerie et le chaînage comprimé.

$V_{Rd\_maçonnerie}$	114 000	N
$V_{Rd\_chaînage}$	8 250	N
V_{Rd}	122 250	N
Vérification ($V_{Rd} \geq V_{Ed}$)	OK	

5.4.5.2   Vérification de la résistance au basculement

	Calcul	Unité	Équations
M_A	541 875	N.m	(5.63)
μ_A (moment réduit)	0,607		
ℓ_c	1,09	m	(5.64)
$A_{SV,\,calc}$	240	mm^2	(5.65)
ε_{mu}	0,002		
ε_{sy}	0,0023		(5.66)
A_{SV_min} (0,8 % de A_c et 200 mm^2)	115	mm^2	chap. 7, § 7.6
A_{SV}	240	mm^2	

$$\text{Pour faciliter les calculs on pose } \mu_A \text{ (moment réduit)} = \frac{2 \times M_A}{f_d \times \phi_p \times d^2 \times t}$$

La section forfaitaire d'armatures de 314 mm^2 requise en zone sismique est suffisante pour satisfaire à la résistance au basculement.

Du fait de l'effort sollicitant qui agit ici de manière alternée (cas du séisme) les chaînages verticaux de rive doivent tous avoir la même section d'acier.

5.5   Éléments armés soumis à une flexion et à un effort tranchant

5.5.1   Généralités

Pour les ouvrages soumis à un chargement en flexion, on considère les hypothèses suivantes :

- les sections planes demeurent planes ;
- l'armature est soumise aux mêmes déformations que la maçonnerie adjacente ;
- la résistance à la traction de la maçonnerie est considérée comme nulle ;
- la relation contrainte-déformation de la maçonnerie est considérée de forme linéaire, parabolique, parabolique rectangle ou rectangulaire (voir chapitre 3, § 3.5.1) ;
- la relation contrainte-déformation de l'armature est déduite de l'EN 1992-1-1 (voir chapitre 2, § 2.4) ;
- la déformabilité du béton de remplissage est considérée comparable à celle de la maçonnerie.

5.5.2 Vérification des ouvrages de maçonnerie armée soumis à une flexion

À l'état limite ultime, on vérifiera que le moment de calcul M_{Ed} demeure inférieur au moment résistant M_{Rd} (inégalité 5.67) :

$$M_{Ed} \leq M_{Rd} \qquad (5.67)$$

Le moment résistant de calcul pourra être évalué avec les hypothèses complémentaires suivantes :

- la déformation en traction de l'armature ε_s est limitée à 0,01 ;
- pour les sections qui ne sont pas en totalité comprimées, la déformation limite en compression est considérée comme inférieure ou égale à $\varepsilon_{mu} = -0,0035$ pour les éléments du groupe 1 et à $\varepsilon_{mu} = -0,002$ pour les éléments des groupes 2, 3 et 4 (Figure 5.29) ;
- la déformabilité du béton de remplissage est considérée comparable à celle de la maçonnerie ;

  > Valeur du module de déformation : $E_c = 1\ 000 \times f_k$, f_k étant la résistance caractéristique à la compression de la maçonnerie.

- la valeur du moment résistant d'une section peut être évaluée à partir d'une distribution rectangulaire des contraintes telle qu'indiquée à la Figure 5.29 ;
- lorsqu'une zone de compression comporte à la fois un ouvrage en maçonnerie et du béton de remplissage, il convient de calculer la résistance en compression en utilisant un diagramme des contraintes reposant sur la résistance à la compression du matériau le plus faible.

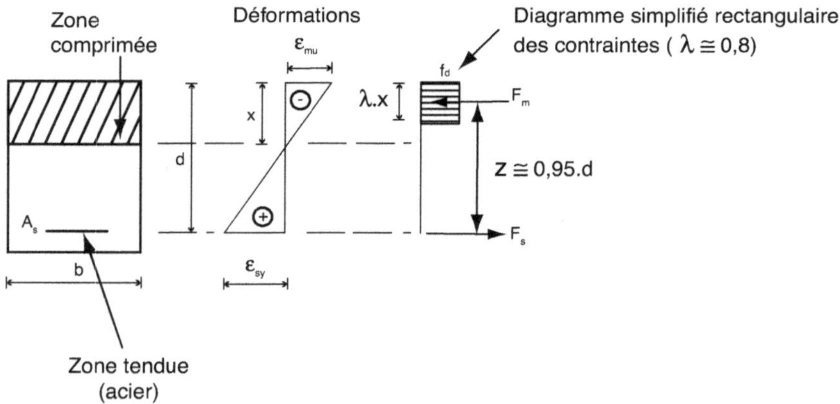

Figure 5.29. Distribution des contraintes et des déformations d'une section fléchie en béton armé

$\varepsilon_{mu} = -0,0035$ pour les éléments du groupe 1 et $-0,002$ pour les éléments des groupes 2, 3 et 4.

La déformation de l'acier, ε_{sy}, est limitée à 0,01.

5.5.2.1 Moment résistant M_{Rd} d'une section rectangulaire armée

Dans le cas d'une section rectangulaire armée soumise à une flexion, accompagnée éventuellement d'une compression ne dépassant pas $0,3\ f_d$ (voir nota), la valeur de calcul du moment résistant M_{Rd} est évaluée à partir des relations suivantes (voir Figure 5.29) :

$$M_{Rd} = \min\ (A_S \times f_{yd} \times z\ ;\ \varphi \times f_d \times b \times d^2) \tag{5.68}$$

avec

$$z = \min\ \left(d \times \left(1 - 0,5 \times \frac{A_S \times f_{yd}}{b \times d \times f_d}\right)\ ;\ 0,95 \times d\right) \tag{5.69}$$

où :

b est la largeur de la section ;

d est la hauteur utile de la section ;

A_s est la section transversale de l'armature en traction ;

Section minimale de A_s : $0,05\ \%\ b \times d$;

φ est égal à 0,4 pour les éléments du groupe 1 autres qu'en béton de granulats légers, 0,3 dans les autres cas ;

f_d est la plus faible des deux valeurs de la résistance de calcul en compression de la maçonnerie (dans la direction du chargement considéré – voir chapitre 3, § 3.1) ou du béton de remplissage (voir chapitre 2, § 2.3) ;

f_{yd} est la résistance de calcul de l'acier d'armature.

> *Nota*
>
> Utiliser la méthode générale du § 5.1.1 lorsque la contrainte de compression dépasse $0,3\ f_d$. On pourra également se référer à la méthode du § 5.4.4.

5.5.2.2 Moment résistant M_{Rd} d'une section armée composite

Dans le cas d'une section armée composite (telle que celle de la Figure 5.31), la largeur de calcul b est constituée des différentes parties b_{efl} ou b_{eft}, définies sur cette figure.

Le moment résistant est dans ce cas égal à la relation (5.70) :

$$M_{Rd} = \min\ (A_S \times f_{yd} \times z\ ;\ f_d \times b \times t_f \times (d \times 0,5 \times t_f)) \tag{5.70}$$

où :

b est la largeur de calcul de la section constituée des largeurs b_{efl} ou b_{eft} ;

> Les différentes parties du mur peuvent être calculées séparément ou être associées, b étant dans ce cas égal à la somme des différents tronçons b_{efl} ou b_{eft}. Quelle que soit la solution adoptée, ces tronçons ne doivent pas se chevaucher.

d est la hauteur utile de la section ;

A_s est la section transversale de l'armature en traction ;

> Section minimale de A_s : $0,05\ \%\ t \times b$

f_d est la plus faible des deux valeurs de la résistance de calcul en compression de la maçonnerie (dans la direction du chargement considéré – voir chapitre 3, § 3.1) ou du béton de remplissage (voir chapitre 2, § 2.3) ;

f_{yd} est la résistance de calcul de l'acier d'armature ;

z est défini selon l'équation 5.69 ;

t_f est l'épaisseur d'un raidisseur définie sur la Figure 5.31.

5.5.3 Vérification des ouvrages de maçonnerie armée en cisaillement

À l'état limite ultime, la valeur de calcul du cisaillement V_{Ed} doit être inférieure ou égale à la valeur de calcul de la résistance au cisaillement V_{Rd} :

$$V_{Ed} \geq V_{Rd} \tag{5.71}$$

La résistance peut être calculée avec ou sans armatures de renforcement à l'effort tranchant.

> Lorsque des armatures d'effort tranchant sont prises en compte, leur section minimale doit être de 0,05 % de la section transversale résistance b.d, selon la Figure 5.29.

> Dans le cas où l'on considère que le béton de remplissage joue un rôle prépondérant, il y a lieu de calculer l'élément selon les spécifications de l'Eurocode 2 (EN 1992-1-1).

5.5.4 Cas des murs armés verticalement soumis à un chargement latéral (flexion composée)

Ces murs peuvent être employés pour réaliser des structures résistant à un chargement latéral (charges latérales dues au vent, à la poussée des terres par exemple) accompagné ou non d'un chargement axial.

Leur section est constituée d'éléments de maçonnerie associés à des zones de béton armé généralement coulées dans les alvéoles verticales des éléments.

Lorsque les armatures sont concentrées localement, la section armée résistante est limitée à une largeur définie Figure 5.30.

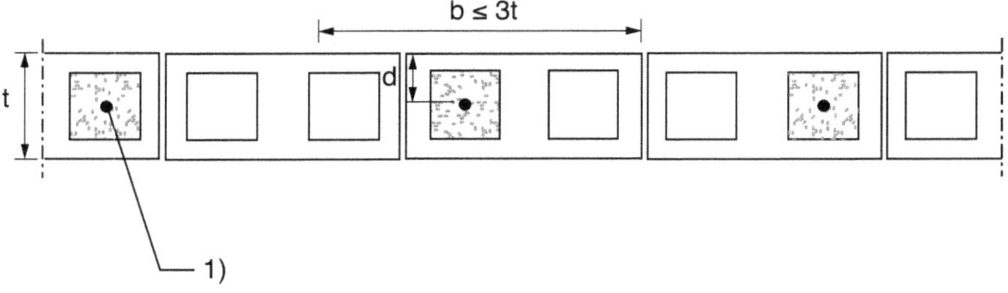

Figure 5.30. Largeur de section d'éléments comportant des armatures concentrées localement

1) Armature noyée dans du béton coulé dans l'alvéole de l'élément

Pour des sections composites telles que celles de la Figure 5.31, les largeurs de calcul des sections composites, b_{efl} ou b_{eft}, sont limitées aux valeurs indiquées sur la figure.

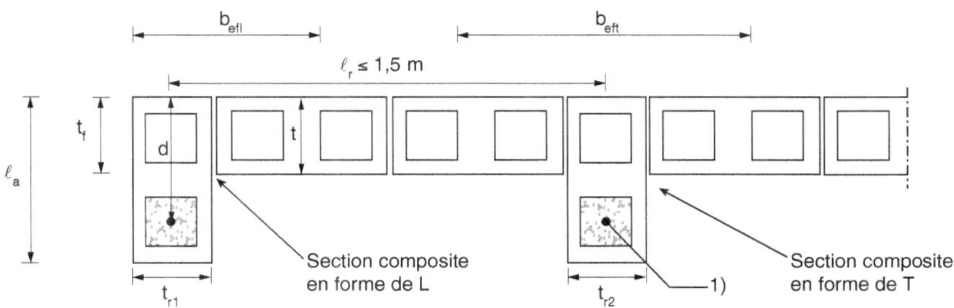

Figure 5.31. Définition et largeur des sections composites

$t_f = \min\{t\ ; 0,5\ d\}$,

$b_{efl} = \min\{t_{r1} + 6\ t_f\ ; \ell_r/2\ ;\ h/6\}$,

$b_{eft} = \min\{t_{r2} + 12\ t_f\ ; \ell_r\ ;\ h/3\}$,

h : hauteur libre du mur.

2) Armature noyée dans du béton coulé dans l'alvéole de l'élément et fonctionnant en traction

5.5.4.1   Moment résistant

Le moment résistant est déterminé selon la forme de la section :
- mur de section rectangulaire (voir § 5.5.2.1) ;
- mur de section composite (voir § 5.5.2.2).

5.5.4.2   Résistance à l'effort tranchant

La résistance à l'effort tranchant est en général déterminée en ne considérant que la section transversale de la maçonnerie (pas d'armature d'effort tranchant).

La résistance s'exprime alors selon la relation suivante :

$$V_{Rd} = f_{vd} \times t \times \ell \tag{5.72}$$

avec :

f_{vd} est la plus faible des deux valeurs de la résistance de calcul en cisaillement de la maçonnerie (voir chapitre 3, § 3.2) ou du béton de remplissage (voir chapitre 2, § 2.3.1) ;

t est l'épaisseur du mur ;

ℓ est la longueur du mur.

5.5.5   Cas des linteaux

Un linteau de maçonnerie est soumis à la fois à un effort de flexion et à un effort tranchant.

La méthode proposée est valable pour les linteaux dont le rapport $\dfrac{\ell_{ef}}{d}$ est limité à 20 dans le cas des linteaux sur appui simple et à 26 sur appui continu, avec ℓ_{ef} la portée utile du linteau et d sa hauteur utile (voir chapitre 4, Tableau 4.14 et Figure 4.19).

En première approche de calcul, on pourra prendre comme limites :

- linteaux sur appui simple : $\dfrac{\ell_{c\ell}}{d} \leq 17$;

- linteaux sur appui continu : $\dfrac{\ell_{c\ell}}{d} \leq 22$;

$\ell_{c\ell}$ étant la distance libre entre appuis.

Il est également nécessaire de vérifier les conditions de stabilité latérales définies chapitre 4 § 4.2.4.4.1 et rappelées par la relation 5.73 :

$$\ell_r \leq \min\left(60 \times b_c \; ; \; \frac{250}{d} \times b_c^2\right) \tag{5.73}$$

où :

d est la hauteur utile du linteau ;

b_c est la largeur du linteau.

5.5.5.1 ELU de flexion

On vérifiera que le moment sollicitant M_{Ed} demeure inférieur au moment résistant M_{Rd} :

$$M_{Ed} \leq M_{Rd} \tag{5.74}$$

Dans le cas d'une section rectangulaire simplement armée, la valeur de calcul du moment résistant M_{Rd} est égale à :

$$M_{Rd} = \min\left(A_S \times f_{yd} \times z \; ; \; \varphi \times f_{dh} \times b \times d^2\right) \tag{5.75}$$

où :

A_S est la section transversale de l'armature en traction ;

f_{yd} est la résistance de calcul de l'acier ;

z est le bras de levier ;

f_{dh} est la résistance de la maçonnerie dans la direction horizontale (voir chapitre 3, § 3.1.4) ;

b est la largeur de la section ;

d est la hauteur utile de la section ;

φ est généralement égal à 0,3 (on considère que le linteau est réalisé à partir d'éléments de coffrage).

Selon le Tableau 2.1 de l'Annexe nationale de l'Eurocode 6, le coefficient partiel γ_M des aciers est de 1,15.

La résistance de la maçonnerie dans la direction horizontale f_{dh} (voir chapitre 3, § 3.1.4) est donnée par les formules 3.1, 3.2 et 3.3, en prenant pour résistance f_b la résistance moyenne à la compression de l'élément sollicité en compression dans le sens longitudinal ($f_{b,h}$). Cette valeur peut être déclarée dans le cadre du marquage CE des éléments de maçonnerie.

Si cette résistance n'est pas déclarée, dans le cas d'éléments des groupes 2 et 3 en béton de granulats courants, la résistance longitudinale des blocs à la compression peut être estimée à 1/4 de la résistance verticale. Par exemple, pour un bloc de résistance déclarée R_C = 4 MPa, la résistance longitudinale du bloc f_{bh} peut être considérée comme égale à :

$$f_{bh} = \frac{R_C}{4} \times \delta \times \delta_p \times \delta_c = \frac{4}{4} \times 1 \times 1{,}18 \times 1 = 1{,}18\ \text{MPa}$$

Dans le cas des briques de terre cuite des groupes 2 et 3, la résistance longitudinale des briques à la compression peut être estimée à 1/10 de la résistance verticale. Par exemple, pour une brique de résistance moyenne R_M = 8 MPa, la résistance longitudinale de la brique f_{bh} peut être considérée comme égale à :

$$f_{bh} = \frac{R_M}{10} \times \delta \times \delta_p \times \delta_c = \frac{8}{10} \times 1 \times 1 \times 1 = 0,8 \text{ MPa}$$

Deux cas sont à considérer pour calculer le bras de levier z selon la hauteur h de la poutre :

– Si $h \leq \dfrac{1,15 \times \ell_{c\ell}}{2}$,

$$z = \min\left(d \times \left(1 - 0,5 \times \frac{A_S \times f_{yd}}{b \times d \times f_{dh}}\right) \,;\, 0,95 \times d\right) \tag{5.76}$$

avec f_{dh}, la résistance à la compression de la maçonnerie dans la direction horizontale.

– Si $h > \dfrac{1,15 \times \ell_{c\ell}}{2}$,

$$z = \min(0,805 \times \ell_{c\ell} \,;\, 0,46 \times h + 0,23 \times \ell_{c\ell}) \tag{5.77}$$

Dans ce cas, la hauteur utile d de la poutre est considérée égale à $d = 1,3 \times z$.

5.5.5.2 ELU d'effort tranchant

On vérifiera que la sollicitation d'effort tranchant V_{Ed} demeure inférieure à la résistance V_{Rd}, avec :

$$V_{Rd} = V_{Rd1} + V_{Rd2} \tag{5.78}$$

V_{Rd1} étant la résistance à l'effort tranchant dû au matériau (maçonnerie ou béton) et V_{Rd2} la résistance à l'effort tranchant due à l'armature de renforcement éventuelle.

$$V_{Rd1} = f_{vd} \times b \times d \tag{5.79}$$

où :

f_{vd} est la résistance de calcul au cisaillement de la maçonnerie ou du béton – valeur la plus faible.

La résistance f_{vd} peut éventuellement être majorée en utilisant l'une des relations suivantes :

(1) Soit en tenant compte des armatures longitudinales :

$$f_{vd} = \frac{1}{\gamma_M} \times \min\left(0,7 \,;\, 0,35 + 17,5 \times \frac{A_S}{b \times d}\right) \tag{5.80}$$

γ_M est le coefficient partiel de la maçonnerie (chapitre 4, Tableau 4.12) ;

A_S est la section transversale de l'armature principale ;

b est la largeur de la section ;

d est la hauteur utile de la section.

(2) Soit en multipliant f_{vd} par le rapport χ suivant :

$$\chi = 2,5 - 0,25 \,\frac{a_v}{d} \,;\, \text{et } \frac{a_v}{d} \leq 6 \tag{5.81}$$

d est la hauteur utile de la poutre ;

a_v est le moment fléchissant maximal divisé par l'effort tranchant maximal de l'élément calculé.

La valeur de f_{vd} ainsi majorée est limitée à $1,75/\gamma_M$ MPa.

Pour ces deux relations issues de l'annexe J de l'Eurocode 6, la résistance de mortier est d'au moins 6 MPa.

(3) Soit en multipliant f_{vd} par le rapport $2d/a_v$ encadré par les limites suivantes :

$$1 \leq \frac{2d}{a_v} \leq 4 \tag{5.82}$$

d et a_v sont définis ci-dessus ;

la valeur résultante de f_{vd} est limitée à 0,3 MPa.

Lorsque l'armature d'effort tranchant est prise en compte, V_{Rd2} est défini comme suit :

$$V_{Rd2} = 0,9 \times d \times \frac{A_{Sw}}{s} \times f_{yd} (1 + \cot\alpha) \times \sin\alpha \qquad (5.83)$$

d est la hauteur utile de la poutre ;

A_{sw} est l'aire de l'armature d'effort tranchant ;

s est l'espacement des armatures d'effort tranchant ;

α est l'angle d'inclinaison des armatures d'effort tranchant défini par rapport à l'axe de la poutre, pris entre 45° et 90° ;

f_{yd} est la résistance de calcul de l'acier d'armature.

Il y a lieu dans ce cas de vérifier l'inégalité suivante :

$$V_{Rd1} + V_{Rd2} \leq 0,25 \times f_d \times b \times d \qquad (5.84)$$

f_d est la résistance de calcul à la compression de la maçonnerie ou du béton – valeur la plus faible (voir chapitre 3, § 3.1.4) ;

b est la largeur minimale de la poutre dans les limites de la hauteur utile ;

d est la hauteur utile de la poutre.

CHAPITRE 6

Dimensionnement
à l'état limite de service (ELS)

Un ouvrage doit être conçu de manière à ne pas dépasser l'état limite de service. Contrairement à l'état limite ultime qui cherche à déterminer la limite de résistance de la structure, l'état limite de service permet de garantir un fonctionnement correct du bâtiment en situation d'utilisation normale. On ne cherche pas ici à déterminer la limite de rupture de la maçonnerie mais à vérifier que d'éventuelles fissurations ou flèches ne deviennent préjudiciables à son bon fonctionnement.

Les Eurocodes introduisent le concept de vérification à l'état limite de service pour les maçonneries. Or, relativement peu de travaux traitent des limites d'utilisation des maçonneries (pour ne pas dire aucun). Par conséquent, soit la vérification sera considérée comme satisfaite si l'état limite ultime l'est, soit des limitations de l'élancement seront imposées.

Pour un mur chargé verticalement, on considère que l'état limite de service est vérifié si l'état limite ultime l'est.

Dans le cas d'un chargement latéral (dû au vent ou à la poussée des terres par exemple), le mur ne doit pas présenter une flèche préjudiciable. Cette hypothèse est validée si les conditions d'élancement suivantes sont vérifiées. Ces conditions dépendent des conditions aux appuis et des rapports h/t et ℓ/t, avec h, la hauteur du mur, ℓ sa longueur et t son épaisseur.

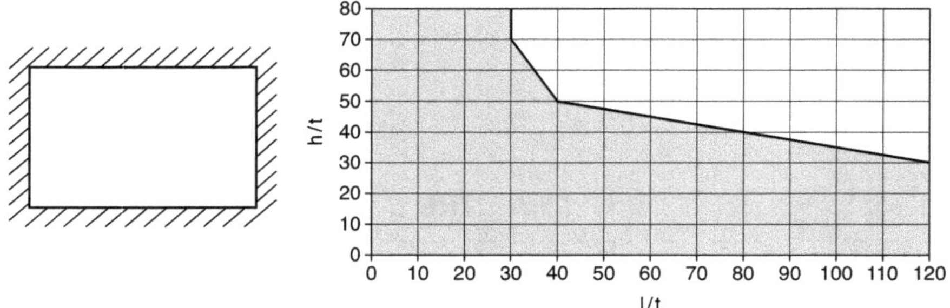

Figure 6.1. Murs chargés latéralement – limites d'élancement – 4 bords maintenus

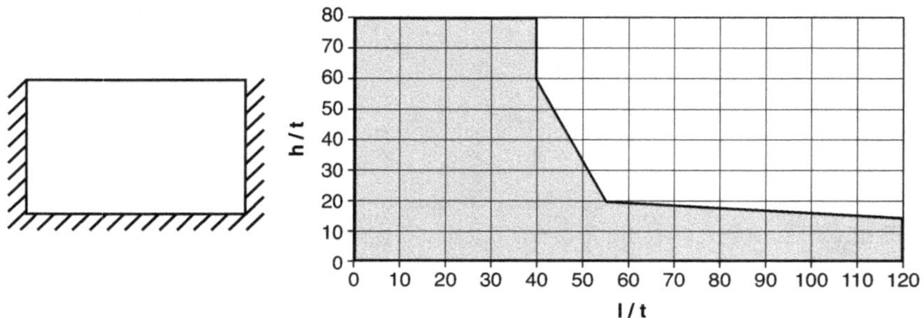

7777. signifie appui simple ou complètement maintenu

Figure 6.2. Murs chargés latéralement – limites d'élancement – 3 bords maintenus

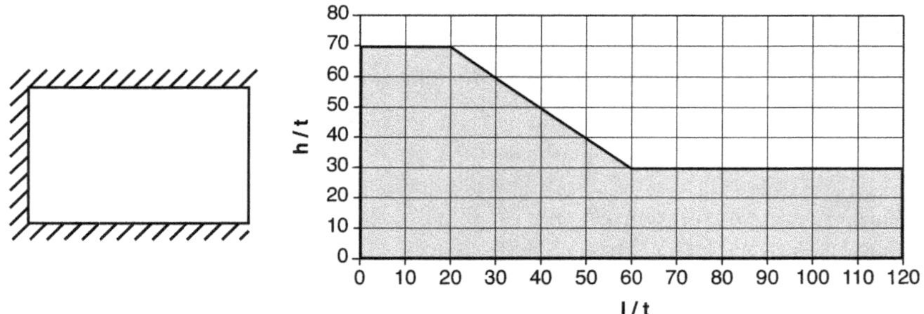

Figure 6.3. Murs chargés latéralement – limites d'élancement – 3 bords maintenus

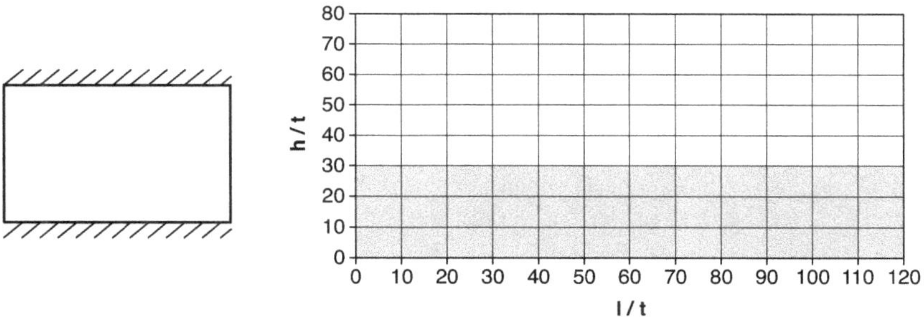

Figure 6.4. Murs chargés latéralement – limites d'élancement – 2 bords maintenus

Dans les zones grisées, l'état limite de service est considéré comme satisfait.

À noter que ces graphiques ne sont pas valables pour les maçonneries précontraintes.

CHAPITRE 7

Mise en œuvre

7.1 Dispositions constructives générales

7.1.1 Résistance et contreventement

Les murs porteurs doivent résister aux charges verticales qui leur sont appliquées. Ils peuvent également participer à la résistance aux charges horizontales (vent, poussée des terres, séisme) afin d'assurer la fonction de contreventement.

Ils sont liaisonnés en partie haute (« en tête ou en couronnement ») au plancher ou à la charpente.

Le plancher d'étage (ou intermédiaire) est en général en béton. Il constitue un diaphragme, plaque considérée comme indéformable dans le plan, permettant de rigidifier la structure et de répartir les charges horizontales sur les éléments de contreventement.

Pour réaliser cette fonction, différents chaînages horizontaux et verticaux ceinturent les planchers et liaisonnent les murs. Vis-à-vis des séismes, l'Eurocode 8 impose des conditions précises pour que les planchers puissent être considérés comme des diaphragmes rigides.

Les chaînages verticaux doivent être continus, de la fondation au couronnement des murs. Ils doivent être liaisonnés aux chaînages horizontaux ceinturant les surfaces de plancher. Leur continuité est réalisée à l'aide d'armatures de continuité ou de recouvrement.

Les ouvertures des parois verticales sont renforcées par un linteau (poutre en béton armé) disposé en partie supérieure. Des chainages verticaux disposés dans les jambages verticaux encadrant l'ouverture peuvent également être nécessaires, pour renforcer la résistance du bord de la maçonnerie, ou lorsque la construction est située en zone à risque sismique.

Ces différents chaînages sont présentés Figure 7.1.

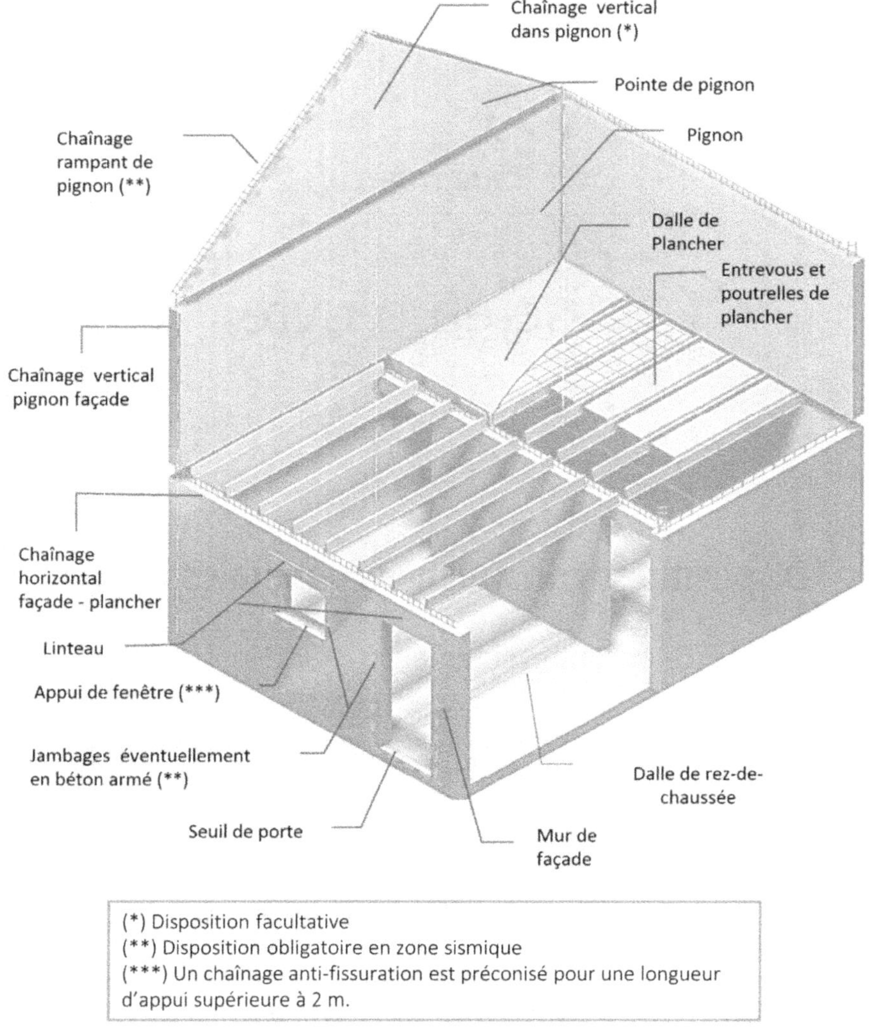

Figure 7.1. Principaux chaînages à mettre en œuvre

7.1.1.1. Plancher fonctionnant en diaphragme

En plus de sa fonction portante, le plancher joue le rôle de transmetteur pour les charges horizontales, qui sont redistribuées sur les murs de contreventement.

Il doit agir comme une plaque rigide indéformable dans son plan, que l'on appelle diaphragme.

Un plancher assurant cette fonction est réalisée comme suit :

- plancher béton armé ou préfabriqué : poutrelles béton armé ou précontraint associées à des entrevous + dalle de compression en béton coulé en place (Figure 7.2.) ;
- solives bois + platelage associé.

Un chaînage périphérique doit ceinturer le plancher pour assurer son monolithisme. Il est généralement réalisé en tête des murs porteurs.

Lorsque le plancher ou la toiture ne constituent pas un diaphragme, une poutre ou un chaînage périphérique sont à réaliser pour assurer le transfert des sollicitations horizontales aux éléments de contreventement.

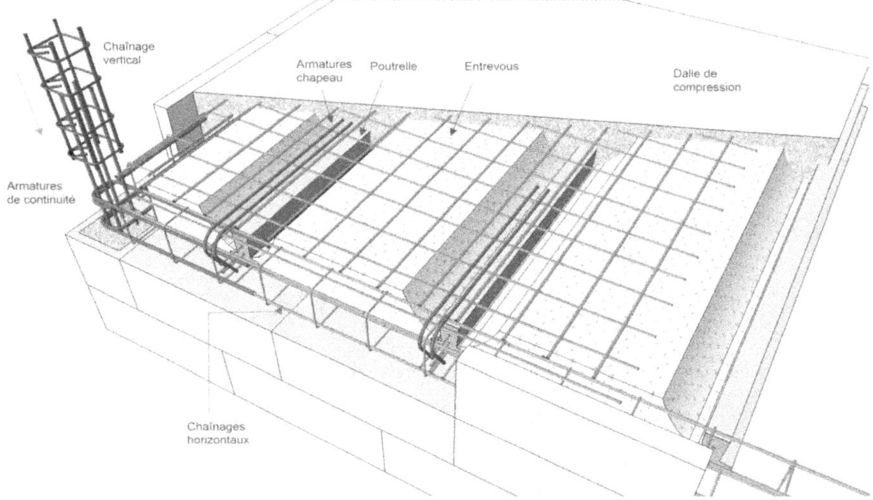

Figure 7.2. Exemple de plancher fonctionnant en diaphragme
Plancher béton à poutrelles et entrevous

7.1.1.2   Chaînages périphériques et liaisons verticales

Des chaînages périphériques horizontaux sont à disposer au niveau de chaque plancher ou directement en dessous. Ils sont réalisés en béton armé, en acier ou en bois. Le DTU 20.1 ne prévoit que des chaînages réalisés en béton armé.

Un chaînage en béton armé comporte au moins deux barres d'acier de section minimale 150 mm² (2 Ø 10 par exemple). Il doit être réalisé conformément aux dispositions constructives du paragraphe 7.3.3 (recouvrement des armatures en particulier).

Les aciers disposés parallèlement au chaînage et à une distance de moins de 0,5 m du plan médian du mur ou du plancher (aciers de linteaux par exemple) peuvent être pris en compte (respecter les règles de recouvrement pour assurer la continuité).

Les liaisons verticales associées aux chaînages périphériques peuvent être en béton armé, en acier ou en bois. Elles doivent être capables de supporter un effort de calcul en traction de 45 kN.

7.1.1.3   Mur de contreventement

Son rôle est de reprendre les efforts horizontaux transmis par le plancher ou par une poutre de transfert pour assurer la stabilité horizontale de l'ouvrage.

L'effort horizontal transmis crée dans le mur une sollicitation de cisaillement associée généralement à un chargement vertical générant une sollicitation de compression.

Le mur de contreventement est couramment ceinturé par un chaînage périphérique qui permet d'assurer son monolithisme (disposition obligatoire en situation sismique).

Le dimensionnement de ces murs est présenté chapitre 5, § 5.4.

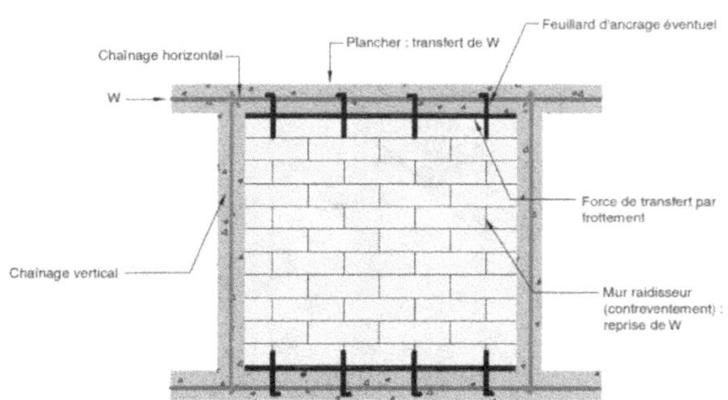

Figure 7.3. Principe de ferraillage d'un élément raidisseur de contreventement

7.1.1.4 Transfert des charges latérales

Le transfert des charges latérales s'exerçant sur les façades (vent par exemple) est assuré par l'une des solutions suivantes :

– appui traditionnel : la transmission des charges latérales est réalisée par adhérence frottement ;
– liaison par feuillards métalliques d'ancrage conformes à l'EN 845-1.

La résistance par adhérence-frottement peut être évaluée selon le § 3.2 du chapitre 3.

Il y a lieu de s'assurer que l'adhérence-frottement est suffisante entre le mur et le plancher. En cas contraire, des feuillards métalliques d'ancrage doivent être ajoutés pour reprendre une partie des efforts latéraux.

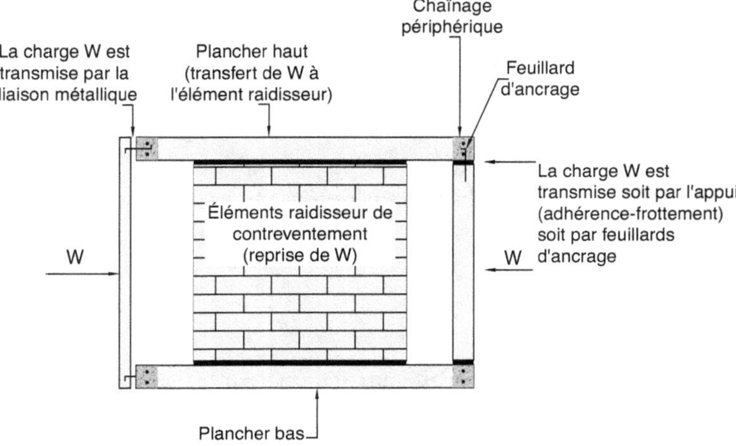

Figure 7.4. Principe de transmission des charges latérales à la structure

7.1.1.5 Liaisons entre les murs

Les murs porteurs concourants sont généralement liés entre eux par l'une des dispositions suivantes :

- harpage des éléments (Figure 7.5) ;
- liaisons ponctuelles par engravures (Figure 7.6) ;
- simple juxtaposition avec armatures d'ancrage en pied et en tête pénétrant à l'intérieur de chaque mur (Figure 7.7) ;
- liaisons par feuillards d'ancrage (Figure 7.8).

Nota

Le harpage consiste à faire interpénétrer les éléments des deux murs. Il peut être associé à un chaînage. Il est réalisé aux angles des murs porteurs de façade. Les jonctions par harpage avec les refends ou les murs de contreventement sont à limiter pour ne pas créer de « pont thermique » (perte thermique par contact avec la paroi extérieure) (voir Figure 7.6 et Figure 7.7). L'espace latéral entre le mur de refend porteur et la façade peut atteindre 100 mm pour insérer l'isolation thermique rapportée et répondre aux exigences acoustiques entre locaux.

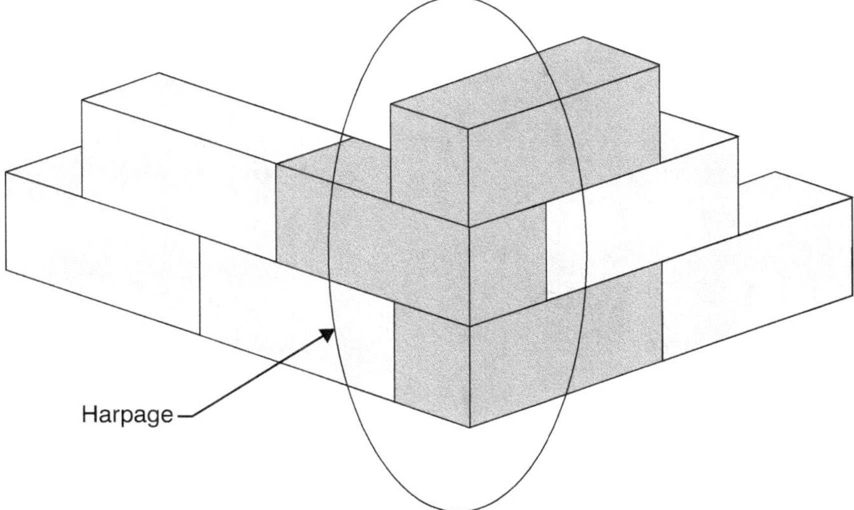

Figure 7.5. Liaison des murs par harpage des éléments.

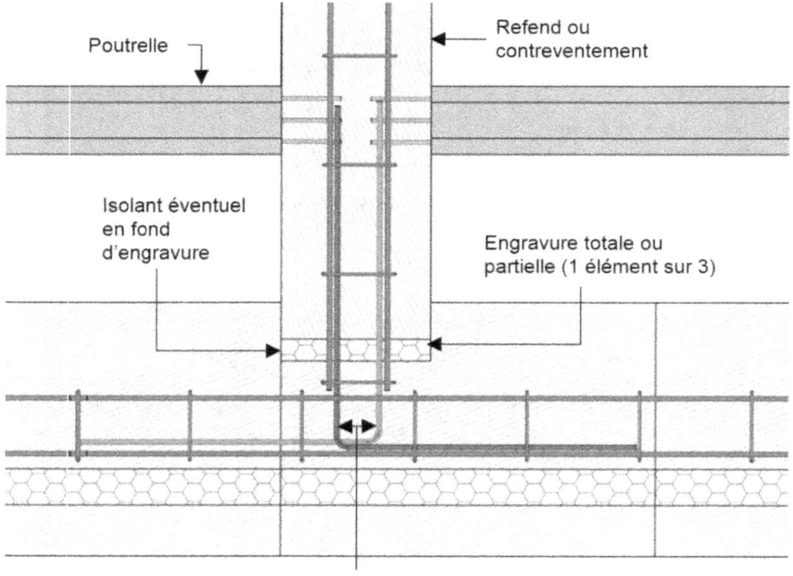

Figure 7.6. Liaison par engravure – détail de la tête du mur

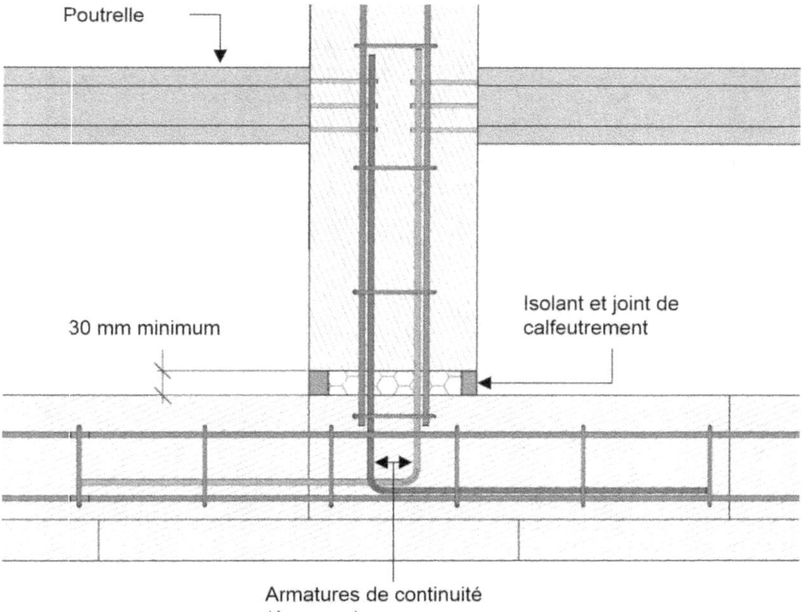

Figure 7.7. Jonction par simple juxtaposition

7.1.1.6   Liaisons par feuillard d'ancrage

Ils doivent être capables de transmettre les charges latérales véhiculées entre le mur et l'ouvrage structural associé.

Lorsque la surcharge sur le mur est négligeable (pointe de pignon ou mur de dernier étage), il est tout particulièrement nécessaire de s'assurer que la liaison entre les feuillards et le mur est efficace.

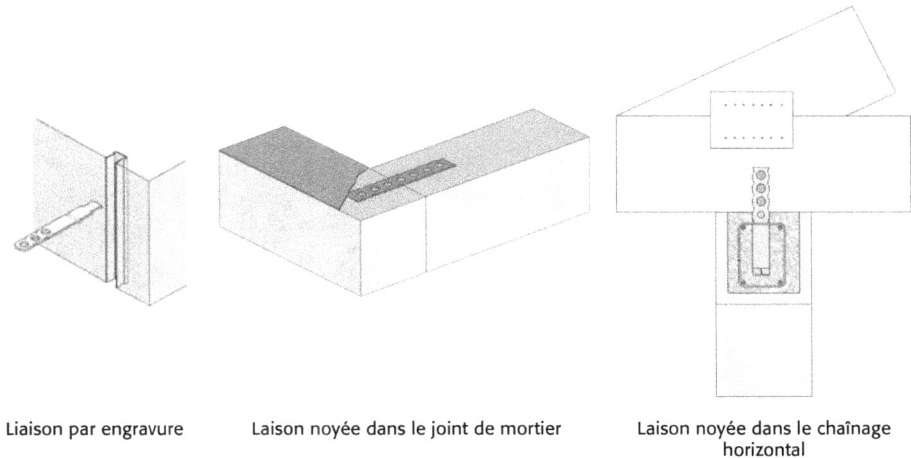

Figure 7.8. Exemples de liaisons par feuillard

Les feuillards, corbeaux et ancrages doivent être conformes à l'EN 845-1.

L'espacement entre les feuillards d'ancrage est au plus :

*   2 m pour les constructions jusque R + 4 ;
*   1,25 m au-dessus de R + 4.

7.1.2   Choix des murs selon l'exposition

7.1.2.1   Exposition à la pluie

L'étanchéité à l'eau de pluie d'un mur en maçonnerie est assurée par l'ensemble de la paroi. La paroi est considérée comme étanche si l'eau n'atteint pas la face interne du mur. Le DTU 20.1 définit des expositions à l'eau de pluie et des configurations types de mur.

L'exposition à l'eau de pluie est fonction :

*   du site où est implanté l'ouvrage (Tableau 7.1.) ;
*   de la hauteur de la paroi au-dessus du sol ;
*   de la présence ou non d'une protection contre le vent.

Tableau 7.1. DTU 20.1 – Définition des sites d'implantation de l'ouvrage

Site A	Grands centres urbains	
Site B	Villes petites et moyennes ou périphérie des grands centres urbains	
Site C	Constructions isolées en rase campagne	
Site D	Constructions isolées en bord de mer ou situées dans les villes côtières	

La hauteur de la paroi ne correspond pas toujours à la hauteur par rapport au pied du bâtiment, car il est nécessaire de tenir compte des éventuelles dénivellations du terrain à proximité du bâtiment.

Pour ce qui concerne la présence d'une protection contre le vent, le DTU 20.1 définit les notions de façades abrités, non abritées ou en front de mer. Pour pouvoir tenir compte du caractère abrité d'une façade, il est indispensable de s'assurer du caractère permanent et durable de la protection.

Les types de façade à utiliser selon l'exposition à la pluie sont définis dans la partie 3 du DTU 20.1 pour une isolation par l'intérieur ou répartie. Ces dispositions sont résumées dans les Tableaux 7.2, 7.3 et 7.4.

Tableau 7.2. Types de murs de façade à isolation répartie ou par l'intérieur définis par le DTU 20.1

Type de mur	Description	Configuration
I	Pas de coupure de capillarité dans l'épaisseur totale du mur.	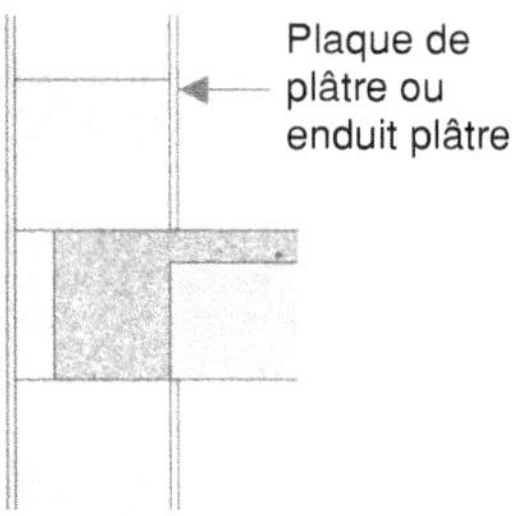
IIa	Coupure de capillarité dans l'épaisseur totale du mur par isolant non hydrophile (1) (cas le plus courant en France).	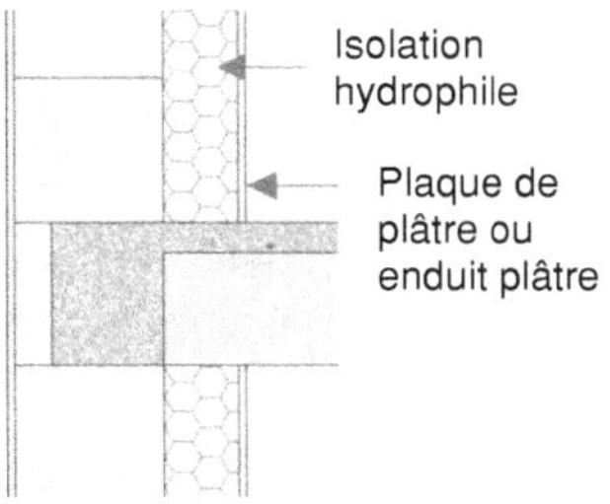
IIb	Coupure de capillarité dans l'épaisseur totale du mur *par une lame d'air*	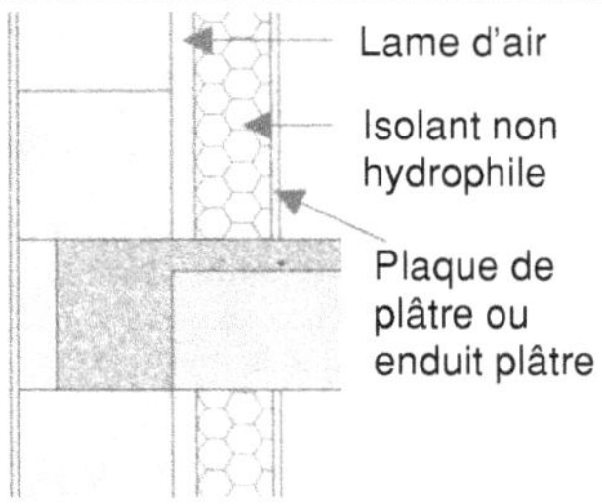
III	L'eau éventuellement présente dans la lame d'air est évacuée vers l'extérieur en pieds de paroi . (2)	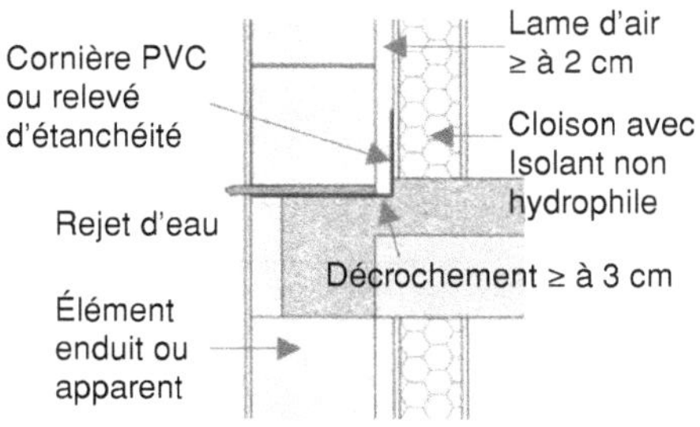
IV	Mur dont l'étanchéité à la pluie est assurée par un revêtement étanche situé en avant de la paroi en maçonnerie	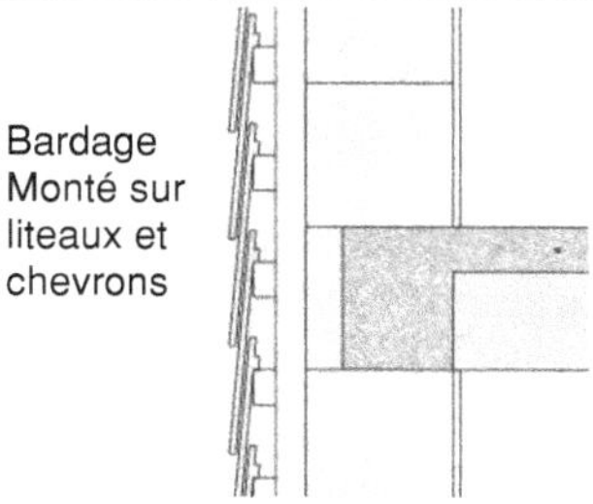

(1) Polystyrène expansé ou laine minérale par exemple.

(2) Les murs doubles entrent généralement dans cette catégorie (voir paragraphe 7.6.10).

L'épaisseur minimale brute de la paroi extérieure en maçonnerie est généralement de 20 cm. Les épaisseurs minimales à utiliser sont rappelées Tableau 7.3.

Tableau 7.3. Configurations des types de façade selon l'exposition
Maçonneries destinées à être enduites ou revêtues

Hauteur du mur au-dessus du sol (en m)	Situation a, b, ou c		Situation d		
	Façades abritées	Façades non abritées	Façades abritées	Façades non abritées	
< 6 m	I	I ou IIa [2]	I	I ou IIa [5]	IIb
6 à 18 m	I	I ou IIa [3]	I	IIa	IIb
18 à 28 m	I [1]	I ou IIa [4]	I [1]	IIb	IIb[6] ou III
28 à 50 m		IIa ou IIb [2]		III	III
50 à 100 m		III ou IV [2]		IV	IV

(1) Sauf pour façades avec balcons et loggias.

(2) Choix selon nature du revêtement utilisé qui peut contribuer à la résistance à la pénétration de l'eau de pluie.

(3) Mur de type I : 27,5 cm d'épaisseur (hors enduit) au moins. Type IIa autrement.

(4) Mur de type I : 37,5 cm de paroi brute (hors enduit) au moins, avec briques de terre cuite du groupe 3 et en blocs de béton de granulats légers. Type IIa sinon.

(5) Mur de type I admis, avec les épaisseurs brutes suivantes :
– 30 cm en briques de terre cuite, groupe 3;
– 27,5 cm en blocs de béton de granulats courants ;
– 25 cm en blocs de béton cellulaire.

(6) Le mur de type IIb peut être admis sous réserve de justifications résultant d'expériences locales satisfaisantes.

Tableau 7.4. Configurations des types de façade selon l'exposition
Maçonneries destinées à rester apparentes

Hauteur du mur au-dessus du sol (en m)	Situation a, b, ou c		Situation d		
	Façades abritées	Façades non abritées	Façades abritées	Façades non abritées	
< 6 m	IIa[1]	IIa [1] [5]	IIa [1]	IIb [2] [5] ou III [3]	III
6 à 18 m	IIa[1]	IIa [1] [5]	IIa [1]	IIb [2] [5] ou III [3]	III
18 à 28 m	IIa [1]	IIb [2] [5] ou III [3]	IIa [1]	III	III[2]
28 à 50 m		(4)		(4)	(4)
50 à 100 m		(4)		(4)	(4)

(1) Mur de type I en pierres apparentes admis sous réserve de justifications résultant d'expériences locales satisfaisantes et du respect des épaisseurs minimales fixées par les règles de calculs.

(2) Ce type de mur peut nécessiter un enduit côté intérieur ou un jointoiement après coup (selon CCT du DTU 20.1).

(3) Dans les cas courants et selon les recommandations (2) le mur de type IIb est suffisant. Le concepteur peut toutefois exiger un mur de type III selon l'expérience du lieu.

(4) Cas non visés dans ce document et qui exigent une étude particulière.

(5) Dans le cas d'utilisation de blocs en béton apparent à alvéoles débouchants (groupe 2) et pour toutes les façades non abritées, il convient d'utiliser des murs de type III.

L'exposition à la pluie des murs isolés par l'extérieur est traitée par le cahier du CSTB N°1833. Les définitions de l'exposition à la pluie des parois sont identiques à celles du DTU 20.1.

Nota

Le DTU 20.1, qui est actuellement en cours de révision, devrait intégrer le traitement des murs isolés par l'extérieur.

Tableau 7.5. Exemples de murs avec isolation par l'extérieur
Systèmes non traditionnels

Type de mur	Description	Configuration
XI	Aucune disposition spécifique ne permet de s'opposer au cheminement de l'eau de pluie jusqu'au parement intérieur. Le système d'isolation et la paroi support sont chacun considérés comme perméables à l'eau	
XII	Système d'isolation capable de s'opposer au cheminement de l'eau de pluie vers l'intérieur	
XIII	La peau extérieure n'est pas totalement étanche à l'eau de pluie. Une lame d'air continue permet la récupération et l'évacuation des eaux d'infiltration.	
XIV	L'eau ne pénètre pas derrière la peau extérieure du fait à la fois de l'étanchéité intrinsèque du matériau et des dispositions prises aux jonctions.	

Tableau 7.6. Configurations des types de façade avec isolation thermique par l'extérieur selon l'exposition

Hauteur du mur au-dessus du sol (en m)	Situation a, b, ou c		Situation d		
	Façades abritées	Façades non abritées	Façades abritées	Façades non abritées	
< 6 m	XI	XI	XI	XII	XII
6 à 18 m	XI	XII	XI	XII	XII
18 à 28 m	XI	XII	XI	XII	XIII
28 à 50 m		XIII		XIII	XIII
50 à 100 m		XIII		XIV	XIV

Les procédés d'isolation thermique par l'extérieur sont généralement couverts par des Avis Techniques. Cela est le cas pour les systèmes d'enduit sur isolant (ETICS, External Thermal insulation Composite System) et la plupart des bardages, vêtures et vêtages. Les Avis Techniques de ces procédés indiquent les types de mur pouvant être obtenus en fonction du support (maçonnerie enduite ou non…).

7.1.2.2 Murs de sous-sol

Le § 7.4.2 de la NF DTU 20.1 P1-1 définit les prescriptions applicables aux maçonneries enterrées (voir également l'annexe A de la NF DTU 20.1 P4) :

- Catégorie 1 : locaux habitables en sous-sol.
- Catégorie 2 : locaux utilisés comme chaufferie, garage ou certaines caves.
- Catégorie 3 : murs de vide sanitaire ou périphériques de terre-plein.

Tableau 7.7. Murs de sous-sol – Choix des matériaux

Murs obligatoirement enduits sur les faces en contact avec le sol (*)		Murs pouvant être enduits ou non sur les faces en contact avec le sol (*)	
Éléments	Épaisseur minimale	Éléments	Épaisseur minimale
Blocs de béton cellulaire autoclavé	25 cm (mise en œuvre selon NF DTU 20.1 P4, (§ 3.1.8)	Blocs pleins ou creux de béton de granulats courants ou légers	20 cm
briques de terre cuite LD(1) pour maçonnerie enterrées obligatoirement enduites	20 cm	Briques de terre cuite HD(2) et LD(1) pour maçonnerie enterrées pouvant être enduites ou non, désignées D	20 cm
(*) L'enduit doit être prolongé sur une hauteur de 15 cm au-dessus du sol fini.			
(1) *Low density* (faible densité)			
(2) *High density* (densité élevée)			

Les éléments creux sont à utiliser en situation hors gel.

Lorsque ce n'est pas le cas :

- les éléments creux ne peuvent être utilisés que lorsqu'un drainage est prévu ;
- s'il existe un risque d'accumulation d'eau prolongé, on doit utiliser des éléments pleins.

7.1.2.2.1 Choix du revêtement extérieur selon le dispositif de drainage

Un revêtement d'étanchéité est à mettre en place sur la face extérieure de la maçonnerie pour les maçonneries de catégorie 1 et 2, défini § 7.4.2.4 de la NF DTU 20 .1 P 1-1. Ce revêtement est fonction de la nécessité ou non d'un drainage.

Tableau 7.8. Étanchéité pour murs de sous-sol
Choix du revêtement de la paroi enterrée

Le drainage n'est pas nécessaire	Un drainage est prévu
Murs de catégorie 2 **Dispositif A** : Enduit d'imperméabilisation conforme à NF DTU 26.1 ou mortier réalisé avec ciment résistant aux milieux agressifs (NF DTU 20.1 P1-2, § 3.1) + 2 couches d'un enduit d'imprégnation à froid	Murs de catégorie 2 Dispositif A + Dispositif de drainage vertical (nappe à excroissance, mur en éléments creux, géotextile) + Le drainage vertical doit être relié au drainage en pied
Murs de catégorie 1 **Dispositif B** : Enduit de dressement + Revêtement d'étanchéité sous avis technique ou DTA (membrane, système bicouche, ou complexe élasto-plastique) + Protection (nappe à excroissance, mur en éléments creux, géotextile ou panneaux isolants sous avis technique ou DTA). Les locaux doivent être aérés et ventilés.	Murs de catégorie 1 Dispositif B Avec protection qui fait également office de drainage vertical (nappe à excroissance, mur en éléments creux, géotextile) + Le drainage vertical doit être relié au drainage en pied

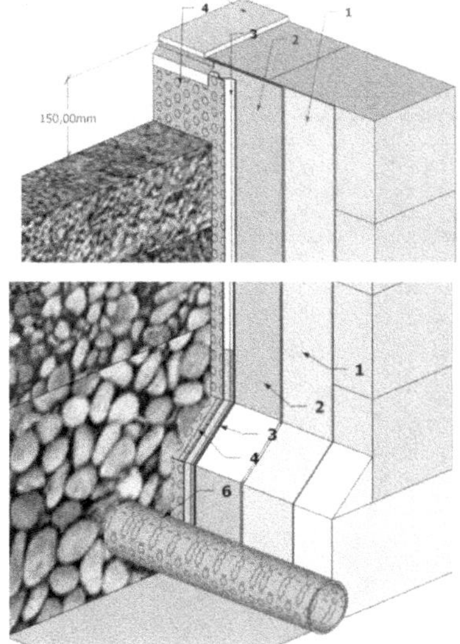

(1) Enduit de dressement

(2) Revêtement d'étanchéité sous avis technique ou DTA (membrane, système bicouche, ou complexe élasto-plastique)

(3) Système de drainage (mur en éléments creux, géotextile ou panneaux isolants sous avis technique ou DTA).

(4) Protection drainante.

(5) Départ maçonnerie hors sol.

(6) Tuyau drain

Figure 7.9. Mur de sous-sol. Exemple de revêtement (mur de catégorie 1)

7.1.3 Joints de rupture et de fractionnement

Des joints de rupture horizontaux et verticaux sont disposés de telle sorte que la maçonnerie ne soit pas affectée par les effets des mouvements dus à la température, à l'humidité, au fluage au fléchissement sous charges et au tassement du sol porteur.

7.1.3.1 Joints de rupture et de fractionnement horizontaux des murs d'habillage

Les dispositions du DTU 20.1 P1-1, § 7.1.2 s'appliquent.

L'espacement vertical des joints de rupture horizontaux tient compte du système d'appui de la paroi non porteuse (voir § 7.6.10).

7.1.3.2 Joints de rupture et de fractionnement verticaux

La distance maximale entre joints de rupture ou de fractionnement est précisée Tableau 7.9 (DTU 20.1 P4).

Tableau 7.9. Distances maximales entre joints verticaux de fractionnement ou de rupture (DTU 20.1)

Région	Maçonnerie porteuse (1)	Maçonnerie de remplissage non porteuse (1) (2)
Départements voisins de la Méditerranée	20 m	20 à 25 m
Régions de l'Est, Alpes, Pyrénées, Massif Central	25 m	25 à 35 m
Région parisienne	30 m	30 à 40 m
Régions de l'Ouest	35 m	35 à 50 m

(1) Lorsque les ouvrages surmontant le plancher en béton armé de la toiture ont une résistance thermique inférieure à 1 m2 .K/W (NF DTU 20.12), il est nécessaire de recouper le gros-œuvre de la toiture et les maçonneries porteuses dans la hauteur du dernier étage par des joints supplémentaires, appelés «joints diapason» espacés au maximum de 20 m (Figure 7.10).

(2)Les valeurs du tableau sont acceptables lorsque les maçonneries de remplissage sont homogènes et lorsque les cages d'escalier ou d'ascenseur se trouvent sensiblement au centre du corps du bâtiment. La limite inférieure (20 m en région sèche ou à forte opposition de température, 35 m pour les autres cas) est à retenir pour des constructions à points d'ancrage excentrés (voir Figure 7.11).

Lorsqu'il existe, aux deux extrémités du bâtiment, des maçonneries lourdes ou des murs en béton banché, un joint intermédiaire de fractionnement est à prévoir.

Lorsque la maçonnerie de remplissage est constituée de matériaux à forte variations dimensionnelles, un fractionnement complémentaire par des joints distants de 8 à 15 m calfeutrés après montage, peut être nécessaire.

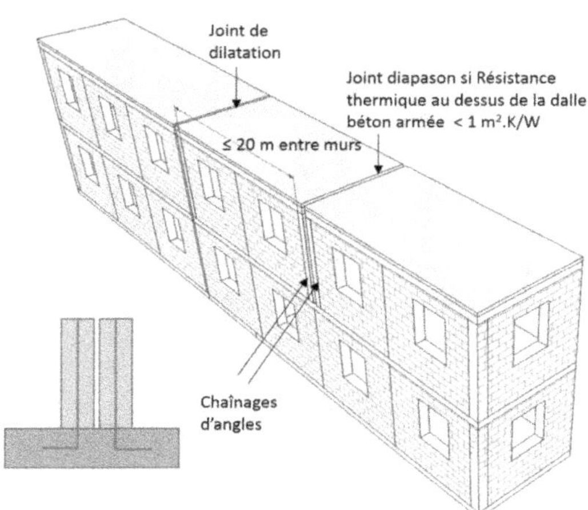

Figure 7.10. Maçonneries porteuses – joint diapason en toiture terrasse (DTU 20.1 et 20.12)

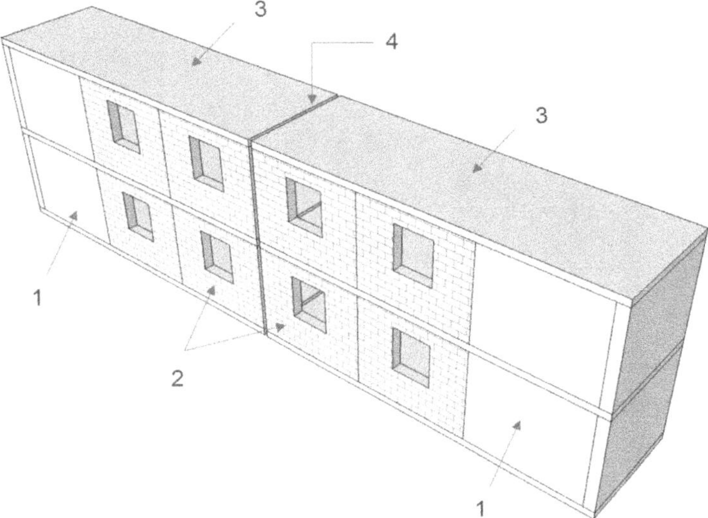

Figure 7.11. Dispositions pour les maçonneries de remplissage (DTU 20.1)

7.1.4 Épaisseur minimale des murs

L'épaisseur minimale obtenue lors du dimensionnement mécanique peut être augmentée
pour satisfaire aux autres spécifications et prescriptions :

- Épaisseur minimale pour la mise en œuvre des chaînages :
  - 200 mm pour les maçonneries enduites ;
  - 150 mm pour un mur à isolation thermique par l'extérieur ;
  - Mur double : paroi intérieure porteuse : 150 mm ; paroi extérieure : 100 mm;
- Exigences d'isolation thermiques ;
- Exposition.

7.1.5   Surface minimale des murs

Un mur porteur doit avoir une surface nette minimale de 0,04 m², après déduction des saignées et réservations.

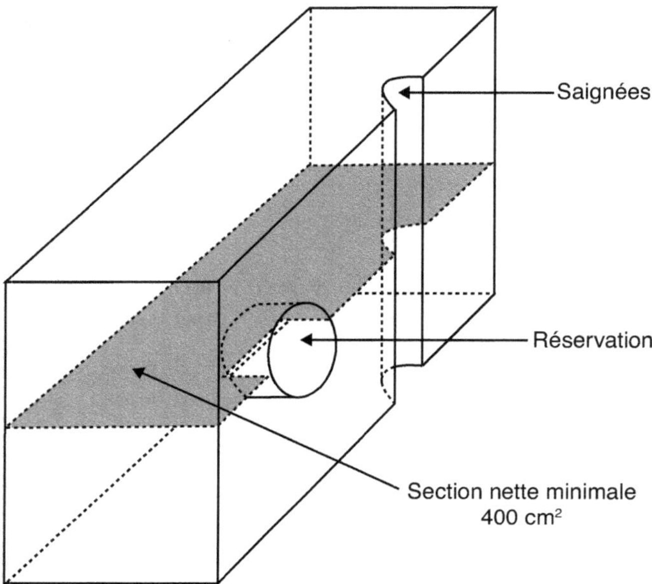

Figure 7.12. Mur porteur – saignées et réservations

7.1.6   Charges concentrées : longueur minimale d'appui

La longueur minimale d'appui est égale à 90 mm ou à la distance requise par les calculs (voir chapitre 5, § 5.2), en choisissant la plus grande des deux valeurs.

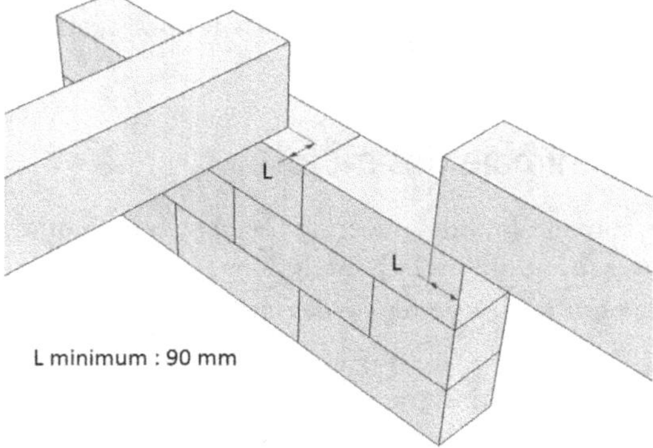

Figure 7.13. Longueur minimale d'appui sous une charge concentrée

7.2   Appareillage des éléments de maçonnerie

Le montage (ou appareillage) des éléments doit se faire en principe à joints verticaux alternés (recouvrement) pour garantir un comportement monolithique de la maçonnerie.

7.2.1   Recouvrement des éléments d'une maçonnerie non armée

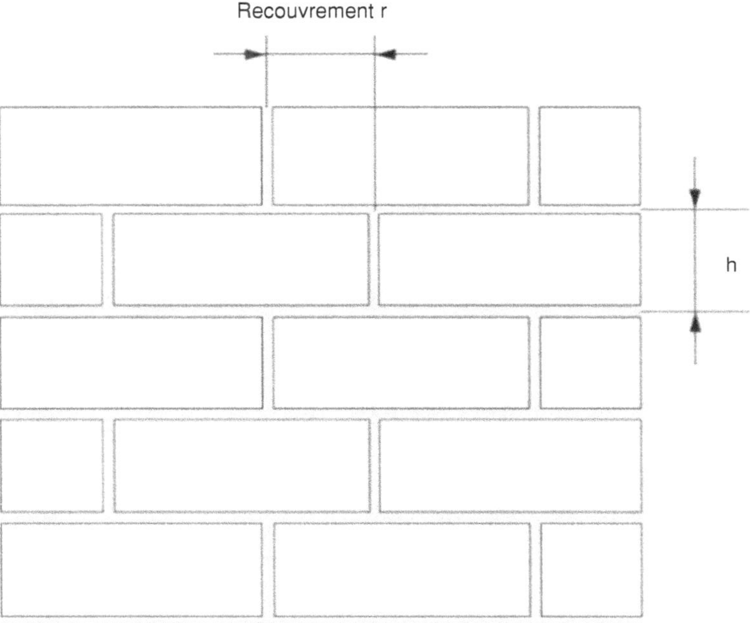

Figure 7.14. Recouvrement – maçonneries non armées

Tableau 7.10. Recouvrement minimum

	Hauteur des éléments = h	Recouvrement des éléments r
Eurocode 6	Inférieure ou égale à 250 mm	Au moins 0,4 h, mini 40 mm
	Supérieure à 250 mm	Au moins 0,2 h ou 100 mm
DTU 20.1		au moins égal au tiers de la longueur de l'élément, de préférence de sa moitié (1)
(1) Ce minimum peut être ramené au 1/4 de la longueur de l'élément quand il s'agit de petits éléments de maçonnerie (par exemple : briques de parement traditionnelles en terre cuite ou éléments de pierre de hauteur inférieure ou égale à 10 cm et de longueur inférieure à 25 cm).		

7.2.2   Recouvrement des éléments d'une maçonnerie armée

Des appareillages ne satisfaisant pas les prescriptions de recouvrement minimal peuvent être utilisés en maçonnerie armée lorsque l'expérience ou des résultats d'essais montrent qu'ils sont satisfaisants.

7.2.3 Recouvrement des éléments prétaillés en pierre naturelle destinés à rester apparents

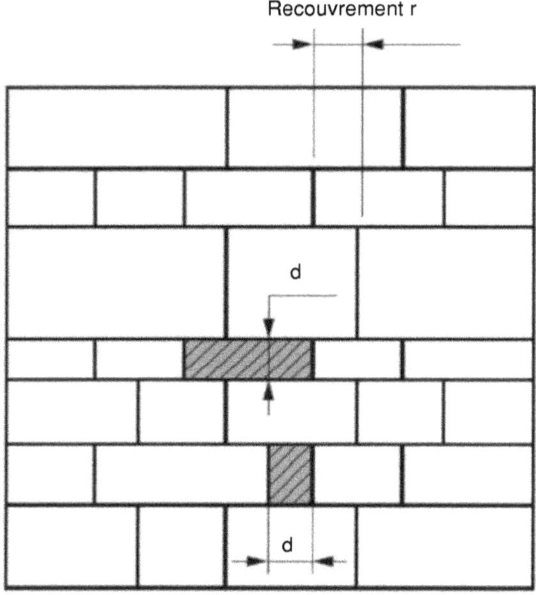

Recouvrement des éléments r ≥ min(0,25 d ; 40 mm)
avec d : dimension du plus petit élement

Figure 7.15. Recouvrement – maçonnerie de pierres naturelles apparentes

Dans le cas des murs en pierre où les éléments de maçonnerie ne s'étendent pas à travers l'épaisseur du mur, il convient de disposer des éléments de liaison (boutisse) définis Figure 7.16.

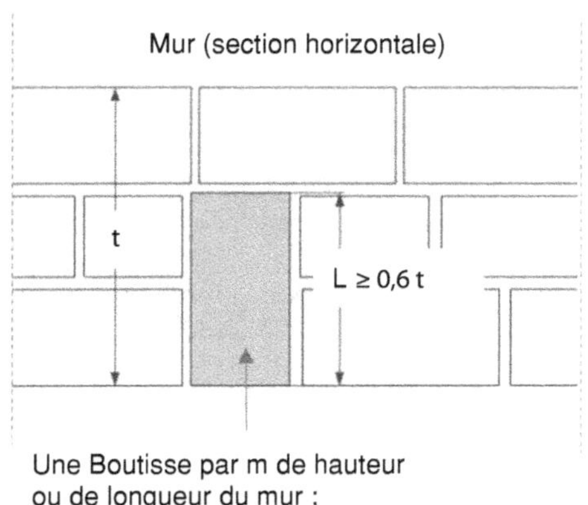

Une Boutisse par m de hauteur
ou de longueur du mur ;
Hauteur ≥ 0,3 L

Figure 7.16. Maçonneries en pierre prétaillée avec boutisses

7.2.4   Joints verticaux

- Les joints verticaux des éléments de maçonnerie peuvent être :
- Soit maçonnés ou collés ;
- Soit posés à bords jointifs ou à emboitements, avec collage éventuel.

Ils sont considérés comme remplis si le joint vertical est rempli sur au moins 40 % de l'épaisseur de l'élément et sur la totalité de la hauteur.

Nota

En zone sismique, l'application de l'Eurocode 8 permet d'utiliser des maçonneries à joints verticaux remplis de mortier et à joints verticaux non remplis.

La Figure 7.17 présente les différentes possibilités de mise en œuvre.

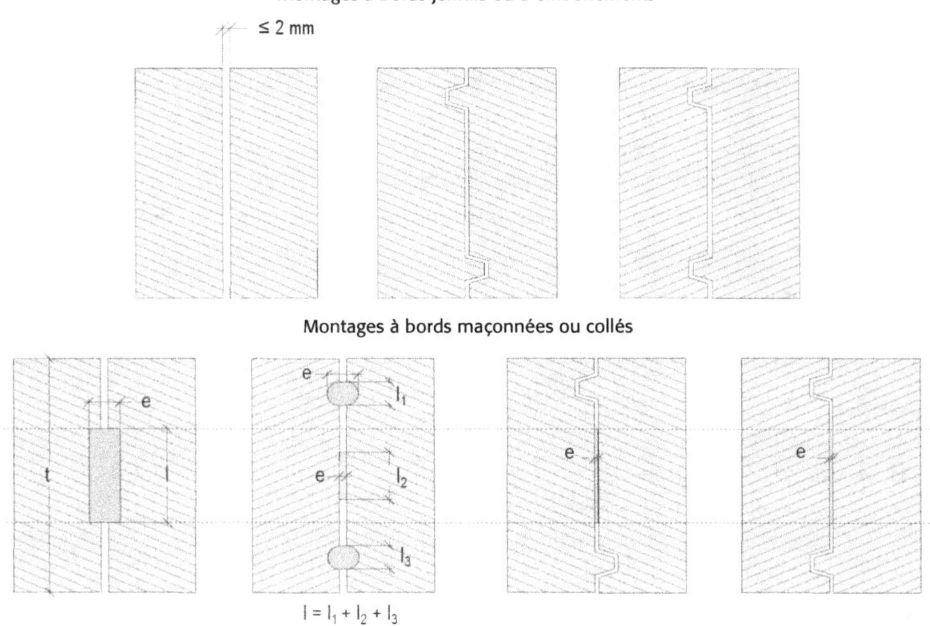

L'épaisseur e est définie Tableau 7.12 ; longueur totale l des évidements remplis ou des surfaces collées ≥ 0,4 t, t étant l'épaisseur brute du mur

Figure 7.17. Les différents types de montage des joints verticaux

7.3 Matériaux

7.3.1 Mortiers de montage

Différents types de mortiers sont utilisables et définis dans le DTU 20.1 P1.2 § 3.6 et annexe E :

- Maçonnerie hourdée à joints épais : mortier courant fabriqué sur chantier, mortier industriel ou performanciel courant (type G) ou allégé (type L) ;

- Montage à joint mince : mortier performanciel type T. Ce mortier doit être couvert par un Avis technique, un DTA ou une certification CSTBat validant la compatibilité entre élément de maçonnerie et mortier de montage joint mince (à la date de rédaction, la certification CSTBat est en cours de mise en place).

La compatibilité est attestée par deux essais :

- *Essai de tack : cet essai permet de vérifier l'aptitude à la mise en œuvre. Il faut que l'élément de maçonnerie puisse être positionné de façon sûre après un temps ouvert minimal de mortier (il doit être adhérent à son support lorsque l'on met en place le rang supérieur) ;*

- *Essai d'adhérence par temps ouvert : cet essai permet de vérifier que l'adhérence du mortier ne chute pas durant la durée de temps ouvert du mortier (intervalle de temps entre le moment de l'étalement du mortier et la mise en place de l'élément).*

Les mortiers industriels et performanciels sont conformes à la norme NF EN 998-2 et identifiés par le marquage CE.

Tableau 7.11. Types de mortiers utilisables pour le hourdage des maçonneries

Type de montage	Type de mortier	Textes de référence
à joints épais	de recette réalisé sur chantier	DTU 20-1, P1.2 § 3.6,
	industriel ou performanciel type G (mortier courant) ou L (mortier léger) (*)	NF EN 998-2
à joints minces	performanciel type T(*)	NF EN 998-2
(*) Conformité à un Avis technique, un DTA ou certifié CSTBAT.		

Nota

Les éléments de maçonnerie destinés au montage collé à joints minces sont fabriqués avec des tolérances dimensionnelles réduites. L'épaisseur du joint, une fois durci, sera d'au moins 1 mm en épaisseur régulière et continue.

Eléments de terre cuite

Eléments en béton

Figure 7.18. Mise en œuvre à joint mince par un rouleau

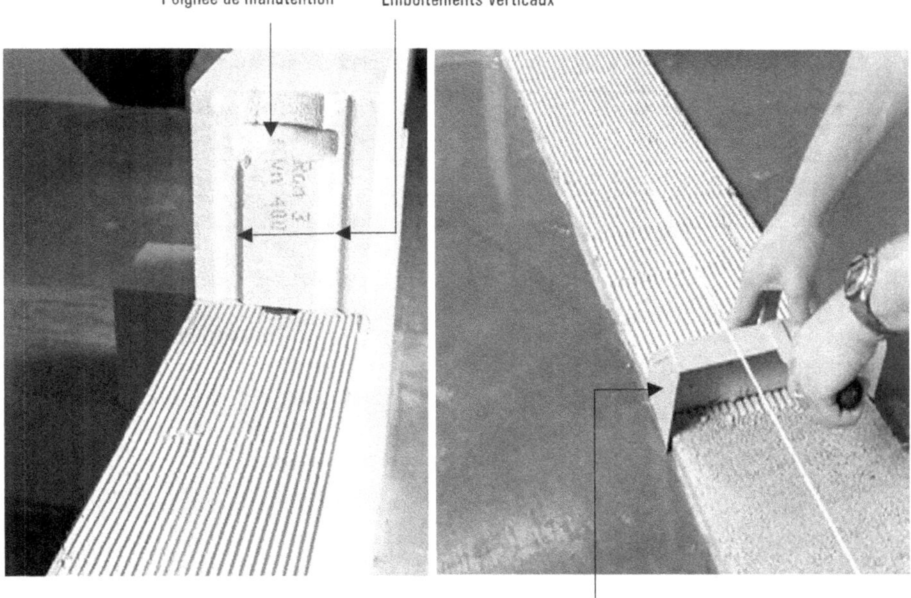

Figure 7.19. Mise en œuvre à joint mince par pelle crantée
Éléments en béton cellulaire

Tableau 7.12. Épaisseurs moyennes des joints de mortier

Type de joint	Type d'éléments	Catégorie ou classe d'emploi (1)	Tolérance des éléments (1)	Type de mortier	Classe de Résistance M Du mortier En MPa	Joint d'assise	Joint vertical
À maçonner	Briques TC			Mortier de chantier ou mortier industriel G ou L (2)	≥ M 10		10 à 20 mm
	Blocs béton		D1			10 à 20 mm	6 mm (4 mm pour les blocs à emboite-ment)
	Blocs BCA		GL		≥ M 5		8 à 15 mm
À coller (3) (Joint mince)	Briques TC	M	Tm	Mortier performanciel T (2)	≥ M 10		1 à 3 mm
	Blocs béton	C	D3, D4				2 à 3 mm
	Blocs BCA		TA et TB		≥ M 5		1 à 4 mm

(1) Selon normes de la série NF EN 771 ou DTU 20.1.

(2) Selon norme NF EN 998-2.

(3) L'épaisseur du joint, une fois durci, sera d'au moins 1 mm en épaisseur régulière et continue.

7.3.1.1 Performance minimale du mortier pour une maçonnerie armée

Tableau 7.13. Performance minimale du mortier pour une maçonnerie armée

Nature de l'armature dans le joint	Mortier de catégorie
Barres indépendantes	M5 ou supérieure
Armatures préfabriquées pour joints d'assise	M2,5 ou supérieure (1)
(1) M5 minimal en zone sismique.	

7.3.2 Béton de chaînage

Pour permettre sa mise en place dans des alvéoles de faibles sections armées, des bétons de classe d'ouvrabilité S3 à S5 ou d'étalement F4 à F6 (bétons fluides) devront être employés. La dimension maximale des granulats doit être inférieure à 20 mm, ou à 10 mm pour le remplissage de cavités de faibles sections (100 mm) ou pour un enrobage d'armature inférieur à 25 mm.

7.3.3 Armatures

L'utilisation d'armatures dans la maçonnerie apporte un surcroît de résistance qui autorise des applications non admises avec une maçonnerie sans armature.

Les armatures sont disposées dans des chaînages horizontaux ou verticaux pour donner à l'ouvrage une résistance aux sollicitations latérales (vent, séisme, poussée des terres...).

Les armatures peuvent aussi être disposées dans les joints d'assise. Cette disposition, très courante en Belgique, est encore peu utilisée en France.

Les armatures longitudinales peuvent être associées à des cadres, étriers ou épingles (Figure 7.20). Ces éléments sont particulièrement utilisés pour :
- le renforcement des poutres à l'effort tranchant ;
- le maintien des armatures comprimées, afin d'éviter leur flambement ;
- le confinement d'un noyau de béton.

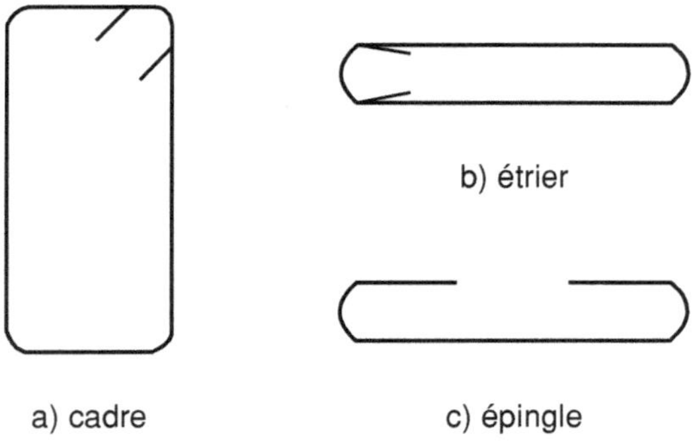

Figure 7.20. Armatures de maintien des aciers longitudinaux

7.3.3.1 Diamètre minimal de l'armature

Le diamètre des aciers d'armatures constituées de barres indépendantes est de 5 mm au moins.

7.3.3.2 Rayon de cintrage

L'Eurocode 6 ne précise pas de rayon de cintrage. On pourra se référer aux spécifications de l'Eurocode 2 pour déterminer le rayon de cintrage en fonction du diamètre de l'acier et de ses caractéristiques. Voir également l'annexe relative au dimensionnement au séisme.

Nota

> Diamètre minimal du mandrin de cintrage utilisable, selon l'Eurocode 2 : coudes, crochets, boucles (barres et fils de diamètre $\Phi \leq 16$ mm) : 4 Φ.

7.3.3.3 Enrobage minimal des armatures

Pour éviter la corrosion de l'armature, et pour leur assurer un ancrage suffisant, l'épaisseur d'enrobage a une valeur minimale.

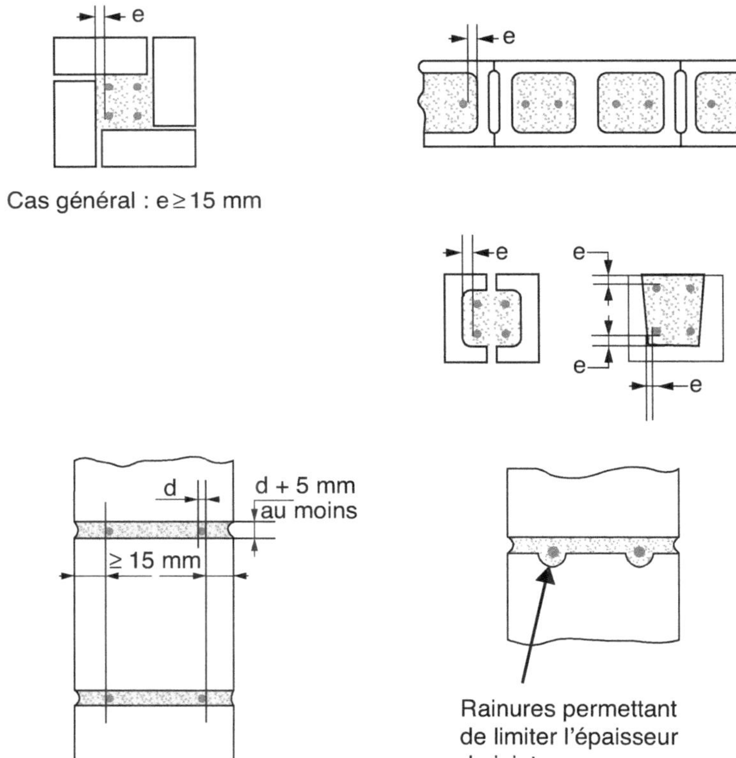

Cas de l'armature placée dans le joint d'assise

Figure 7.21. Enrobage minimal des armatures de renforcement

7.3.3.4 Espacement des aciers d'armature

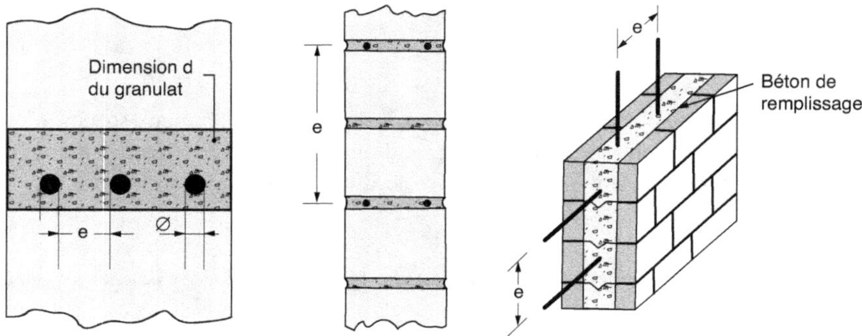

Figure 7.22. Espacement des aciers d'armature

e est au moins égal à la plus petite de ces 3 valeurs :				
d + 5 mm	OU	Ø	OU	10 mm
Pour les armatures tendues, e ne doit pas dépasser 600 mm, sauf disposition Figure 7.23.				

Dans le cas de murs armés avec des armatures intégrées dans des ailes de renforcement, l'espacement peut être supérieur à 600 mm, sans dépasser 1,5 m (Figure 7.23).

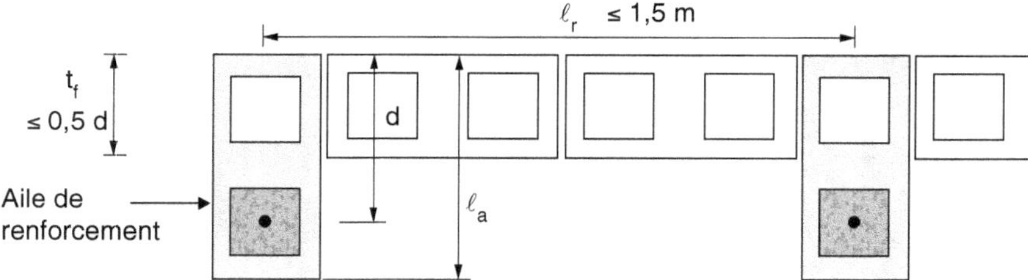

Figure 7.23. Armatures concentrées dans des alvéoles d'éléments composites (mur avec ailes de renforcement)

7.3.3.4.1 Espacement maximal des cadres et étriers d'effort tranchant

$s = \min (0,75 \cdot d \,;\, 300 \text{ mm})$

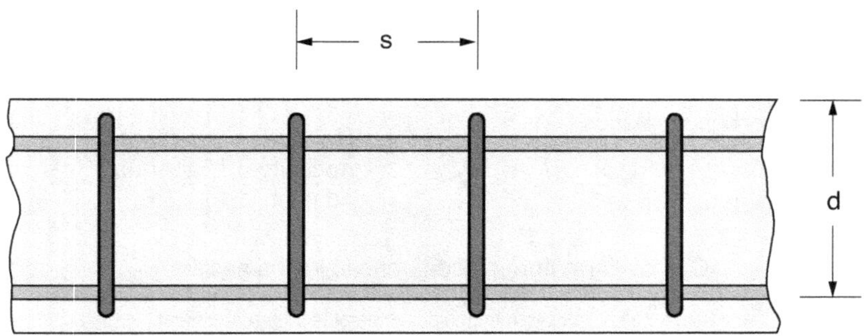

Figure 7.24. Espacement maximal des cadres et étriers pour l'effort tranchant

7.3.3.5 Sections minimales des armatures

7.3.3.5.1 Armatures coulées dans du béton (section minimale)

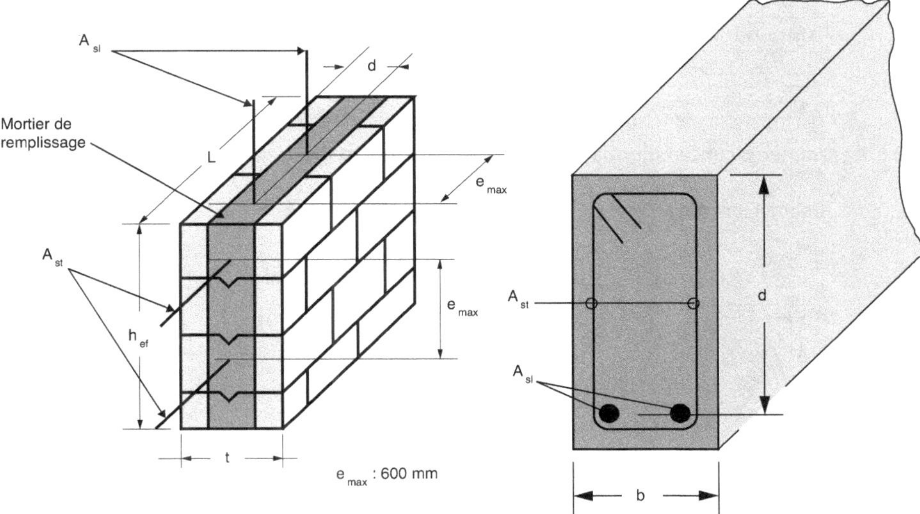

Figure 7.25. Armatures coulées dans du béton

Rôle de l'armature	Section minimale de l'armature
Renforcer la résistance dans le plan de la partie maçonnée, renforcer la résistance au cisaillement ou répartir les contraintes	$A_{sl} > 0{,}05\ \% \ L \times d^{(1)}$
	$A_{st} > 0{,}05\ \% \ h_{ef} \times d^{(1)}$ Ou $0{,}05\ \% \ b \times d$
Les armatures de renforcement A_{sl} et A_{st} peuvent être disposées verticalement ou horizontalement selon le renforcement envisagé.	
(1) Pour un mur, le pourcentage minimal est fonction de la section transversale résistante considérée : $L \times d$ ou $h_{ef} \times d$	

7.3.3.5.2 Armatures placées dans les joints d'assise

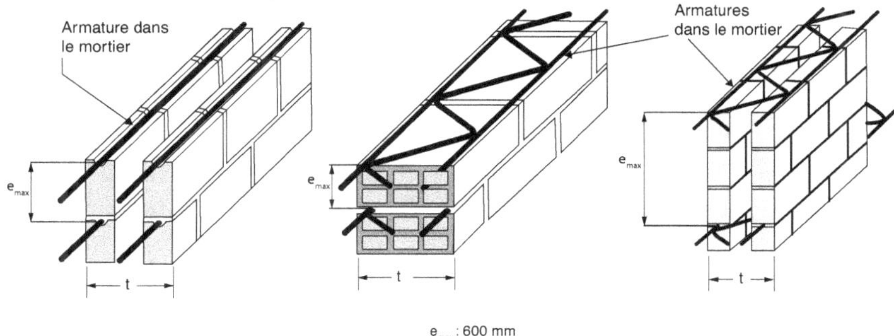

Figure 7.26. Armatures placées dans des joints d'assise

Rôle de l'armature du joint horizontal	Section minimale de l'armature (1)
Renforcer la résistance aux charges latérales	$A_s > 0,03\ \%\ h_{ef} \times t$ (à répartir de manière égale sur les deux faces du mur)
Maîtriser la fissuration ou permettre la ductilité	$A_s > 0,03\ \%\ h_{ef} \times t$
Renforcer la résistance au cisaillement	$A_s > 0,05\ \%\ h_{ef} \times t$
(1) Par mètre de hauteur.	

7.3.3.5.3 Armatures concentrées dans des alvéoles (section maximale)

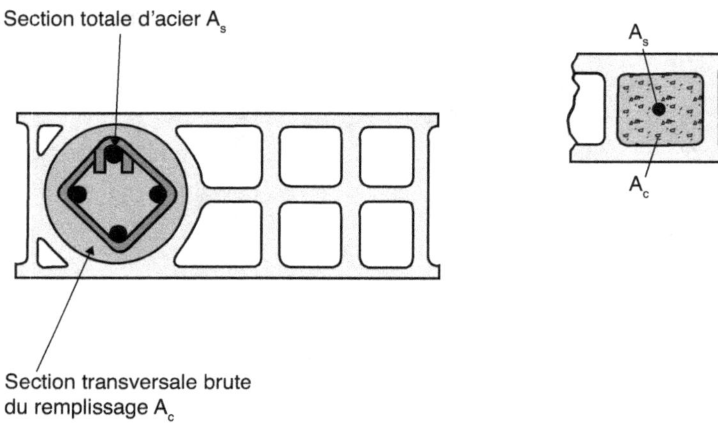

Figure 7.27. Armatures concentrées dans des alvéoles (section maximale)

La section d'acier A_s ne doit pas dépasser 4 % de la section transversale brute A_c du béton, sauf au niveau des recouvrements de barres (8 %).

7.3.3.5.4 Partie de maçonnerie travaillant en flexion (linteau, poutre haute, etc.)

Si l'armature tendue placée en bas à mi-portée a une section requise A_s, la section de l'armature tendue en partie basse ancrée sur les appuis est au moins de 0,25 A_s (Figure 7.28. Maçonnerie sollicitée en flexion – sections minimales d'armatures, Figure 7.29. Dispositions constructives des poutres hautes).

En cas de continuité de la maçonnerie, la section de l'armature en partie haute au niveau de l'appui est au moins de 0,50 A_s.

> L'armature supérieure a pour objet de reprendre les moments sur appuis, induits par le montage semi-encastré des linteaux ou des poutres travaillant en flexion.

Lorsque l'armature est prévue dans les joints d'assise pour aider à la maîtrise de la fissuration ou pour permettre la ductilité, il est recommandé que la section totale de l'acier ne soit pas inférieure à 0,03 % de la section transversale brute du mur.

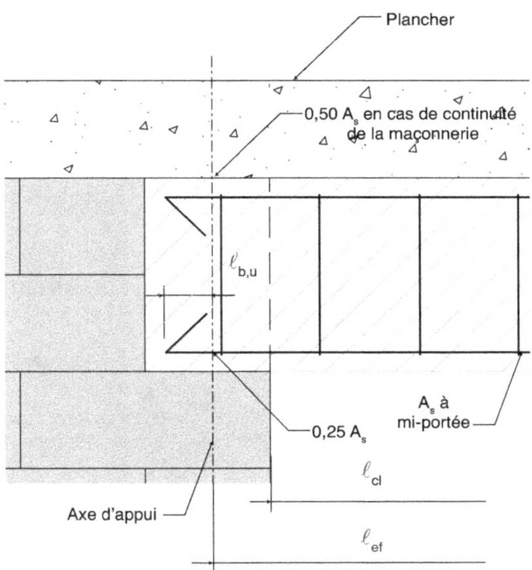

Figure 7.28. Maçonnerie sollicitée en flexion – sections minimales d'armatures

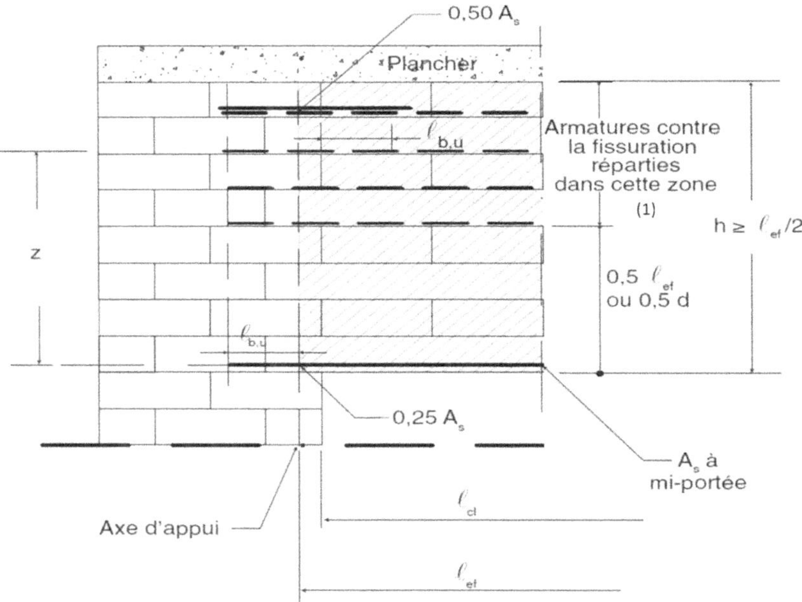

z, bras de levier de la section armée = Min $(0,7\ \ell_{ef}\ ;\ 0,4\ d + 0,2\ \ell_{ef})$

(1) Armature à disposer dans les joints d'assise pour aider à la maîtrise de la fissuration ou pour permettre la ductilité. Section d'acier minimale : 0,03 % de la section transversale brute du mur (h × t).

Figure 7.29. Dispositions constructives des poutres hautes

7.3.3.6 Ancrage et recouvrement des armatures

La longueur d'ancrage ℓ_b est déterminée comme suit :

$$\ell_b = \frac{\phi}{4} \times \frac{f_{yd}}{f_{bod}} \tag{7.1}$$

où :

ϕ est le diamètre de la barre d'armature ;

f_{yd} est la résistance de calcul de l'acier ;

f_{bod} est la contrainte de calcul d'adhérence de l'acier d'armature (valeur caractéristique définie au chapitre 3, § 3.4).

7.3.3.6.1 Longueur d'ancrage utile $\ell_{b,u}$

C'est la longueur d'ancrage qui est effectivement utilisée pour ancrer l'armature. Elle se détermine à partir de ℓ_b :

$$\ell_{b,u} = \alpha_1 \times \ell_b \times \frac{A_{s\ell}}{A_{s\ell,req}} \geq \ell_{b\,min} \tag{7.2}$$

où :

α_1 est un coefficient qui tient compte de la forme de la barre (Figure 7.30) ;

$\alpha_1 = 1$ pour les armatures droites et 0,7 pour les autres cas ;

$A_{s\ell}$ est la section des armatures longitudinales effectivement prolongées sur l'appui ;

$A_{s\ell,req}$ est la section d'acier requise par le calcul.

On peut prendre $A_{s\ell} = 0,25\ A_{s\ell,req}\ (\ell/2)$ lorsque l'appui est considéré comme un appui simple.

$A_{s\ell,req}\ (\ell/2)$ est la section requise d'acier à mi-portée.

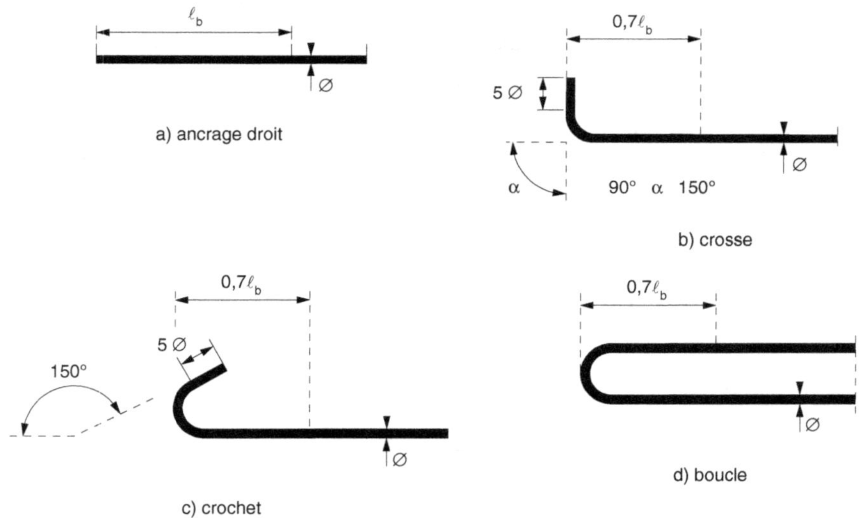

Figure 7.30. Ancrages – Valeur du coefficient α_1

7.3.3.6.2 Longueur de recouvrement entre barres tendues ou comprimées

La longueur de recouvrement à mettre en place est définie Tableau 7.14.

Tableau 7.14. Longueurs de recouvrement

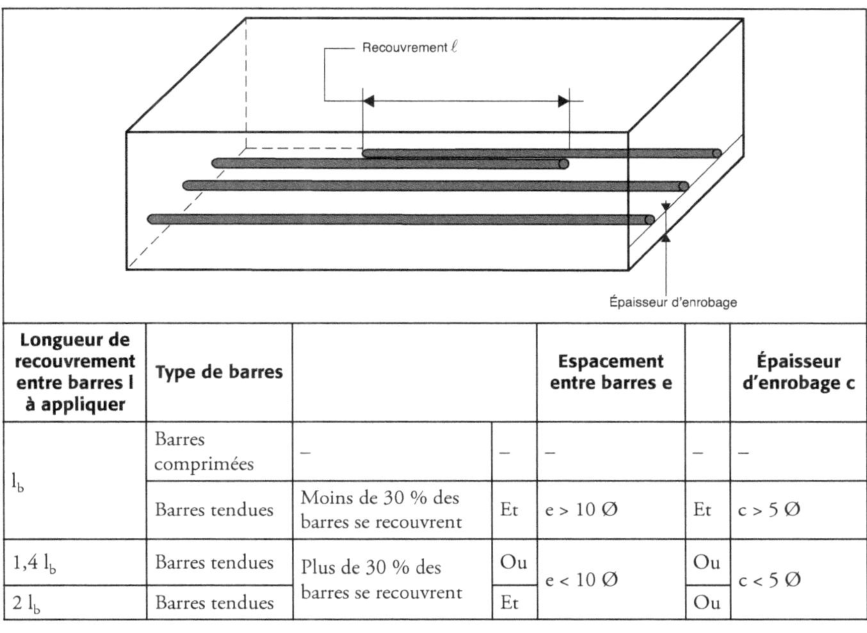

Longueur de recouvrement entre barres l à appliquer	Type de barres			Espacement entre barres e		Épaisseur d'enrobage c
l_b	Barres comprimées	–	–	–	–	–
	Barres tendues	Moins de 30 % des barres se recouvrent	Et	e > 10 Ø	Et	c > 5 Ø
1,4 l_b	Barres tendues	Plus de 30 % des barres se recouvrent	Ou	e < 10 Ø	Ou	c < 5 Ø
2 l_b	Barres tendues		Et		Ou	

7.3.3.7 Arrêt des barres tendues dans une section fléchie

Lorsque la quantité d'acier devient surabondante pour reprendre le moment sollicitant de flexion dans une section de béton armé, il est possible d'interrompre une barre d'acier dans la section considérée en respectant les conditions présentées dans la Figure 7.31.

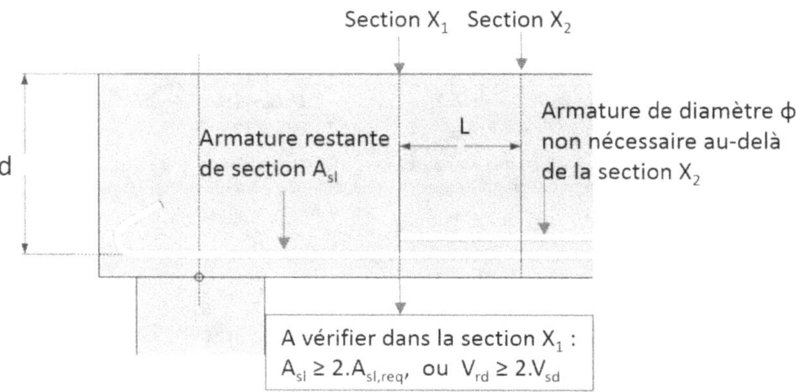

L : prolongement de l'armature pour assurer son ancrage :
L ≥ max(d, 12 φ ; l_{bu})
$A_{sl,req}$: section minimale d'acier pour reprendre le moment fléchissant dans la section considérée,
Vrd, Vsd : efforts tranchants, résistant et de calcul, dans la section considérée.

Figure 7.31. Arrêt d'une armature dans une section

7.3.3.8 Ancrage des armatures longitudinales sur appuis simples

Lorsque l'encastrement sur appui est faible ou nul, l'armature peut être ancrée selon les dispositions du paragraphe 7.3.3.6 ou suivre les indications Figure 7.32 (cas général – deux solutions) ou Figure 7.33 (cas d'une charge principale située avant la distance 2d de la face d'appui).

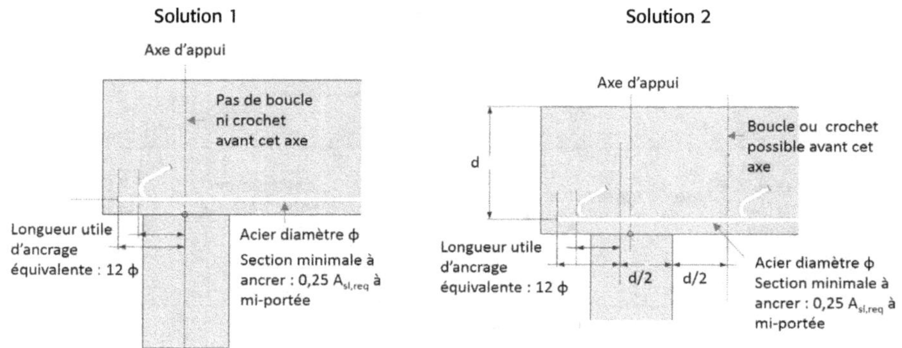

Figure 7.32. Ancrage des armatures longitudinales sur appuis simples (cas général)

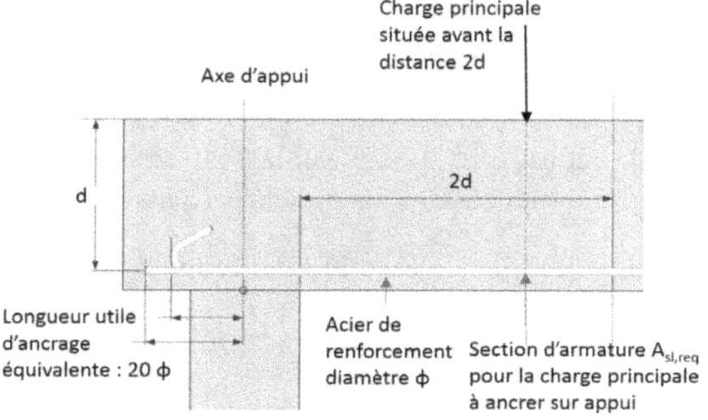

Figure 7.33. Ancrage des armatures longitudinales sur appuis simples
(cas d'une charge principale située avant la distance 2d de la face d'appui)

7.3.3.9 Ancrage des armatures d'effort tranchant

L'ancrage doit être réalisé au moyen de crochets et de boucles (Figure 7.34).

Une armature longitudinale passant à l'intérieur du crochet ou de la boucle peut être utilisée.

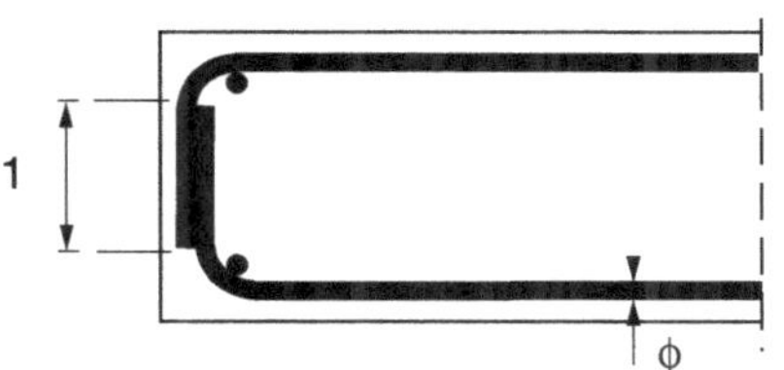

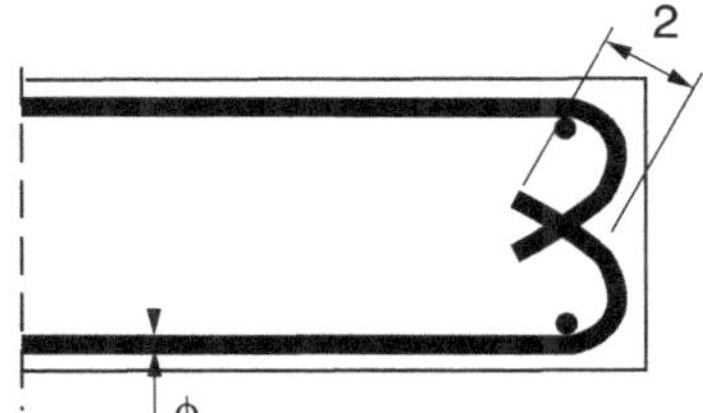

1 : 10 ø ou 70 mm, selon la plus grande des deux valeurs

2 : 5 ø ou 50 mm, selon la plus grande des deux valeurs

a) avec des boucles

b) avec des crochets

Figure 7.34. Ancrage des armatures d'effort tranchant

7.3.3.10 Maintien des barres d'armature comprimées

Les armatures comprimées doivent être maintenues par des cadres ou des étriers pour éviter un flambement local (Figure 7.35).

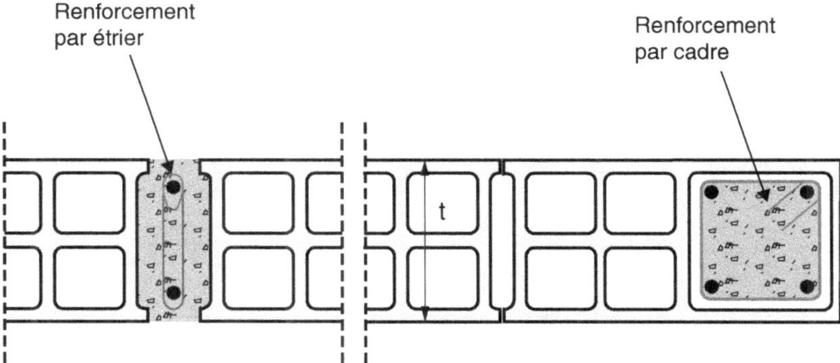

Figure 7.35. Cadres et étriers pour armatures comprimées

Des étriers sont nécessaires lorsque		
La section d'acier comprimée dépasse 0,25 % de la section maçonnée ou bétonnée	ET	La charge axiale appliquée est supérieure à 25 % de la résistance de calcul
Diamètre minimal des étriers		
1/4 du diamètre maximal des barres longitudinales, sans être inférieur à 4 mm		
Espacement des étriers : la plus petite des trois valeurs suivantes		
Plus petite dimension latérale du mur (t par exemple)	300 mm	12 Ø avec Ø diamètre maximal des barres longitudinales

7.3.4   Les enduits de façade

Le DTU 26.1 précise le choix et les règles de mise en œuvre des enduits de façade : enduits de chantier, industriels ou performanciels, multicouches ou monocouches (Tableau 7.15).

Les mortiers d'enduit industriels et performanciels sont conformes à la norme NF EN 998-1, et identifiés par le marquage CE (Tableau 7.16).

Tableau 7.15. Les différents types d'enduits et mortiers associés

Type d'enduit	Mortier (1)	Norme de référence
Multicouche	De chantier multicouche	DTU 26.1 P1.1, § 4 et P1.2, § 8
	mortier industriel ou performanciel (2)	NF EN 998-1
Monocouche	mortier performanciel (2)	NF EN 998-1
(1) Dénomination des mortiers : GP : mortier d'enduit d'usage courant LW : mortier d'enduit allégé CR : mortier d'enduit de parement OC : mortier d'enduit monocouche (2) Mortier performanciel certifié CSTB		

Tableau 7.16. Principales caractéristiques des mortiers d'enduit industriels (NF EN 998-1)

Mortier d'enduit industriel (NF EN 998-1)		
Résistance à la compression à 28 jours	CS I	$0,4$ à $2,5$ N/mm^2
	CS II	$1,5$ à $5,0$ N/mm^2
	CS III	$3,5$ à $7,5$ N/mm^2
	CS IV	≥ 6 N/mm^2
Absorption d'eau par capillarité	W0	Aucune spécification
	W1	$c \leq 0,40$ kg/m^2.min^{0,5}
	W2	$c \leq 0,20$ kg/m^2.min^{0,5}
Conductivité thermique (1)		selon la norme NF EN 1745
(1) Cette spécification est déterminée par essais ou définie par valeur tabulée, selon le Tableau A-12 de la norme NF EN 1745 (valeur selon la masse volumique du matériau).		

7.3.4.1   Compatibilité entre enduit et maçonnerie

Le DTU 26.1 P1.2, § 8.2.3.2 précise pour les enduits multicouches les valeurs de résistance compatibles avec le support.

Les enduits monocouches doivent faire l'objet d'essais de compatibilité avec le support normalisé conformément à la norme NF EN 1015-21 (classement OC1 à OC3, DTU 26.1 P1.2, § 8.2.3.3).

De plus les enduits monocouches assurant directement l'imperméabilisation doivent avoir un coefficient d'absorption d'eau par capillarité réduit (W1), ou faible (W2) pour les surfaces très exposées à la pluie.

> Une certification délivrée par le CSTB pour les enduits monocouches établit la compatibilité avec des supports types.

Les correspondances support/enduit utilisables sont indiquées Tableau 7.17.

Tableau 7.17. Critères de compatibilité des enduits avec la maçonnerie

Type de maçonnerie à enduire (support normalisé) (1)	Enduits multicouches (GP, CR)	Enduits monocouches (OC)
	Classe de Résistance compatible (2)	Catégories compatibles (3)
Rt 3 Éléments de résistance à l'arrachement élevée (blocs de béton, briques)	CS I à CS IV	OC 1, OC 2, OC3
Rt 2 Éléments de résistance à l'arrachement moyenne (briques, blocs de béton de granulats légers)	CS I à CS III	OC 1, OC 2
Rt 1 Éléments de résistance à l'arrachement réduite (blocs de béton cellulaire autoclavé)	CS I, CS II	OC 1

(1) La classe de résistance Rt1, Rt2 ou Rt3 de l'élément de maçonnerie est déclarée par le fabricant de l'élément. Résistance à l'arrachement du support selon NF EN 1015-12.

(2) Selon NF EN 998-1.

(3) Selon DTU 26.1 P1.2, § 8.2.3.3. La compatibilité est attestée dans le cadre de la certification CSTB.

7.3.5 Treillis anti-fissuration

Ils servent à renforcer les enduits au niveau de certaines zones (abouts de plancher par exemple) ou lorsque des matériaux de nature différent sont mis en œuvre.

Leurs caractéristiques sont précisées § 5.3 du DTU 20.1 P1-2.

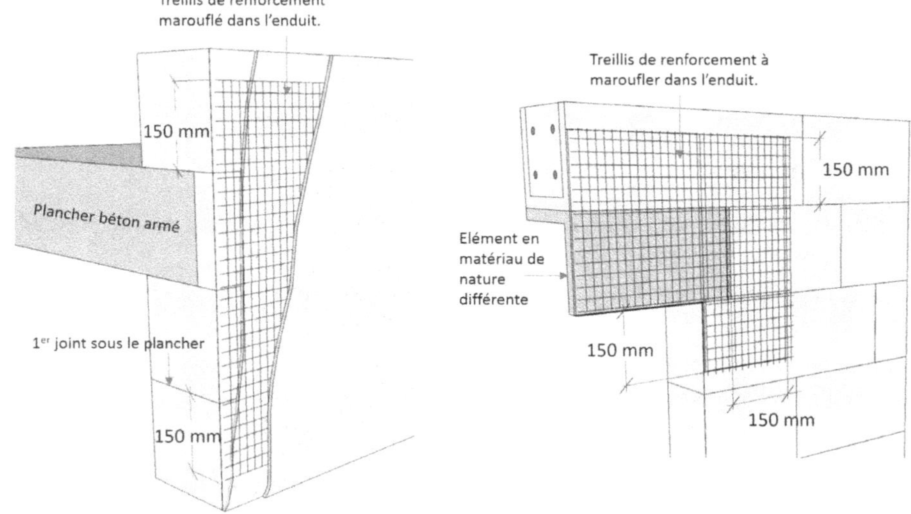

Disposition en about de plancher béton armé sur les deux derniers niveaux (isolation thermique par l'intérieur ou répartie)

Disposition avec éléments ou produits en matériau différent de celui de la maçonnerie.

Figure 7.36. Mise en œuvre d'un treillis anti-fissuration avec coffre ou demi-coffre de volet roulant

7.4   Préparation des matériaux

L'Eurocode 6, parties 1 et 2, précise les règles de mises en œuvre présentées ci-dessous.

7.4.1   Mortiers et bétons de remplissage

La formulation d'un mélange préparé sur le chantier pour obtenir la performance requise est indiquée dans le dossier de conception. Si ce n'est pas le cas, la formulation et la méthode de gâchage sont choisies sur la base des règles de l'art localement applicables (DTU 20.1 pour la France – voir § 2.2 et 2.3).

La préparation et l'utilisation des mortiers industriels et mortiers prédosés s'effectuent en suivant les instructions du fabricant, en particulier pour la durée de gâchage et le type de malaxeur.

Les mortiers industriels prêts à l'emploi doivent être utilisés avant l'expiration de leur durée d'utilisation, indiquée par le fabricant.

Le béton de remplissage prêt à l'emploi est utilisé conformément au dossier de conception.

7.4.2   Adjuvants et additions

Seuls sont autorisés les adjuvants, additifs et pigments mentionnés dans le dossier de conception.

7.4.3   Proportion d'eau dans le béton de remplissage

La proportion d'eau dans le béton de remplissage tient compte de la quantité d'eau absorbée par les éléments de maçonnerie et les joints de mortier.

7.4.4   Gâchage

Le gâchage est effectué au moyen d'un malaxeur mécanique. Le gâchage manuel n'est admis que si le dossier de conception le mentionne.

La durée de gâchage commence à partir du moment où tous les matériaux, eau comprise, sont dans le malaxeur.

La durée de gâchage usuelle est comprise entre 3 et 5 min. Pour les mortiers prêts à l'emploi, elle ne doit pas dépasser 15 min.

Il faut éviter les écarts importants des durées de gâchage entre différentes gâchées.

7.4.5   Durée d'utilisation des mortiers et du béton de remplissage

En règle générale, aucun ajout de liant, adjuvant ou eau n'est admis après la sortie du malaxeur.

7.4.6   Gâchage par temps froid

Les constituants comportant des particules de glace sont impropres à l'utilisation.

L'utilisation de sels fondants ou agents antigel n'est possible que si le dossier de conception l'autorise expressément.

Le DTU 20.1 précise les dispositions à appliquer par temps froid (température inférieure à 5 °C).

7.5   Montage des éléments de maçonnerie

L'Eurocode 6, parties 1 et 2, précise les règles de mises en œuvre présentées ci-dessous.

7.5.1   Adhérence entre le mortier et les éléments de maçonnerie

Les éléments de maçonnerie sont en général mouillés avant utilisation pour obtenir une adhérence suffisante entre le mortier et le produit. Il convient de respecter les recommandations du fabricant de l'élément et, le cas échéant, du fabricant de mortier industriel.

7.5.2   Joints

Sauf indication contraire, les joints ne sont pas en retrait de plus de 5 mm dans les murs de 200 mm d'épaisseur au moins (voir Figure 7.37).

Avec les éléments de maçonnerie perforés, le retrait des joints de mortier ne dépasse pas le tiers de l'épaisseur de la paroi extérieure.

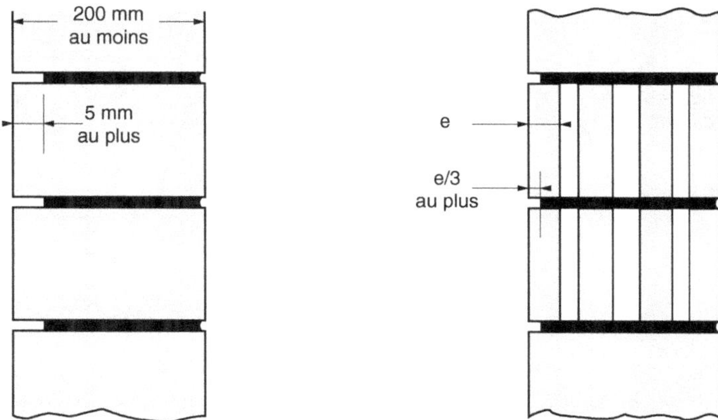

Figure 7.37. Retrait des joints dans les murs pleins et les murs réalisés avec des éléments perforés

7.5.3 Jointoiement et rejointoiement des maçonneries autres qu'à joints minces

7.5.3.1 Jointoiement

Lorsqu'aucun rejointoiement n'est prévu, le joint en cours d'exécution doit être serré avant qu'il ne perde sa plasticité.

7.5.3.2 Rejointoiement

Lorsqu'un rejointoiement doit être effectué, la profondeur du grattage du mortier non durci est au moins d_p, sans dépasser 15 % de l'épaisseur du mur mesurée à partir de la surface finie du joint (voir Figure 7.38).

En l'absence d'indication, on prendra d_p = 15 mm pour un mur de 100 mm d'épaisseur.

L'opération de rejointoiement est précédée d'un nettoyage de la zone entière et si nécessaire d'un mouillage pour obtenir la meilleure adhérence possible avec le mortier existant.

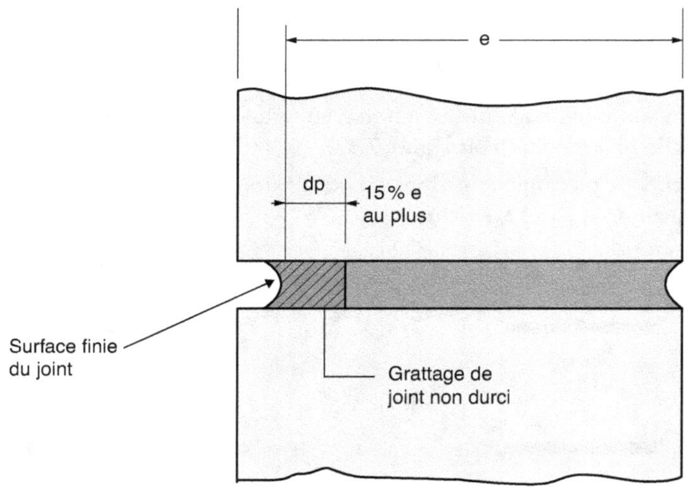

Figure 7.38. Spécification d'un rejointoiement

7.5.4 Empochements

Les éléments de maçonnerie comportant des empochements sont posés de telle sorte que ceux-ci soient entièrement remplis de mortier, sauf indication contraire dans le dossier de conception.

Le remplissage des empochements n'est pas usuel en France.

7.5.5   Incorporation de membranes d'étanchéité

À défaut d'instructions particulières, il convient que les recouvrements au niveau des angles et des intersections de murs s'étendent sur toute l'épaisseur du mur, tous les autres recouvrements ne pouvant pas être inférieurs à 150 mm.

7.5.6   Joints de rupture

D'éventuels chaperons ou couronnements ne doivent pas brider les joints de rupture. Cette mise en garde ne concerne pas les attaches de maintien de ces éléments.

7.5.7   Incorporation de matériaux d'isolation thermique

Lorsque des matériaux d'isolation thermique complémentaires sont incorporés par soufflage ou injection dans les cavités du mur, les vides présents dans la maçonnerie doivent être capables de résister aux pressions imposées pendant et après la mise en œuvre.

7.5.8   Nettoyage des maçonneries de parement

Les projections de mortier et de colles sont éliminées dès que possible par brossage, avant que les matériaux à base de ciment n'aient durci.

Le fabricant des éléments de maçonnerie recommande une méthode de nettoyage en fonction du type de souillure ou d'efflorescence.

7.5.9   Procédés de protection et de cure au cours de la construction

Pendant la phase d'hydratation du mortier, les ouvrages nouvellement construits sont protégés contre une perte ou une reprise d'humidité excessive.

7.5.10   Protection contre la pluie

La maçonnerie terminée est protégé contre la pluie tombant directement sur elle jusqu'à ce que le mortier ait durci. Cette précaution est destinée à éviter le délavage des joints et à contrer les effets des cycles soleil-pluie.

Les pièces d'appui, seuils, gouttières et descentes d'eau provisoires sont installés aussitôt que possible après la fin de montage de la maçonnerie et du rejointoiement.

Durant les périodes de fortes pluies, le montage des éléments et le rejointoiement sont provisoirement arrêtés. Les éléments de maçonnerie, le mortier et les parties fraîchement rejointoyées sont protégés.

7.5.11   Protection contre les cycles de gel-dégel

Une maçonnerie n'est pas construite sur ou avec des matériaux gelés.

7.5.12 Protection contre les effets d'une faible humidité

Les maçonneries nouvellement construites sont protégées contre l'effet desséchant du vent, contre les températures élevées, et plus généralement des conditions de faible humidité jusqu'au durcissement du mortier.

7.5.13 Protection contre les dommages d'origine mécanique

Les surfaces des maçonneries, les arêtes vives des angles, les ouvertures, les plinthes et autres éléments en saillie sont protégés contre les dommages résultant :
- des autres travaux en cours et des travaux de construction ultérieurs ;
- des activités liées au trafic du chantier ;
- du béton coulé au-dessus ;
- de l'utilisation des échafaudages et de leur montage.

7.5.14 Hauteur de construction journalière de la maçonnerie

La hauteur de la maçonnerie à construire en un jour est limitée pour éviter l'instabilité entraînée par une contrainte excessive sur le mortier frais. La hauteur limite prend en compte :
- l'épaisseur du mur ;
- le type de mortier ;
- la forme et la densité des éléments ;
- le degré d'exposition au vent.

7.6   Détails de mise en œuvre

La plupart des dispositions constructives présentées dans ce chapitre sont issues de la norme NF DTU 20.1, qui est le document de référence à appliquer en France pour la mise en œuvre des maçonneries.

7.6.1   Assise

Sauf indication contraire, la première assise de la maçonnerie ne dépasse pas de plus de 15 mm le bord d'un plancher ou d'une fondation.

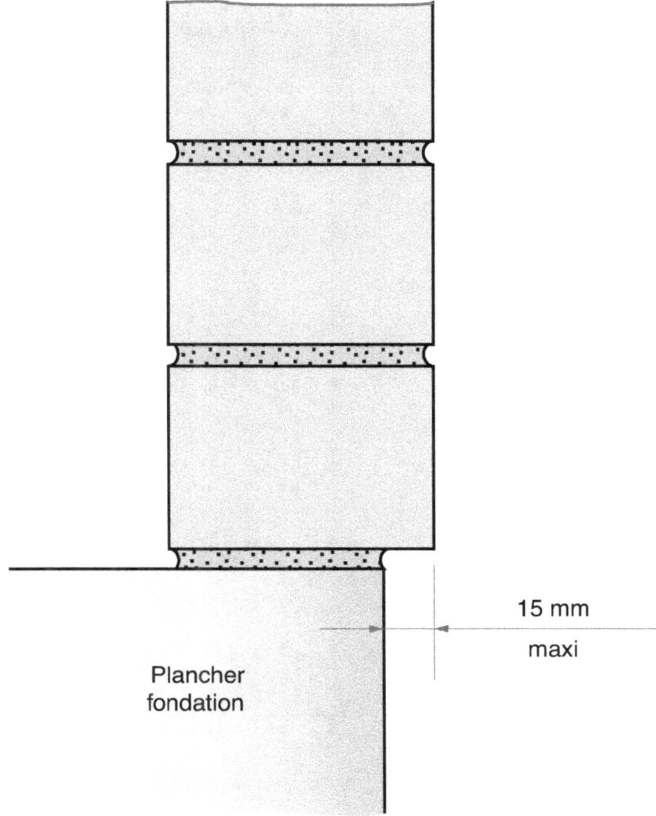

Figure 7.39. Assise de la maçonnerie

7.6.2 Coupure de capillarité

Une coupure de capillarité est à réaliser au niveau de la dalle de rez-de-chaussée (DTU 20.1 P1-1, § 5.1.2).

Elle peut être réalisée de différentes manières :

- mise en œuvre d'un chaînage béton armé couvrant toute l'épaisseur du mur ;

- hors zone sismique, au moyen d'une bande bitumineuse armée, d'une feuille plastique ou élastomère, posée à sec sur une bande de mortier durci de 2 cm d'épaisseur environ, finement taloché. Une seconde couche de mortier de même épaisseur vient protéger la bande d'étanchéité après sa mise en place. Les bandes doivent se recouvrir sur une distance minimale de 20 cm ;

- dans tous les cas : au moyen d'un mortier hydrofuge. Les mortiers à utiliser sont définis dans le DTU 20.1 P1-2, § 3.6.5.

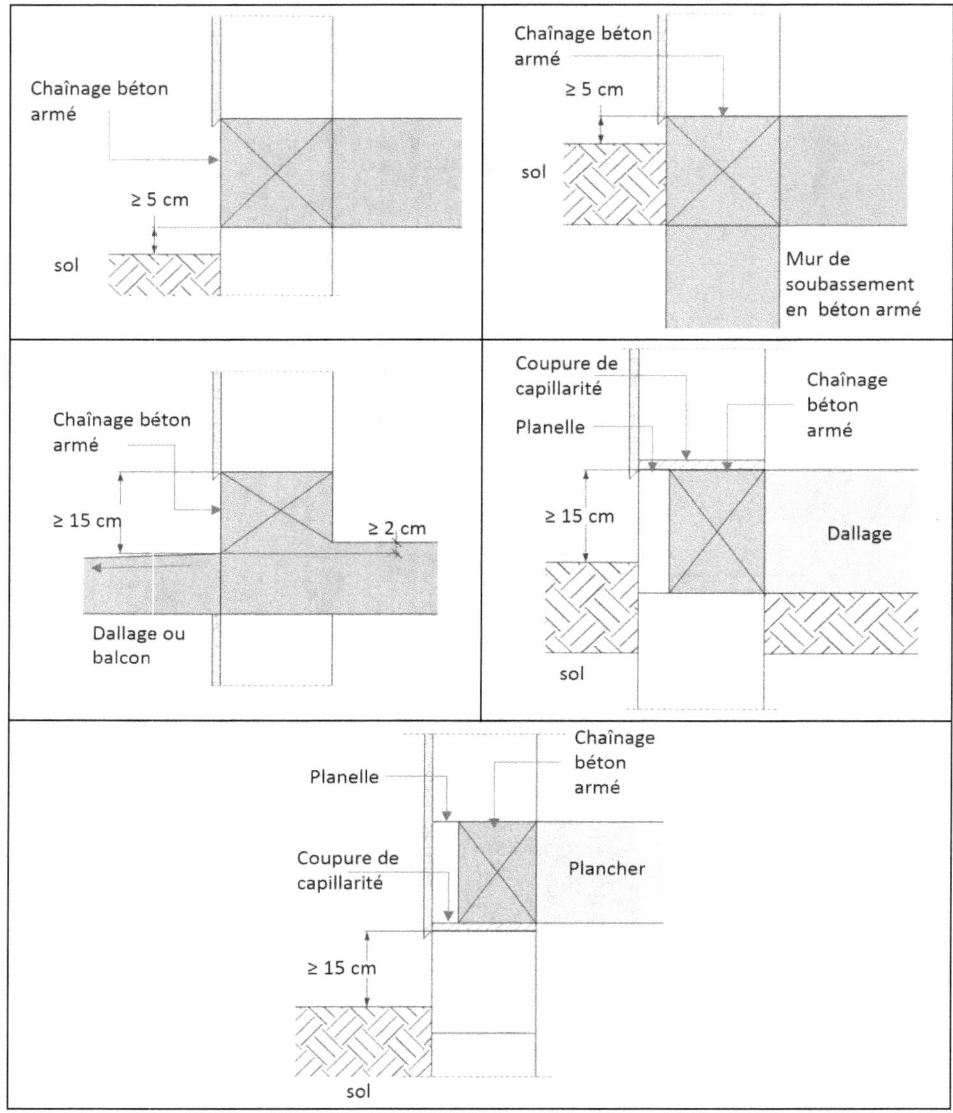

Figure 7.40. Dalle de rez-de-chaussée – coupures de capillarité. Dispositions applicables

Les coupures de capillarité doivent transmettre les charges horizontales et verticales sans subir ni causer de dommage.

La liaison par adhérence-frottement qui en résulte doit être suffisante pour limiter le mouvement relatif de la maçonnerie dû aux effets de la dilatation thermique.

> La résistance au cisaillement peut être déterminée par la norme EN 1052-3, Méthodes d'essai de la maçonnerie – Partie 3 : Détermination de la résistance au cisaillement, en tenant compte de la couche de coupure de capillarité.

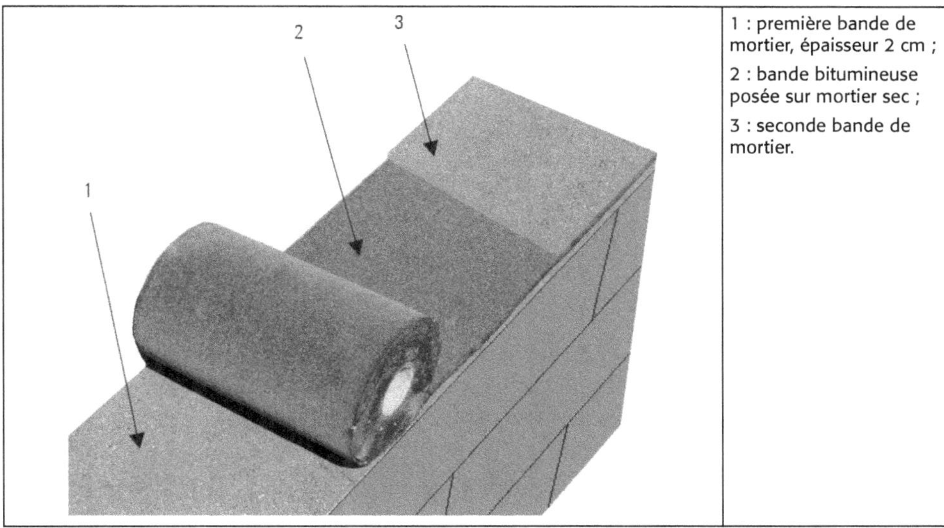

Figure 7.41. Coupure de capillarité par bande bitumineuse

7.6.3 Chaînages horizontaux

Ils sont disposés :

- en partie supérieure des murs porteurs (murs de façade, de contreventement ou de refend) pour ceinturer un plancher en béton et assurer ainsi son monolithisme.
- en couronnement des murs libres en tête (pointes de pignon par exemple).

Les chaînages horizontaux sont à liaisonner aux chaînages verticaux disposés dans les murs porteurs.

Ils seront conformes aux spécifications du DTU 20.1 P4, § 3.1.1, et aux règles de mise en œuvre des armatures (Eurocode 2, Eurocode 6).

Une planelle est en général utilisée pour faciliter la mise en œuvre. Elle offre un support uniforme à l'enduit et limite le pont thermique.

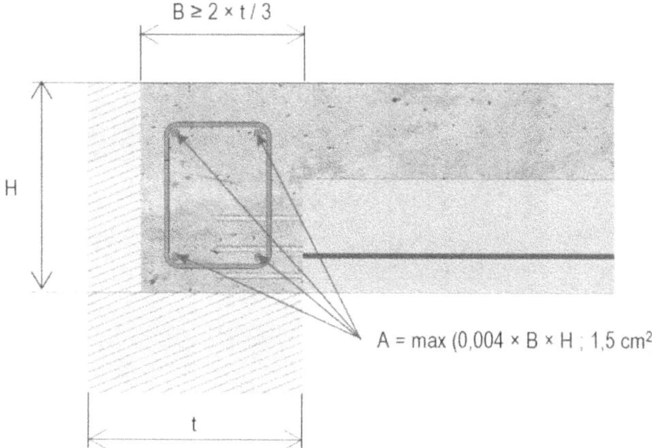

Figure 7.42 Section transversale d'un chaînage horizontal (hors zone sismique)

Section du chaînage en zone sismique :

– B et H minimal : 15 cm ;

– Section A minimale d'acier : 4 Φ 10 HA

Les armatures longitudinales seront liaisonnées par des cadres φ 5 ou 6 mm, espacés de 300 mm environ (150 mm en zone sismique).

Les armatures de continuité seront façonnées en U ou en équerre. La longueur de recouvrement minimale est de 50 φ avec des aciers à haute adhérence HA) (60 φ en zone sismique).

7.6.4   Chaînages verticaux

Ces chaînages doivent être réalisés au moins dans les angles saillants et rentrants des maçonneries, ainsi que de part et d'autre des joints de fractionnement du bâtiment (L'annexe B précise les dispositions à mettre en œuvre en situation sismique.).

Ils peuvent être réalisés :

- soit au moyen d'éléments spéciaux de coffrage munis d'un alvéole carré ou circulaire ;
- soit par un coffrage adapté à l'épaisseur de la maçonnerie.

Les aciers utilisés seront de nuance Fe E 500 avec une section minimale correspondant à 2 HA 10

La continuité des armatures sera assurée par un recouvrement de longueur 50 Φ.

L'annexe B précise les dispositions à mettre en œuvre en situation sismique.

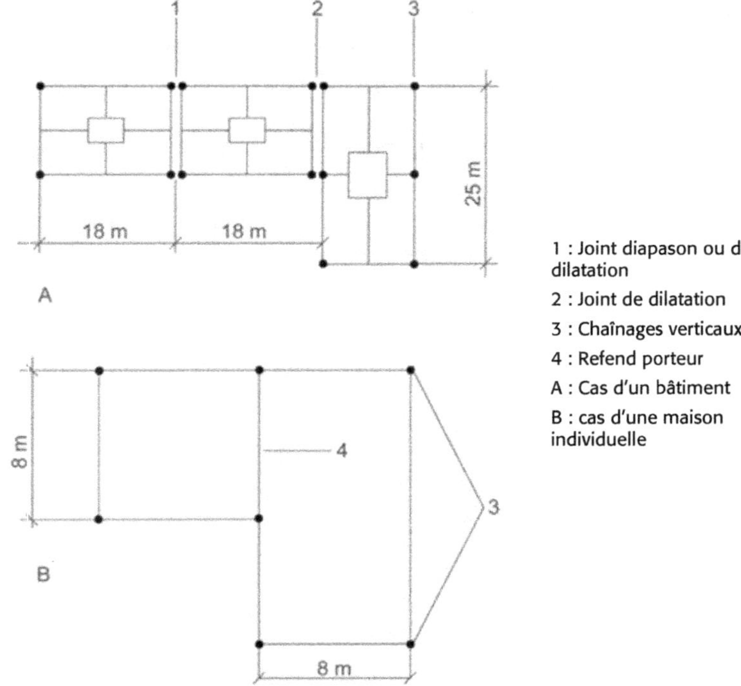

Figure 7.43. Exemple d'implantation des chaînages verticaux (DTU 20.1)

7.6.5 Armatures de continuité

Les armatures de continuité seront façonnées en U ou en équerre. La longueur de recouvrement minimale est de 50 ϕ avec des aciers à haute adhérence HA) (60 ϕ en zone sismique).

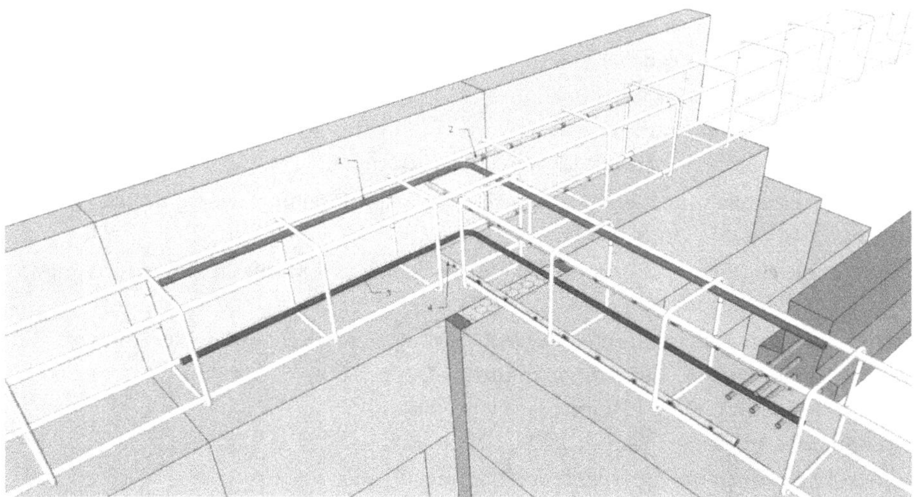

Figure 7.44. Armatures de continuité en équerre – Cas d'une liaison en T

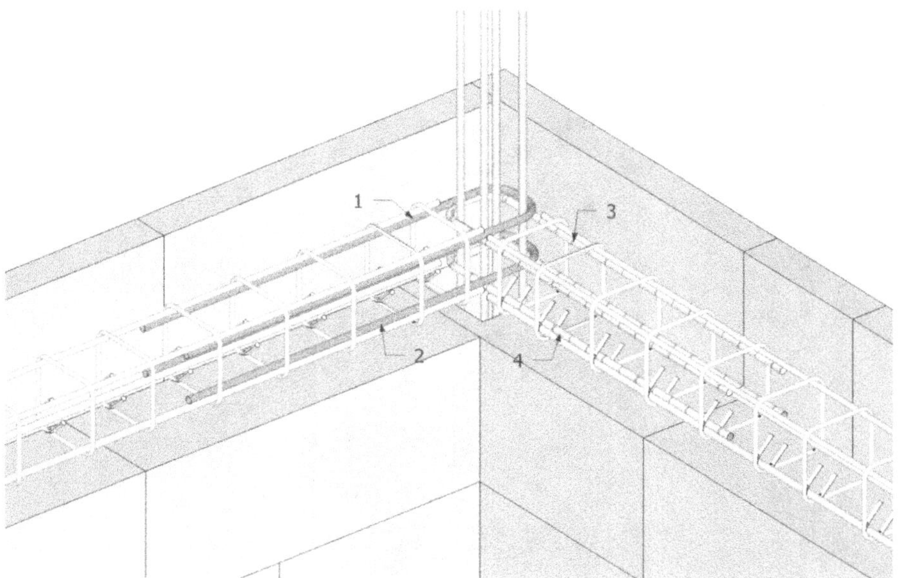

Figure 7.45. Armatures de continuité en U – Cas d'une liaison en angle

7.6.6 Chaînages des maçonneries confinées (ou chaînées)

Les maçonneries confinées sont particulièrement utilisées pour réaliser les murs de contreventement d'un bâtiment. Elles permettent de reprendre les efforts horizontaux dus au vent, à la poussée des terres ou au séisme.

Des chaînages ou ouvrages de confinement sont à prévoir dans les situations suivantes :

- au niveau de chaque plancher ;
- à chaque intersection de murs ;
- des 2 côtés de chaque ouverture supérieure à 1,5 m^2 ;
- au moins tous les 4 m horizontalement ou verticalement.

Les chaînages sont liaisonnés entre eux, de telle façon que le comportement de l'ensemble soit monolithique (Figure 7.46 et Figure 7.47).

Pour assurer le comportement monolithique, les chaînages sont mis en œuvre après montage des éléments de maçonnerie.

Un chaînage ou un ouvrage de confinement doit respecter les conditions suivantes :

- section transversale A_{ch} 0,02 m^2 au moins ;
- dimension minimale ℓ_{ch} 150 mm dans le plan du mur ;
- section des armatures : max(0,8 % A_{ch} ; 200 mm^2) ;
- étriers Ø 6 mm au moins, espacés de 300 mm au plus.

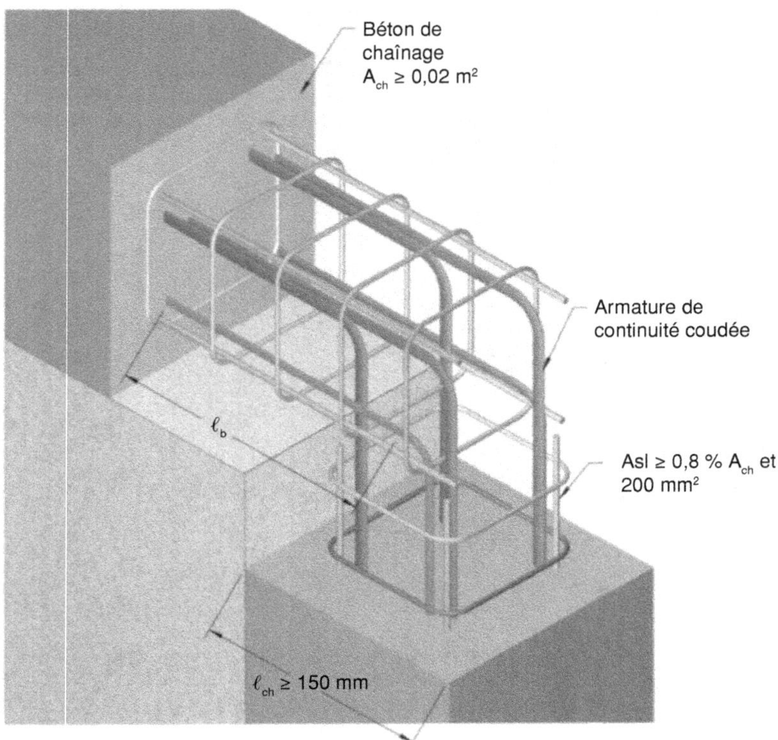

Figure 7.46. Mur chaîné – armatures de continuité coudées

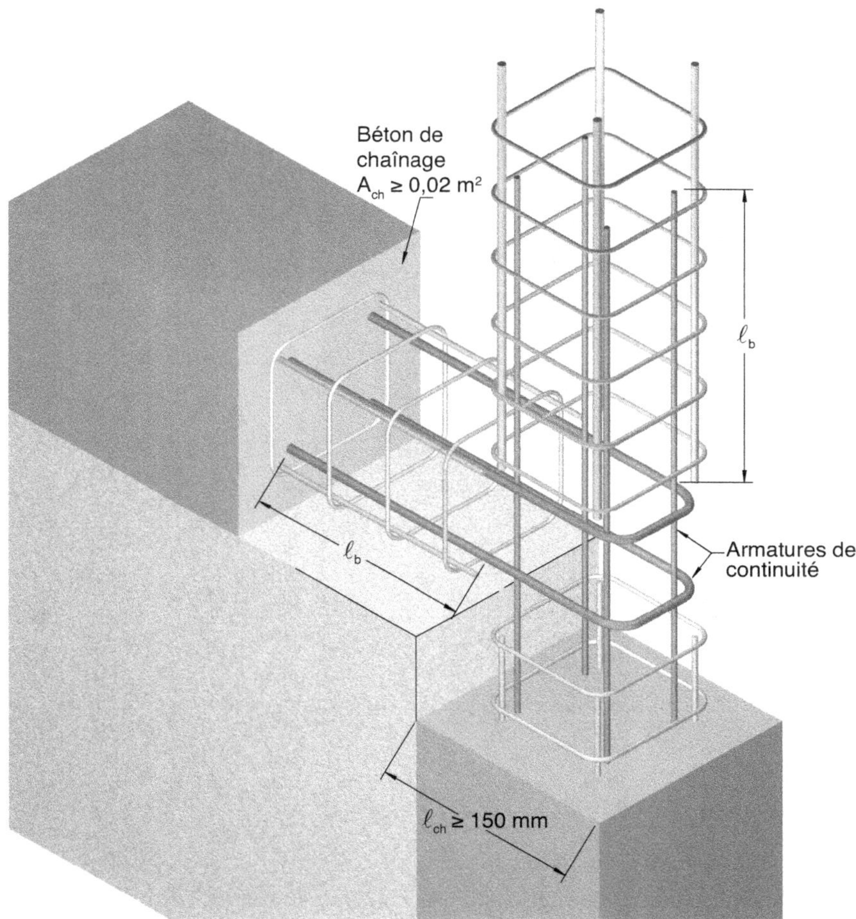

Figure 7.47. Mur chaîné – armatures de continuité en crosse avec continuité entre deux niveaux

7.6.6.1 Dispositions particulières aux maçonneries des groupes 1 et 2

Les coupes de longueur inférieure à 0,4 h sont comblées par le béton du chaînage vertical adjacent (Figure 7.48).

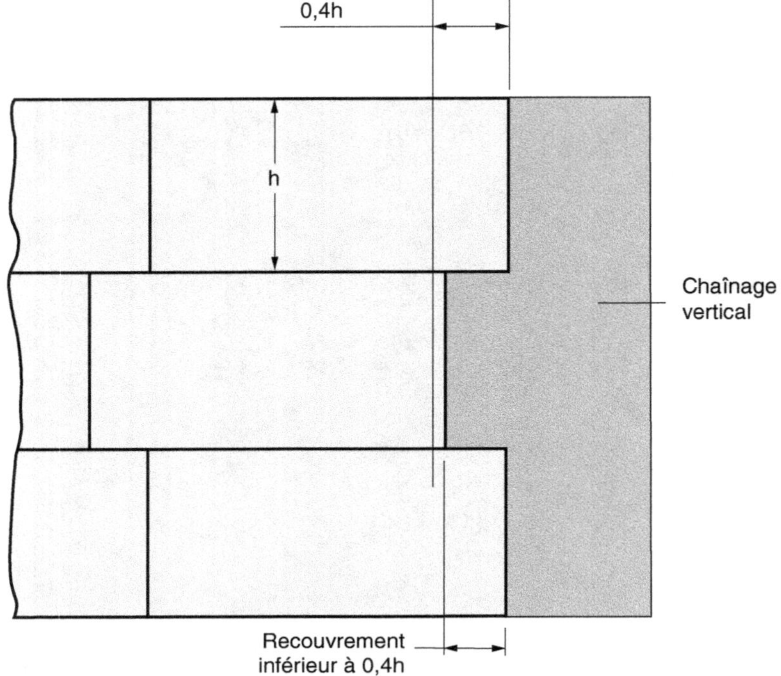

Figure 7.48. Coupes de longueur inférieure à 0,4 h

7.6.7 Trumeaux

Les dispositions à appliquer sont celles du DTU 20.1.

Les trumeaux en maçonnerie de largeur inférieure à 1,2 m doivent être montés à joints verticaux hourdés (remplis ou collés).

Largeur minimale des trumeaux :

- 0,80 m et deux fois la longueur de l'élément courant de maçonnerie lorsque celui-ci mesure moins de 50 cm ;
- Une fois et demi la longueur de l'élément de maçonnerie sinon.
  Dans ce cas les murs doivent être montés en utilisant des demi-éléments en association à l'élément courant.

Les trumeaux porteurs de largeur plus faible doivent comporter un élément porteur en béton armé intégré à la maçonnerie si elle le permet ou doivent être réalisé en béton armé.

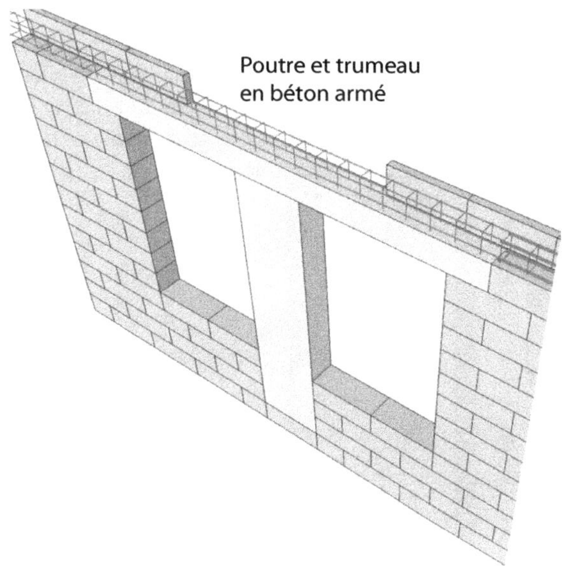

Figure 7.49. Exemple de trumeau porteur de faible largeur en béton armé

7.6.7.1 Jonction allège-trumeau porteur

Lorsque les éléments de l'allège et du trumeau sont identiques, la jonction est réalisée par harpage. En cas contraire, un joint de coupure vertical réalisé à la truelle dans l'enduit est à exécuter (Figure 7.50).

Dans tous les cas, lorsque la façade est exposée aux intempéries, un treillis de renforcement est à mettre en place.

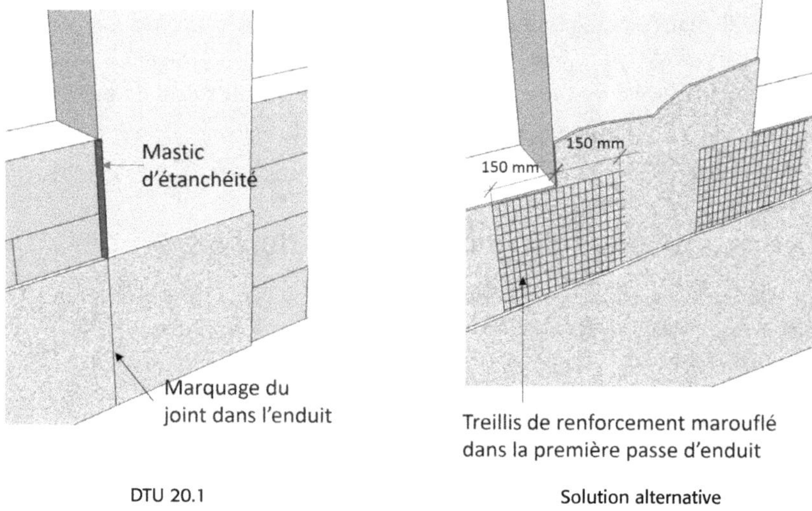

Figure 7.50. Réalisation du joint vertical entre l'allège et un trumeau en béton

7.6.8 Appuis de planchers

La largeur minimale d'appui (intégrant le chaînage horizontal périphérique) sur les parois porteuses est en général égale aux 2/3 de l'épaisseur brute du mur (DTU 20.1 P 1 .1, § 6). Des dérogations peuvent toutefois être admises, dans le cadre d'avis techniques ou de DTA, ou pour des éléments de maçonnerie d'épaisseur supérieure ou égale à 300 mm.

7.6.9 Linteaux

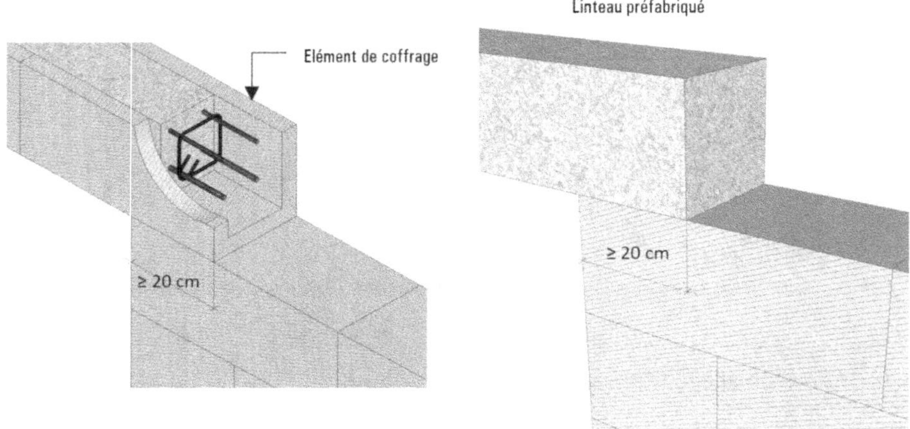

Figure 7.51. Différents types de linteaux

Ces éléments sont soit préfabriqués conformément à la norme NF EN 845-2 (voir DTU20-1 P1-2), soit réalisés au moyen d'éléments de coffrage en U permettant de réaliser la poutre en béton armée coulée sur place. Les éléments de coffrage peuvent être de la longueur du linteau à réaliser.

Il est également possible d'utiliser des prélinteaux associés à un coffrage complémentaire.

Les appuis de linteaux isolés seront au minimum de 20 cm.

Le DTU 20.1 P1-1, § 6, P1.2 et P4 fixent les dispositions constructives et les règles de dimensionnent. Les armatures seront dimensionnées selon les règles de calcul du béton armé.

Lorsque le linteau est en matériaux différent de celui de la maçonnerie, un treillis anti-fissuration est à mettre en œuvre (voir Figure 7.36).

7.6.10 Parois externes des murs creux ou doubles

La paroi externe des murs creux (ou doubles au sens du DTU 20.1) est liaisonnée à la paroi interne porteuse à l'aide d'attaches. Les dispositions à mettre en œuvre sont celles du DTU 20.1 rappelées ci-dessous.

7.6.10.1 Mur d'habillage reposant sur le plancher

Le DTU 20.1 P1-1, § 7.1.2 prescrit trois cas de montage dépendant de l'habillage ou non du nez de plancher (cas A1 à A3).

7.6.10.1.1 Cas A1 : chaînage de plancher apparent

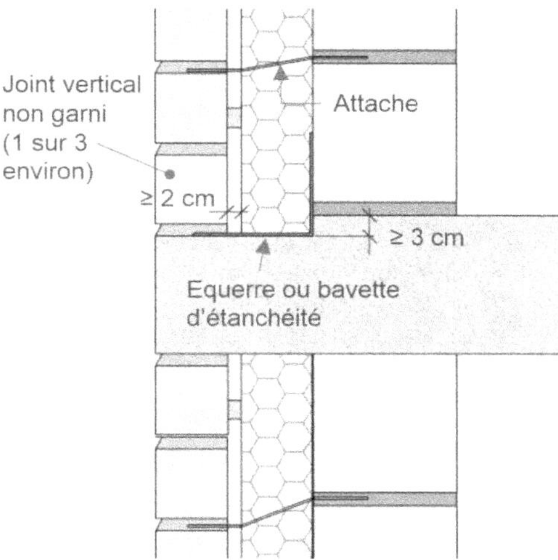

Figure 7.52. Cas A1 – chaînage de plancher apparent

7.6.10.1.2 Cas A2 : Le bandeau ou le chaînage sont masqués par un élément rapporté par collage après coulage du béton.

Le mur d'habillage doit reposer sur le plancher sur au moins 2/3 de son épaisseur. Un repos de la moitié de cette épaisseur est admis pour une paroi en pierre qui ne risque pas d'être mise en compression.

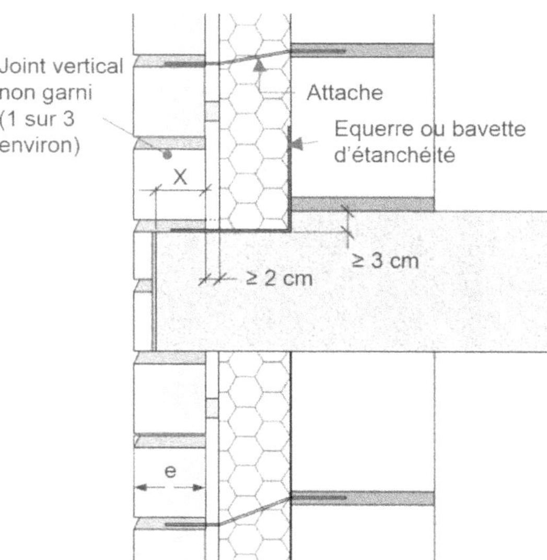

Figure 7.53. Cas A2 – chaînage masqué par un élément collé après coulage du béton

7.6.10.1.3 Cas A3 : Le bandeau ou le chaînage sont masqués par un habillage constitué de demi-éléments de maçonnerie (mulots) mis en fond de coffrage avant coulage du béton.

Le repos du mur d'habillage sur le plancher est d'au moins 50 % de son épaisseur. Cette configuration n'est admise que pour des bâtiments d'au plus 3 étages.

Une console, conforme aux spécifications de la norme NF EN 845, peut soutenir le mur (reprise de charge). Elle est généralement fixée dans le nez du plancher en béton.

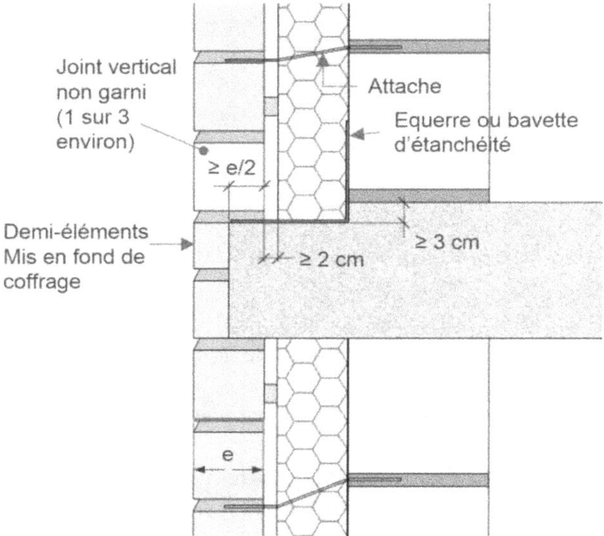

Figure 7.54. Cas A3 – chaînage avec demi-éléments mis en fond de coffrage

7.6.10.2 Mur d'habillage filant devant les planchers

La paroi externe est liée à la paroi interne porteuse par des attaches dont le nombre est déterminé Tableaux 7.18, 7.19 et 7.20 (Annexe nationale EC6 ou DTU 20.1).

Selon les cas, la paroi externe peut filer sur un, deux ou trois niveaux, pour autant que soient respectées les dispositions indiquées dans les tableaux.

Le mur d'habillage repose soit directement sur le plancher (voir dispositions ci-dessus), soit par l'intermédiaire d'un dispositif rapporté (cornière ou console métallique par exemple) de durabilité et d'efficacité (résistance et déformabilité) équivalentes. Cette dernière technique est la plus courante.

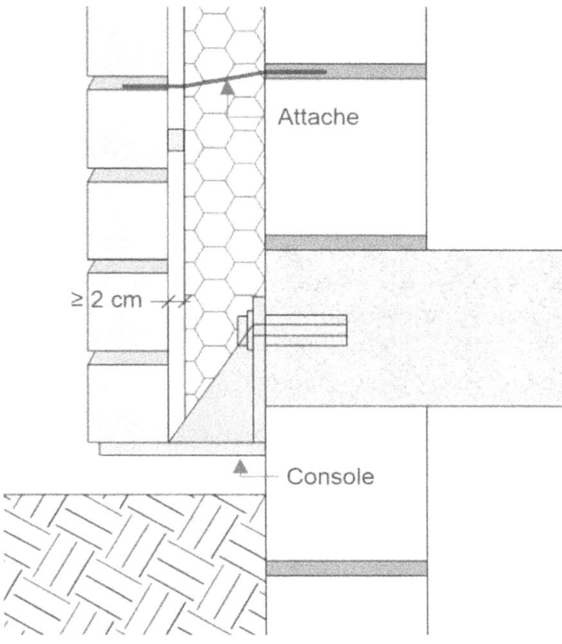

Figure 7.55. Exemple de console d'ancrage d'un mur double avec isolation filante devant les planchers

7.6.10.3 Section et nombre d'attaches

Dans le cas d'un espace entre les deux parois inférieur à 5 cm, le diamètre minimal des attaches est de 3 mm. Au-delà, les attaches doivent être en fil de diamètre minimal de 4 mm ou plat d'épaisseur minimale 3 mm.

Tableau 7.18. Nombre d'attaches – Paroi externe en pierre d'épaisseur comprise entre 8 cm et 10 cm

Nombre de niveaux	Type de repos de plancher	
	Cas A1	Condition supplémentaire
1	2/m^2	
2 ou hauteur < 8 m	5/m^2	Pans de murs de longueur < 12 m

Tableau 7.19. Nombre d'attaches – Paroi externe en matériaux pleins ou perforés destinés à rester apparents d'épaisseur comprise entre 10 cm et 15 cm

Nombre de niveaux	Type de repos de plancher			
	Cas A1	Cas A2	Cas A3	Condition supplémentaire
1	0	2/m^2	3/m^2	
2 ou hauteur < 8 m	3/m^2	5/m^2	‡	Pans de murs de longueur < 12 m
3	3/m^2	‡	‡	Pans de murs de longueur < 12 m et des attaches doivent être disposées en plus au droit des éléments raidisseurs de la paroi interne (planchers refends, etc.) à raison de 1/m

Tableau 7.20. Nombre d'attaches – Paroi externe enduite, en matériaux pleins ou perforés d'épaisseur comprise entre 15 cm et 20 cm

Nombre de niveaux	Type de repos de plancher	
	Cas A1	**Condition supplémentaire**
1	0	
2 ou hauteur < 8 m	1/m²	Pans de murs de longueur < 12 m
3	3/m²	Pans de murs de longueur < 12 m

Quel que soit le nombre d'attaches à mettre en œuvre, celles-ci doivent être réparties de manière régulière sur la surface de la paroi.

7.6.10.4 Calcul du nombre d'attaches (Eurocode 6)

Le nombre n_t d'attaches par mètre carré est au moins égal à :

$$n_t \geq \max\left(\frac{W_{Ed}}{F_d} \; ; \; n_{t\,min} \right) \tag{7.3}$$

où :

W_{Ed} est la valeur de calcul de la charge horizontale à transmettre par mètre carré ;

F_d est la résistance de calcul en compression ou en traction d'une attache ;

$n_{t\,min}$ est le nombre minimum d'attaches.

La valeur de calcul de la charge horizontale W_{Ed} correspond en général aux charges dues au vent.

Selon l'EN 845-1, le constructeur doit déclarer la résistance des attaches. Il convient ensuite de diviser la valeur déclarée par le coefficient partiel γ_M (voir chapitre 4, § 4.1.5) afin d'obtenir la résistance de calcul F_d.

Le nombre minimal d'attaches n_{tmin} est donné par l'Annexe nationale de l'Eurocode 6. Il varie actuellement selon les indications données dans la norme XP P10 202 (DTU 20.1) et présentées Tableaux 7.18, 7.19 et 7.20.

7.6.11 Saignées et réservations (Eurocode 6)

Les saignées ou réservations ne sont pas admises dans les linteaux, chaînages ou maçonnerie armée. Dans les murs creux, il est recommandé d'utiliser les alvéoles pour réaliser ces passages.

La profondeur de la réservation ou de la saignée inclue la profondeur de toute alvéole qui serait atteinte en exécutant la réservation ou la saignée.

7.6.11.1 Saignées et réservations verticales

Lorsque les saignées et réservations verticales respectent les dispositions du Tableau 7.21, la réduction de résistance qu'elles entraînent est admise sans calcul.

Tableau 7.21. Taille des saignées et des réservations verticales admises sans calcul

Épaisseur du mur (mm)	Saignées et réservations constituées après construction de la maçonnerie		Saignées et réservations constituées au cours de la construction de la maçonnerie	
	Profondeur max (mm)	Largeur max (mm)	Épaisseur minimale de mur restante (mm)	Largeur max (mm)
85-115	30	100	70	300
116-175	30	125	90	300
176-225	30	150	140	300
226-300	30	175	175	300
> 300	30	200	215	300

Dispositions à appliquer pour la prise en compte de ce tableau :

- la profondeur maximale d'une saignée est la profondeur atteinte pendant la réalisation ;
- pour un mur de 225 mm d'épaisseur au moins, les saignées verticales de longueur inférieure au tiers de la hauteur du mur ont une profondeur maximale de 80 mm, et une largeur maximale de 120 mm ;
- la distance horizontale séparant une saignée verticale d'une réservation, d'une ouverture ou d'une autre saignée verticale est au moins 225 mm ;
- la distance horizontale séparant une réservation d'une ouverture ou d'une autre réservation est au moins le double de la plus large des réservations. Les réservations considérées sont aussi bien d'un même côté que de part et d'autre du mur ;
- la largeur cumulée des réservations horizontales n'excède pas 0,13 fois la longueur du mur.

7.6.11.2 Saignées horizontales ou inclinées

Lorsque des saignées horizontales ou inclinées ne peuvent être évitées, elles sont à implanter en partie haute ou basse du mur, sur une hauteur ne dépassant pas 1/8 de la hauteur libre du mur.

Si les saignées horizontales ou inclinées respectent les dispositions du Tableau 7.22, la réduction de résistance qu'elles entraînent est admise sans calcul.

Tableau 7.22. Taille des saignées horizontales ou inclinées admises sans calcul

Épaisseur du mur (mm)	Profondeur maximale (mm)	
	Longueur non limitée	Longueur ≤ 1 250 mm
85-115	0	0
116-175	0	15
176-225	10	20
226-300	15	25
> 300	20	30

Dispositions à appliquer pour la prise en compte de ce tableau :

- la profondeur maximale d'une saignée est la profondeur atteinte pendant la réalisation ;

- entre la fin d'une saignée horizontale et une ouverture, la distance horizontale est au moins 500 mm ;
- la distance horizontale séparant deux saignées horizontales adjacentes de longueur limitée est au moins le double de la saignée la plus longue. Les saignées considérées sont aussi bien d'un même côté que de part et d'autre du mur ;
- pour un mur de 115 mm d'épaisseur au moins, la profondeur admise des saignées est augmentée de 10 mm pour une saignée taillée à la machine. Si c'est le cas, des rainures de profondeur 10 mm au plus sont réalisables de part et d'autre d'un mur de 225 mm au moins ;
- la largeur d'une saignée n'excède pas la moitié de l'épaisseur résiduelle du mur.

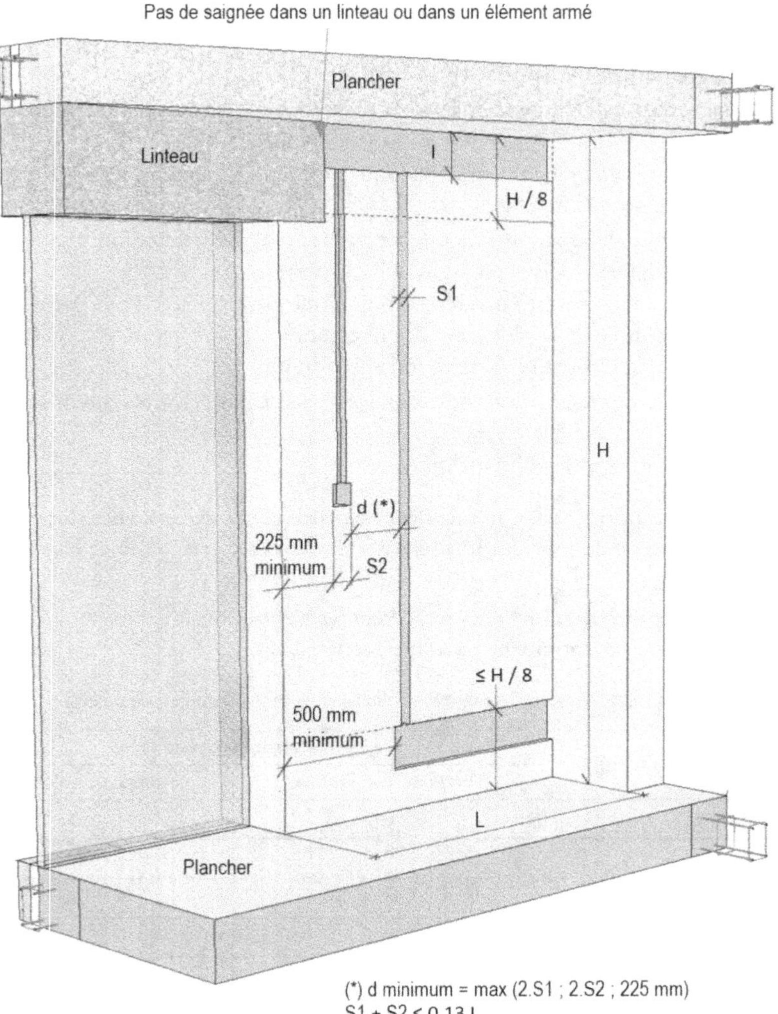

Figure 7.56. Exemple de saignées et réservations

7.7 Tolérances de mise en œuvre

Tableau 7.23. Écarts admis pour les éléments de maçonnerie

Position	Écart maximal
Verticalité	
dans un étage	± 20 mm
dans la hauteur totale d'un bâtiment de trois étages ou plus	± 50 mm
alignement vertical	± 20 mm
Rectitude[1]	
pour 1 m	± 10 mm
pour 10 m	± 50 mm
Épaisseur	
de la paroi d'un mur[2]	± 5 mm ou ± 5 % de l'épaisseur de la paroi, selon la valeur la plus grande
d'un mur creux total	± 10 mm

(1) La rectitude est mesurée comme l'écart maximal par rapport à une ligne droite entre deux points quelconques.

(2) Hormis les parois constituées d'un seul élément de maçonnerie en épaisseur ou en longueur, où les tolérances dimensionnelles des éléments de maçonnerie régissent l'épaisseur de la paroi.

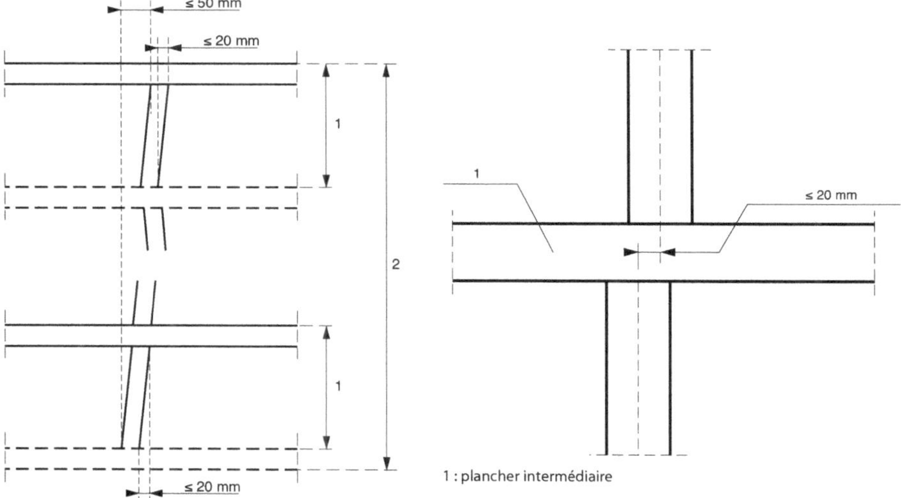

Figure 7.57. Écarts verticaux maximaux

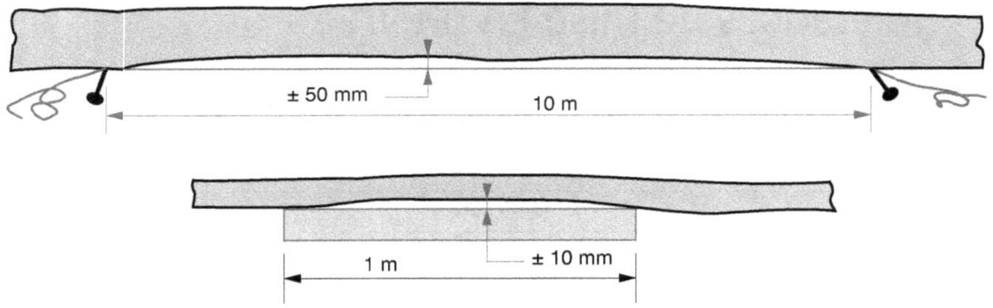

Figure 7.58. Tolérances de rectitude admises

La DTU 20.1 définit d'autres tolérances appelées « courantes » ou « soignées » suivant la finition souhaitée.

7.8 Chargement de la maçonnerie en phases provisoires

- Avant d'être chargée, la maçonnerie doit avoir atteint une résistance suffisante.
- Avant d'être remblayé, un mur de soutènement doit avoir atteint une résistance suffisante pour résister aux charges du remblai et de son compactage.
- En phase de construction, les murs non contreventés sont momentanément étayés pour résister aux charges de vent.

CHAPITRE 8

Durabilité et mise en œuvre

8.1 Durabilité

8.1.1 Classes d'exposition des ouvrages de maçonnerie

La durabilité d'une maçonnerie doit être adaptée à la durée indicative d'utilisation de l'ouvrage qui est à préciser pour chaque projet (chapitre 4, Tableau 4.1).

Elle est fonction des conditions d'exposition de l'ouvrage :

- au mouillage ou à la pluie (Figures 8.1 et 8.2) ;
- aux actions répétées du gel et du dégel ;
- à la présence de substances chimiques, ions sulfates en particulier, se trouvant dans les éléments ou le mortier, dans les sols ou l'eau de ruissellement. Ils entraînent différentes réactions chimiques pouvant provoquer de simples efflorescences ou pouvant altérer la résistance de l'ouvrage.

Le Tableau 8.1 définit les classes d'exposition applicables aux maçonneries.

Tableau 8.1. Classes d'exposition pour les maçonneries

Classe	Micro-conditions de la maçonnerie (type d'exposition)	Exemples d'exposition
MX1 X0, XC[*]	**Environnement sec**	Intérieur des bâtiments d'habitation et de bureaux Paroi intérieure de murs creux ne risquant pas d'être humide Maçonnerie extérieure enduite, non exposée à une pluie battante modérée ou sévère et isolée de l'humidité pouvant provenir de matériaux ou de maçonneries adjacents
MX2 XC[*] MX2.1 MX2.2	**Humidité et mouillage** – Humidité et mouillage – Pas de cycles de gel/dégel – Sources externes sans ou avec peu de sulfates ou de produits chimiques agressifs – Mouillage important – Pas de cycles de gel/dégel – Sources externes sans ou avec peu de sulfates ou de produits chimiques agressifs	Maçonnerie intérieure exposée à d'importants niveaux de vapeur d'eau (laverie par exemple) Murs extérieurs non exposés à des pluies battantes sévères ou au gel, couverts par un surplomb (avant-toit ou chaperon) Maçonnerie en zone hors gel dans un sol non agressif et bien drainé Murs extérieurs avec chaperons ou avant-toits, acrotères Murs libres, enterrés ou sous l'eau
MX3 XC + XF[*] MX3.1 MX3.2	**Humidité ou mouillage + gel/dégel** – Humidité ou mouillage – Cycles de gel/dégel – Sources externes sans ou avec peu de sulfates ou de produits chimiques agressifs – Mouillage sévère – Cycles de gel/dégel – Sources externes sans ou avec peu de sulfates ou de produits chimiques agressifs	Maçonnerie de la classe MX2.1, exposée à des cycles de gel/dégel Maçonnerie de la classe MX2.2, exposée à des cycles de gel/dégel
MX4 XD[*]	**Air saturé en sel, eau de mer, sels fondants, chlorures**	Maçonnerie en région côtière Maçonneries exposées aux sels de déverglaçage
MX5 XA[*]	**Environnement chimique agressif**	Maçonneries avec environnement fortement concentré en sulfates[2] Maçonnerie en contact avec des sols très acides (fondations par exemple) Maçonneries à proximité de zones industrielles où des produits chimiques agressifs sont présents dans l'air

(1) Sources potentielles de sulfates : les sols naturels, les nappes d'eau souterraines, les décharges et les remblais, les matériaux de construction.

(2) La norme ne précise pas les seuils admissibles pour ces constituants. À titre indicatif l'EN 206 se réfère au classement suivant :

Présence de sulfates	Peu agressif	Moyennement agressif	Très agressif
Dans l'eau (en mg/l)	200 à 600	600 à 3 000	3 000 à 6 000
Dans les sols (en g/kg)	2 000 à 3 000	3 000 à 12 000	12 000 à 24 000

(*) Classes d'exposition correspondantes de l'EN 206-1.

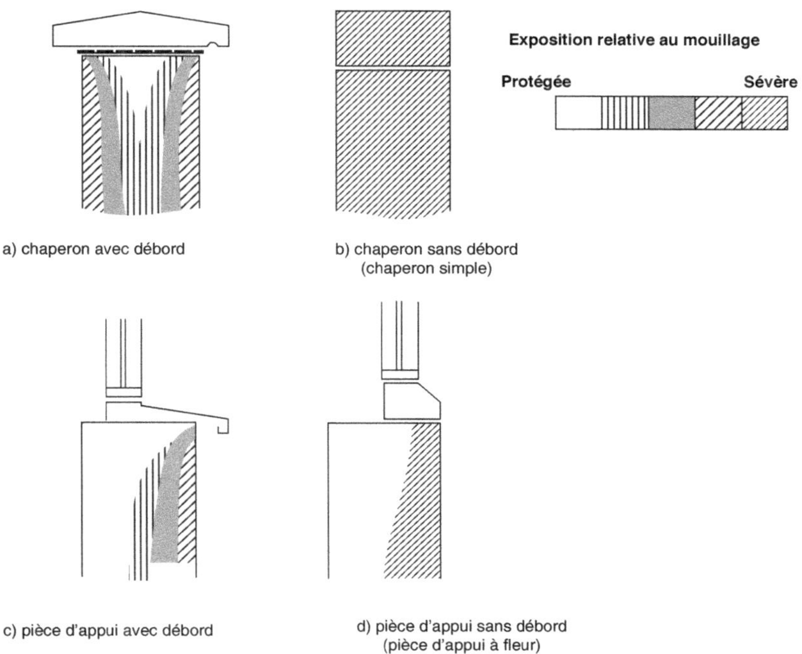

Figure 8.1. Exemples de détails de construction ayant une influence sur le mouillage de la maçonnerie

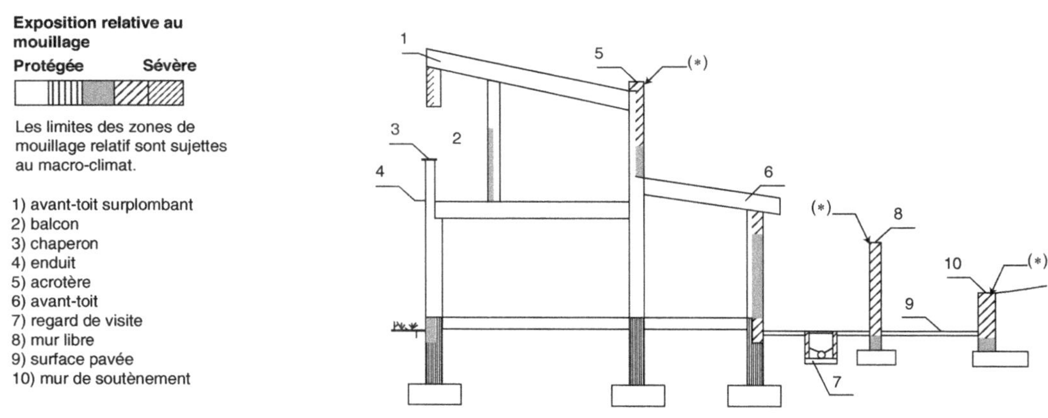

Figure 8.2. Exemples d'exposition relatifs au mouillage de la maçonnerie

8.2 Spécifications relatives aux matériaux et à leur mise en œuvre

8.2.1 Spécifications admissibles pour les éléments de maçonnerie

Le Tableau 8.2 précise les éléments de maçonnerie utilisables en fonction de leurs spécifications ou de leurs performances.

Les normes produits (EN 771-1 à 6) précisent les exigences de durabilité applicables et les essais de classification à entreprendre.

Tableau 8.2. Spécifications admissibles des éléments de maçonnerie pour assurer la durabilité

Classe d'exposition (voir Tableau A.1)	Éléments de maçonnerie en terre cuite conformément à l'EN 771-1[(1)]	Élément de maçonnerie en silico-calcaire conformément à l'EN 771-2	Éléments de maçonnerie en béton de granulats conformément à l'EN 771-3		Éléments de maçonnerie en béton cellulaire autoclavé conformément à l'EN 771-4	Éléments de maçonnerie en pierre reconstituée conformément à l'EN 771-5	Éléments de maçonnerie en pierre naturelle conformément à l'EN 771-6
			(granulats courants)	(granulats légers)			
MX1[(a)]	Tous	Tous	Tous	Tous	Tous	Tous	Tous
MX2.1	F0, F1 ou F2/S1 ou S2	Tous	Tous	Tous	Tous	Tous	Tous
MX2.2	F0, F1 ou F2/S1 ou S2	Tous	Tous	Tous	≥ 400 kg/m^3	Tous	Tous
MX3.1	F1 ou F2/S1 ou S2	Résistant au gel/dégel	Résistant au gel/dégel	Résistant au gel/dégel	≥ 400 kg/m^3	Tous	Voir le fabricant
MX3.2	F2/S1 ou S2	Résistant au gel/dégel	Résistant au gel/dégel	Résistant au gel/dégel	≥ 400 kg/m^3	Tous	Voir le fabricant
MX4	Dans chaque cas, évaluer le degré d'exposition aux sels, au mouillage et aux cycles de gel/dégel et consulter le fabricant						
MX5	Dans chaque cas, il convient d'évaluer spécifiquement l'environnement et l'effet des produits chimiques, en prenant en compte les concentrations, les quantités présentes et la réactivité, et de consulter le fabricant.						

a) La classe MX1 est valable tant que la maçonnerie, ou l'un de ses composants, n'est pas exposée au cours de la construction à des conditions plus sévères sur un laps de temps prolongé.

1) L'EN 771-1 précise trois classes de résistance au gel/dégel :

– F0 : pas d'exposition au gel ;

– F1 : exposition modérée ;

– F2 : exposition sévère.

Cette norme définit également trois classes de teneur en sels solubles contenus dans les éléments de maçonnerie :

Catégorie	Pourcentage total maximal en masse		Remarques
	Ions Na + k	Ions Mg	
S0	Pas d'exigence	Pas d'exigence	Éléments protégés de la pénétration d'eau (enduit, bardage, paroi intérieure de mur double, mur intérieur)
S1	0,17	0,08	
S2	0,06	0,03	

8.2.2   Spécifications du mortier de montage

Le Tableau 8.3 indique la classe de mortier à utiliser en fonction de la classe d'exposition définie dans l'EN 998-2.

> Conformément à l'EN 998-2, le pourcentage de chlorure contenu dans le mortier est à limiter à 0,1 % de la masse sèche du mortier (analyse effectuée à partir de la teneur en chlorure de chaque constituant). Cette spécification est à vérifier en particulier pour les mortiers réalisés directement sur le chantier. Elle est en principe vérifiée par le fournisseur pour les mortiers livrés en sac. À noter que tous les ciments contiennent moins de 0,1 % de chlorure.
>
> Le choix du ciment pourra être spécifié selon les indications suivantes :
> – CEM II : usage courant
> – CEM I PM ES, CEM III/C ou CEM V PM ES pour les milieux agressifs (fondations en contact avec des eaux séléniteuses par exemple) (voir les Figures 8.1 et 8.2 pour les classes d'exposition).

Tableau 8.3. Spécifications admissibles des mortiers de montage pour assurer la durabilité

Classe d'exposition (voir Tableau A.1)	Mortier en combinaison avec tout type d'élément[1]
MX1[a][b]	P, M ou S
MX2.1	M ou S
MX2.2	M ou S[c]
MX3.1	M ou S
MX3.2	S[c]
MX4	Dans chaque cas, évaluer le degré d'exposition aux sels, au mouillage et aux cycles de gel/dégel et consulter le fabricant des matériaux constitutifs.
MX5	Dans chaque cas, il convient d'évaluer spécifiquement l'environnement et l'effet des produits chimiques, en prenant en compte les concentrations, les quantités présentes et la réactivité, et consulter le fabricant des matériaux constitutifs.

a) La classe MX1 est valable tant que la maçonnerie, ou l'un de ses composants, n'est pas exposée au cours de la construction à des conditions plus sévères sur un laps de temps prolongé.

b) Lorsque des mortiers de désignation P sont spécifiés, il est essentiel de s'assurer que les éléments de maçonnerie, les mortiers et la maçonnerie en construction sont entièrement protégés contre la saturation et le gel.

c) Lorsque des éléments de maçonnerie en terre cuite appartenant à la catégorie de teneur en sels solubles S1 doivent être utilisés dans la maçonnerie de classe d'exposition MX2.2, MX3.2, MX4 et MX5, il convient que les mortiers soient, en plus, résistants aux sulfates.

1) Classes d'exposition des mortiers selon l'EN 998-2 :

P : maçonnerie en environnement passif ;

M : maçonnerie en environnement modéré ;

S : maçonnerie en environnement sévère.

8.2.3   Spécifications du béton de remplissage

Les caractéristiques de ce béton sont vérifiées conformément aux spécifications de la norme EN 206-1. Ses spécifications sont fonction des conditions environnementales (voir Tableau 8.1).

Tableau 8.4. Exemple de spécifications du béton selon les classes d'exposition de l'EN 206-1

Classes d'exposition EN 206-1	**X0**	**XC1, XC2**	**XF1, XC3, XC4**	**XF2**
	Pas d'agression Béton faiblement armé avec enrobage de 5 cm	Protégé de l'humidité	Exposition aux sels de déverglaçage Exposition à l'humidité	Exposition aux sels de déverglaçage avec gel modéré (Figure 8.3)
Classe de résistance minimale	–	C20/25	C25/30	C25/30
Teneur minimale en ciment (ou en liant équivalent) (kg/m³)	150	260	280	300
Teneur minimale en air (en %)	–	–	–	4

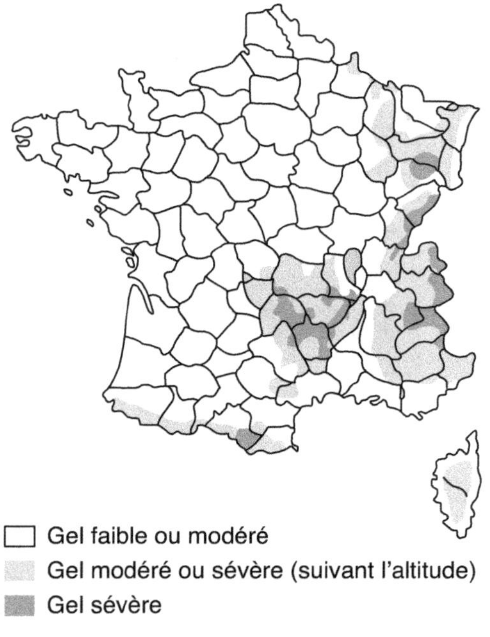

Figure 8.3. Carte de gel (NF EN 206-1)

8.2.4 Spécifications des armatures

8.2.4.1 Choix des aciers selon la classe d'exposition

Le Tableau 8.5 donne le choix des armatures selon la classe d'exposition (Annexe nationale française).

Tableau 8.5. Choix pour la durabilité des aciers d'armatures (Annexe nationale française)

Classe d'exposition [a]	Niveau minimal de protection de l'acier d'armature	
	située dans du mortier	**située dans du béton avec un enrobage inférieur à celui requis selon le Tableau 8.4**
MX1	Acier non protégé[b]	Acier non protégé
MX2	Acier à galvanisation forte ou avec protection équivalente[c]	Acier non protégé, ou si du mortier est utilisé pour remplir les évidements, acier à galvanisation forte ou avec protection équivalente[c]
	Acier non protégé dans une maçonnerie enduite sur la face exposée[d]	
MX3	Acier inoxydable austénitique AISI 316 ou 304[1]	Acier à galvanisation forte ou avec protection équivalente[c]
	Acier non protégé dans une maçonnerie enduite sur la face exposée[d]	
MX4	Acier inoxydable austénitique AISI 316[1] Acier à galvanisation forte ou avec protection équivalente[b] avec un mortier enduit sur la face exposée[d]	Acier inoxydable austénitique AISI 316[1]
MX5	Acier inoxydable austénitique AISI 316 ou 304[e][1]	Acier inoxydable austénitique AISI 316 ou 304[e][1]

a) Voir l'EN 1996-2.

b) Pour la paroi interne des murs creux extérieurs susceptibles de présenter une certaine humidité, il convient d'utiliser de l'acier, à galvanisation élevée ou avec une protection équivalente telle qu'indiquée en c.

c) Il est recommandé de galvaniser l'acier avec une masse minimale de revêtement de zinc de 900 g/m^2 ou avec une masse minimale de revêtement de zinc de 60 g/mΣ recouvert d'un revêtement adhérent époxy d'au moins 80 µm avec une moyenne de 100 µm. La galvanisation est à réaliser après mise en forme de l'armature.

d) Il convient que le mortier soit d'usage courant ou pour joints minces, de classe d'au moins M4, et il est recommandé de porter l'enrobage à 30 mm et d'enduire la maçonnerie à l'aide d'un mortier d'enduit conformément à la norme NF P 15-201 (DTU 26.1).

e) L'acier inoxydable austénitique peut ne pas toujours convenir à l'ensemble des environnements agressifs, et il convient de considérer ces derniers sur une base de projet au cas par cas.

1) Les aciers inoxydables sont aujourd'hui couverts par la norme EN 10088. Les correspondances avec les références américaines (AISI) sont données ci-dessous :

Désignation symbolique EN 10 088	Désignation numérique EN 10 088	Désignation numérique AISI	Famille de produit
X5CrNi18-10	1.4301	304	Austénitique de base
X5CrNiMo17-12-2	1.4401	316	Austénitique avec molybdène (amélioration de la résistance à la corrosion)

8.2.4.2 Distances d'enrobage

Le Tableau 8.6 précise la distance d'enrobage c_{nom} à utiliser pour l'acier au carbone non protégé (Annexe nationale française).

Deux possibilités existent pour la prescription du béton selon qu'il s'agit de béton prêt à l'emploi livré sur chantier ou de béton confectionné sur le site par l'entreprise.

Tableau 8.6. Distance d'enrobage c_{nom} à utiliser pour l'acier au carbone non protégé (Annexe nationale française)

Classe d'exposition		Classe de résistance minimale du béton (BPS[1] ou BCP[1] étude)				
	1er cas	C12/C20	C20/C25	C25/C30	C30/C37	C35/C45 ou plus
	2e cas	Béton réalisé sur chantier (BCP[1]), teneur minimale en ciment[2][3][4] en kg/m³				
		au moins 150	260	280	330	350 ou plus
		Rapport maximal eau/ciment				
		–	0,65	0,60	0,55	0,50
		Épaisseur de l'enrobage de béton minimal en mm				
MX1[5][6]		20	20	20	20	20
MX2.1		–	25	25	20	20
MX2.2		–	–	25	25	25
MX3		–	–	30	30	30
MX4[7]		–	–	–	40	40
MX5[7]		–	–	–	–	45

1) BPS : béton à propriétés spécifiées ; BCP : béton à composition prescrite.
2) Toutes les compositions sont fondées sur l'utilisation de granulats courants de granulométrie maximale nominale de 20 mm. Lorsque des granulats de granulométrie différente sont utilisés, il convient de régler la teneur en ciment de + 20 % pour des granulats de 14 mm et de + 40 % pour des granulats de 10 mm.
3) La composition du béton doit être adaptée pour assurer un enrobage complet de l'armature du chaînage et une compacité optimale du béton en place qui est la principale qualité demandée. C'est en particulier le cas pour le dosage en ciment, comme indiqué en b, et la dimension du plus gros granulat qui doit décroître en même temps que l'enrobage nominal prescrit.
4) Pour les maçonneries enduites sur la face exposée à l'aide d'un mortier d'enduit conformément à la norme NF P 15-201 (DTU 26.1), les c_{nom} peuvent être réduits d'une valeur allant jusqu'à 10 mm, correspondant à la couche de mortier d'enduit appliqué si la granulométrie des granulats du béton le permet et si l'épaisseur minimale d'enrobage de 15 mm est respectée.
5) Alternativement le mélange en volume ci-après (ciment / chaux / sable / mélange nominal de granulats de 10 mm) : 1 / 0 à ¼ / 3 / 2 , peut être utilisé pour satisfaire à la situation d'exposition MX1, lorsque l'enrobage de l'armature a une épaisseur minimale de 15 mm.
6) Ces enrobages peuvent être réduits à une épaisseur minimale de 15 mm à condition que la granulométrie maximale nominale du granulat ne soit pas supérieure à 10 mm.
7) Lorsque le béton de remplissage peut être soumis au gel tout en étant encore humide, il convient d'utiliser du béton résistant au gel.

8.2.4.3 Armatures préfabriquées pour joints d'assise

Le Tableau 8.7 précise les systèmes de protection applicables.

Tableau 8.7. Systèmes de protection pour armatures préfabriquées pour joints d'assise

Matériau[1]	N° réf.	Classe d'exposition				
		MX1	MX2	MX3	MX4	MX5
Acier inoxydable austénitique (alliages molybdène chrome nickel)	R1	U	U	U	U	R
Acier inoxydable austénitique (alliage chrome nickel)	R3	U	U	U	R	R
Fil d'acier galvanisé (265 g/m²)	R13	U	R	R	X	X
Fil d'acier galvanisé (60 g/m²) avec un revêtement organique sur toutes les surfaces du composant fini	R18	U	U	U	R	X
Fil d'acier galvanisé (105 g/m²)	R19	U	R	R	X	X
Fil d'acier galvanisé (60 g/m²)	R20	U	X	X	X	X
Tôle d'acier pré-galvanisé (137 g/m²)	R21	U	X	X	X	X

Légende :
U – utilisation sans limite du matériau dans la classe d'exposition indiquée ;
R – utilisation limité ; consulter le fabricant ou un spécialiste pour des conseils sur les conditions de calcul spécifiques ;
X – matériau non recommandé pour une utilisation dans cette classe d'exposition.

1) La spécification complète du matériau et du revêtement correspondant au numéro ou à la lettre de référence est donnée dans l'EN 845-3. Les masses de revêtement appliqué indiquées sont des valeurs approchées pour une face.

8.2.5 Linteaux

Le Tableau 8.8 précise les systèmes de protections applicables aux linteaux visés par l'EN 845-2, fonction de la classe d'exposition.

Tableau 8.8. Linteaux – systèmes de protection utilisables en fonction de la classe d'exposition

Matériau[1]	N° réf.	Classe d'exposition				
		MX1	MX2	MX3	MX4	MX5
Acier inoxydable austénitique (alliages chrome nickel)	L3	U	U	U	R	R
Composant en acier galvanisé (710 g/m²)	L10	U	U	U	R	X
Composant en acier galvanisé (460 g/m²)	L11	U	D	D	R	X
Composant en acier galvanisé (460 g/m²) avec un revêtement organique sur les surfaces supérieures spécifiées	L11.1	U	U	U	R	X
Composant en acier galvanisé (460 g/m²) avec un revêtement organique sur les surfaces supérieures spécifiées	L11.2	U	U	U	R	X
Tôle ou feuillard d'acier galvanisé (300 g/m²) avec un revêtement organique sur toutes les surfaces extérieures du composant fini	L12.1	U	U	U	R	X
Tôle ou feuillard d'acier galvanisé (300 g/m²) avec un revêtement organique sur toutes les surfaces extérieures du composant fini	L12.2	U	U	U	R	X
Tôle ou feuillard d'acier galvanisé (300 g/m²) avec un revêtement organique sur tous les bords de coupe	L14	U	D	D	R	X
Tôle ou feuillard d'acier galvanisé (137 g/m²) avec un revêtement organique sur toutes les surfaces extérieures du composant fini	L16.1	U	D	D	R	X
Tôle ou feuillard d'acier galvanisé (137 g/m²) avec un revêtement organique sur toutes les surfaces extérieures du composant fini	L16.2	U	U	U	R	X
Béton[2] ou béton et maçonnerie	A	U	U	R	R	R
Béton[2] ou béton et maçonnerie	B	U	U	R	R	X
Béton[2] ou béton et maçonnerie	C	U	U	R	X	X
Béton[2] ou béton et maçonnerie	D	U	U	X	X	X
Béton[2] ou béton et maçonnerie	E	U	X	X	X	X
Béton[2] ou maçonnerie avec armature en acier inoxydable	F	U	U	R	R	R
Béton cellulaire autoclavé avec armature protégée par un système d'enrobage	G	U	R	R	R	R

Légende :
U – Utilisation sans limite du matériau dans la classe d'exposition indiquée.
R – Utilisation limitée ; consulter le fabricant ou un spécialiste pour des conseils sur les conditions de calcul spécifiques.
D – Avec une barrière d'étanchéité au-dessus du linteau, l'utilisation n'est pas limitée (U). Sans barrière d'étanchéité au-dessus du linteau, l'utilisation est limitée (R).
X – Matériau non recommandé pour une utilisation dans cette classe d'exposition.

1) La spécification complète du matériau et du revêtement ou de l'enrobage par le béton correspondant au numéro ou à la lettre de référence est donnée dans la norme EN 845-2. Les masses de revêtement appliqué indiquées sont des valeurs approchées pour une face.
2) Le fabricant, ou un spécialiste, peut autoriser un usage moins restrictif pour les linteaux préfabriqués compte tenu de l'expérience locale.

8.2.6 Composants accessoires et cornières

Le Tableau 8.9 précise les systèmes de protection applicables sur les attaches, brides et fixations diverses visées par l'EN 845-1, par rapport aux classes d'exposition.

Tableau 8.9. Composants accessoires et cornières – matériaux utilisables en fonction de la classe d'exposition

Matériau[1]	N° réf.	Classe d'exposition				
		MX1	MX2	MX3	MX4	MX5
Acier inoxydable austénitique (alliages molybdène chrome nickel)	1	U	U	U	U	R
Plastique utilisé pour les corps des attaches	2	U	U	U	U	R
Acier inoxydable austénitique (alliage chrome nickel)	3	U	U	U	R	R
Acier inoxydable ferritique	4	U	X	X	X	X
Bronze phosphoreux	5	U	U	U	X	X
Bronze d'aluminium	6	U	U	U	X	X
Cuivre	7	U	U	U	X	X
Fil en acier galvanisé (940 g/m^2)	8	U	U	U	R	X
Composant en acier galvanisé (940 g/m^2)	9	U	U	U	R	X
Composant en acier galvanisé (710 g/m^2)	10	U	U	U	R	X
Composant en acier galvanisé (460 g/m^2)	11	U	R	R	R	X
Tôle ou feuillard d'acier galvanisé (300 g/m^2) avec un revêtement organique sur toutes les surfaces extérieures du composant fini	12.1	U	U	U	R	X
Tôle ou feuillard d'acier galvanisé (300 g/m^2) avec un revêtement organique sur toutes les surfaces extérieures du composant fini	12.2	U	U	U	R	X
Fil en acier galvanisé (265 g/m^2)	13	U	R	R	X	X
Tôle ou feuillard d'acier galvanisé (300 g/m^2) avec un revêtement organique sur tous les bords de coupe	14	U	R	R	X	X
Tôle ou feuillard d'acier pré-galvanisé (300 g/m^2)	15	U	R	R	X	X
Tôle ou feuillard d'acier galvanisé (137 g/m^2) avec un revêtement organique sur toutes les surfaces extérieures du composant fini	16.1	U	U	U	R	X
Tôle ou feuillard d'acier galvanisé (137 g/m^2) avec un revêtement organique sur toutes les surfaces extérieures du composant fini	16.2	U	U	U	R	X
Feuillard d'acier pré-galvanisé (137 g/m^2) avec des bords galvanisés	17	U	R	R	X	X
Fil d'acier galvanisé (60 g/m^2) avec un revêtement organique sur toutes les surfaces du composant fini	18	U	R	R	R	X
Fil d'acier galvanisé (105 g/m^2)	19	U	R	R	X	X
Fil d'acier galvanisé (60 g/m^2)	20	U	X	X	X	X
Tôle d'acier pré-galvanisé (137 g/m^2)	21	U	X	X	X	X

Légende :
U – utilisation sans limite du matériau dans la classe d'exposition indiquée ;
R – utilisation limitée ; consulter le fabricant ou un spécialiste pour des conseils sur les conditions de calcul spécifiques ;
D – avec une barrière d'étanchéité au-dessus du linteau, l'utilisation n'est pas limitée (U). Sans barrière d'étanchéité au-dessus du linteau, l'utilisation est limitée (R) ;
X – matériau non recommandé pour une utilisation dans cette classe d'exposition.

1) La spécification complète du matériau et du revêtement correspondant au numéro de référence est donnée dans l'EN 845-1. Les masses de revêtement appliqué indiquées sont des valeurs approchées pour une face.

CHAPITRE 9

Exercices pratiques

9.1 Calcul d'une façade porteuse chargée au vent (méthode générale)

Se reporter au fichier téléchargeable en ligne sur la fiche de l'ouvrage : www.editions-eyrolles.com.

La vérification est faite selon la méthode du chapitre 5, § 5.1.1 avec les indications du § 5.3.

9.1.1 Hypothèse de calcul

La façade est liée en tête et en pied par les planchers.

Les bords latéraux sont considérés comme libres.

Mur, hauteur h_M 2,5 m, épaisseur 0,2 m :

- charge sur la partie supérieure : $N_{ed,h}$ = 0 kN/m ;
- poids propre $g_{k,M}$ = 2 kN/m^2 ;
- résistance caractéristique f_k = 2,6 MPa ;
- résistance de calcul f_d = 1,2 MPa (voir chapitre 4).

Plancher béton, portée 5 m, épaisseur 0,2 m :

- poids propre $g_{k,f}$ = 1,8 kN/m^2 ;

charge d'exploitation : $q_{k,v}$ = 1,5 kN/m^2.

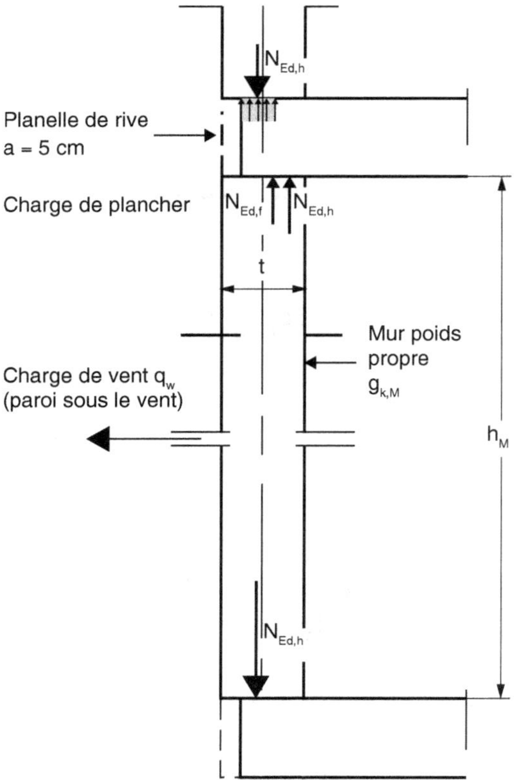

Figure 9.1. Définition du mur à vérifier

9.1.2 Vérification aux états limites de résistance

La sollicitation E_d doit rester inférieure (ou égale) à la résistance de calcul :

$$E_d \leq R_d \tag{9.1.1}$$

$$E_d = \gamma_G \cdot G_k \; \text{« + »} \; \gamma_Q \cdot Q_k \; \text{« + »} \; \gamma_Q \cdot \psi_{0w} \cdot W$$

Deux combinaisons d'action sont définies pour les chargements NEd,max (chargement vertical maximal) et NED,min (chargement vertical minimal) :

- à l'ELU de résistance :

$$\gamma_G = 1,35 \; ; \; \gamma_Q = 1,5$$

$$E_{d,r} = 1,35 \, G \; \text{« + »} \; 1,5 \, Q \; \text{« + »} \; 1,5 \, \psi_{0w} \cdot W \tag{9.1.2}$$

- à l'ELS (vérification de la fissuration) :

$$\gamma_G = 1 \; ; \; \gamma_Q = 1$$

$$E_{d,s} = G \; \text{« + »} \; Q \; \text{« + »} \; \psi_{0w} \cdot W \tag{9.1.3}$$

		$N_{Ed,max}$	$N_{Ed,min}$
Coefficients partiels	γ_G	1,35	1,00
Chargement vertical	γ_Q	1,50	1,00
Chargement vertical	γ_{Qw}	1,50	1,50
Vent	ψ_{0w}	0,6	0,6

avec :

G : poids propres du plancher et des murs ;

Q : charges variables s'exerçant sur le plancher ;

W : force due à l'action du vent ;

ψ_{0w} : coefficient de pondération pour la charge de vent (voir chapitre 4, Tableau 4.4).

9.1.3   Calcul de la pression du vent w à l'ELU

Pour l'exemple, on considère le bâtiment situé en zone 2.

Vitesse de référence du vent, $v_{b,0}$: 24 m/s (voir chapitre 4, § 4.1.2.5).

Pression dynamique de base

$$q_b = \frac{1}{2} \cdot \rho \cdot v_b^2$$

$$q_b \cong \frac{v_b^2}{1,63} = \frac{(24)^2}{1,63} = 353,4 \ N/m^2 \ \text{ou Pa}$$

Pression dynamique de pointe $q_p(z) = c_e(z) \cdot q_b$

Pour l'exemple on prendra z = 3 m et $c_e(z)$ = 1,64.

$$q_p(z) = 1,64 \cdot 353,4 = 579,5 \ N/m^2$$

Pression dynamique $w = q_p(z) \cdot (c_{pe} - c_{pi})$

Pour l'exemple, on considère une surface supérieure à 10 m² et orientée selon (E).

c_{pe} = − 0,3

Pour l'exemple on prendra $A_{os} = A_{op}$ = 0, soit μ = 0.

c_{pi} = 0,8 (valeur la plus défavorable pour un projet).

w = 579,5 × (−0,3 − 0,8) = − 637,4 N/m² (paroi en dépression)

9.1.4   1re vérification : résistance en partie supérieure du mur

La vérification de calcul est réalisée selon le chapitre 5, § 5.1.1 pour un mur de largeur 1 m.

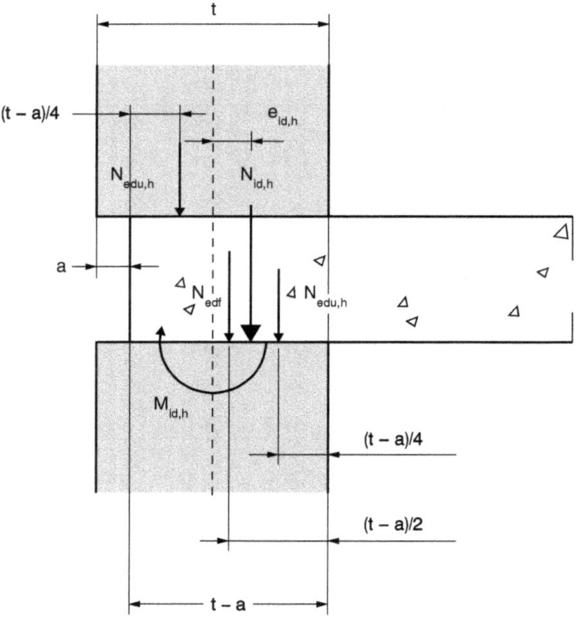

Figure 9.2. Détail du chargement en tête de mur

9.1.4.1   Charge $N_{id,h}$ en tête de mur

$N_{id,h}$ est la résultante des charges s'exerçant en tête de mur :

$$N_{id,h} = N_{Edu,h} + N_{Ed,f} \text{ (Figure 9.2)}$$

$$M_{id,h} = N_{Edf} \times \frac{a}{2} + N_{Edu} \times \frac{t+a}{4} \text{ (équation 5.8)}$$

$N_{Edu,h}$ (charge due au mur supérieur) = 0 kN/m

$N_{Ed,f}$ (charge due au plancher) = γ_G . 1,8 . (ℓ . 5/2) + γ_Q . 1,5 . (ℓ . 5/2)

		NEd,max	NEd,min	
Charge pondérée pour un plancher	$N_{edu,f}$	11,7	8,25	kN
Charge en partie supérieure ($N_{id,h}$)	$N_{id,h}$	11,7	8,25	kN
Moment $M_{id,h}$ en partie supérieure	$M_{id,h}$	0,293	0,206	kN.m
	$M_{id,h}/N_{id,h}$	0,025	0,025	

9.1.4.2   Excentricité $e_{i,h}$ en tête du mur

Calcul selon l'équation (5.6) : $e_{i,h} = \text{Max}\left(\dfrac{M_{id,h}}{N_{id,h}} + e_{init} + e_{he} \, ; \, 0,05 \times t \right)$

Calcul de e_{init} (équation 5.7) :

On considère que le mur est liaisonné en tête et en pied par les plancher en béton (partiellement encastré). Dans ce cas, la hauteur effective du mur $h_{ef} = 0,75\ h_M = 0,75 \cdot 2,5 = 1,9$ m.

$$e_{init} = \frac{h_{ef}}{450}$$

$$e_{init} = \frac{1,9}{450} = 0,004 \text{ m}$$

Excentricité e_{he} due au vent :

En règle générale, cette excentricité peut être négligée avec des structures en maçonnerie, du fait de leur rigidité transversale importante. En cas de doute (cas d'une structure peu contreventée par exemple), le déplacement peut être calculé selon les indications du chapitre 4, § 4.2.5.

Détermination de $e_{i,h}$ en partie supérieure du mur (équation 5.6) :

		$N_{Ed,max}$	$N_{Ed,min}$	
Excentricité max en partie supérieure	$e_{i,h}$	0,029	0,029	m

9.1.4.3   Coefficient de réduction $\phi_{i,h}$ en tête de mur (équation 5.5)

$$\phi_{i,h} = 1 - 2\,\frac{e_{i,h}}{t}$$

		$N_{Ed,max}$	$N_{Ed,min}$	
	$\phi_{i,h}$	0,708	0,708	m

9.1.4.4   Résistance de la maçonnerie en partie supérieure (équation 5.3)

$$N_{Rd,h} = \phi \cdot \ell \cdot t \cdot f_d$$

		$N_{Ed,max}$	$N_{Ed,min}$	
Résistance en partie supérieure $N_{rd,h}$	$N_{rd,h}$	170	170	kN
Vérification $N_{id,h} < N_{rd,h}$	vérif	OK	OK	

9.1.5   2e vérification : résistance en pied de mur

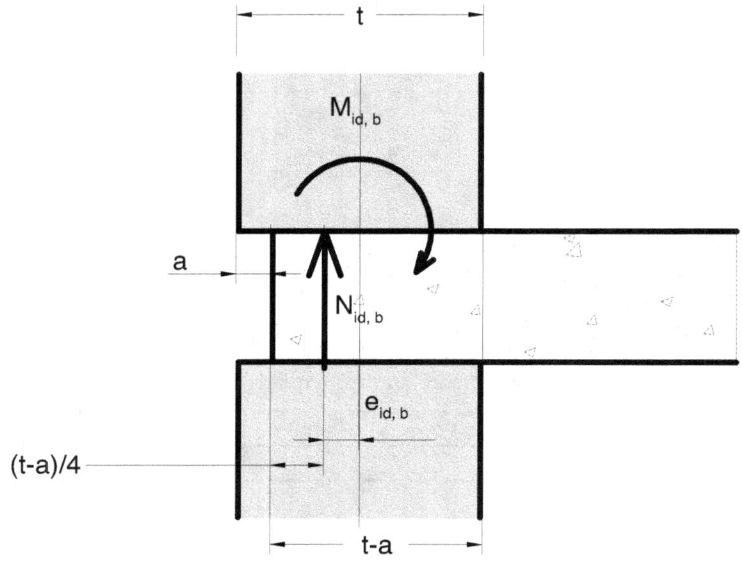

Figure 9.3. Détail du chargement en pied de mur

9.1.5.1   Charge N$_{id,b}$ en pied de mur

$N_{id,b}$ = charge en partie supérieure du mur + poids du mur ($\gamma_G \cdot G_{Maçonnerie}$).

Poids du mur :

$$N_{ed,M} = \gamma_G \cdot G_{Maçonnerie}$$

Équation 5.9

$$M_{id,b} = N_{id,b} \times \frac{t - 3 \times a}{4}$$

		N$_{Ed,max}$	**N$_{Ed,min}$**	
Charge pondérée pour un mur	N$_{ed,m}$	9,45	7	kN
$N_{id,b} = N_{id,h} + N_{ed,m}$	N$_{id,b}$	21,150	15,250	kN
Moment M$_{id,b}$	M$_{id,b}$	0,264	0,191	kN.m
Excentricité de la charge N$_{id,b}$	M$_{id,b}$/N$_{id,b}$	0,0125	0,0125	m

9.1.5.2   Excentricité e$_{i,b}$ en pied de mur

Calcul selon l'équation (5.6) :

$$e_{ib} = Max\left(\frac{M_{id,b}}{N_{id,b}} + e_{init} + e_{he} \; ; \; 0,05 \times t \right)$$

Calcul de e_{init} (équation 5.7) :

Comme précédemment :

$$e_{init} = \frac{1,9}{450} = 0,004 \text{ m}$$

Excentricité e_{he} due au vent : valeur égale à 0.

Calcul de $e_{i,b}$:

		$N_{Ed,max}$	$N_{Ed,min}$	
Excentricité max en partie inférieure	$e_{i,b}$	0,017	0,017	m

9.1.5.3 Coefficient de réduction $\Phi_{i,b}$ en pied de mur (équation 5.5)

$$\phi_{i,b} = 1 - 2 \cdot \frac{e_{i,b}}{t} = 1 - 2\,(0,0167/0,2) = 0,83$$

		$N_{Ed,max}$	$N_{Ed,min}$	
Coefficient d'affaiblissement $\phi_{i,b}$	$\phi_{i,b}$	0,833	0,833	

9.1.5.4 Résistance de la maçonnerie en partie inférieure (équation 5.3)

$$N_{Rd,b} = \phi_{i,b} \times \ell \times t \times f_d = 0,83 \, . \, 1 \, . \, 0,2 \, . \, 1,2 = 200 \text{ kN}$$

9.1.5.5 Vérification de la résistance en partie inférieure (équations 9.1.1 et 9.1.2)

		$N_{Ed,max}$	$N_{Ed,min}$	
Résistance en pied $N_{rd,b}$	$N_{rd,b}$	200	200	kN
Vérification $N_{id,b} < N_{rd,b}$	vérif	OK	OK	

9.1.6   3ᵉ vérification : résistance en partie médiane du mur

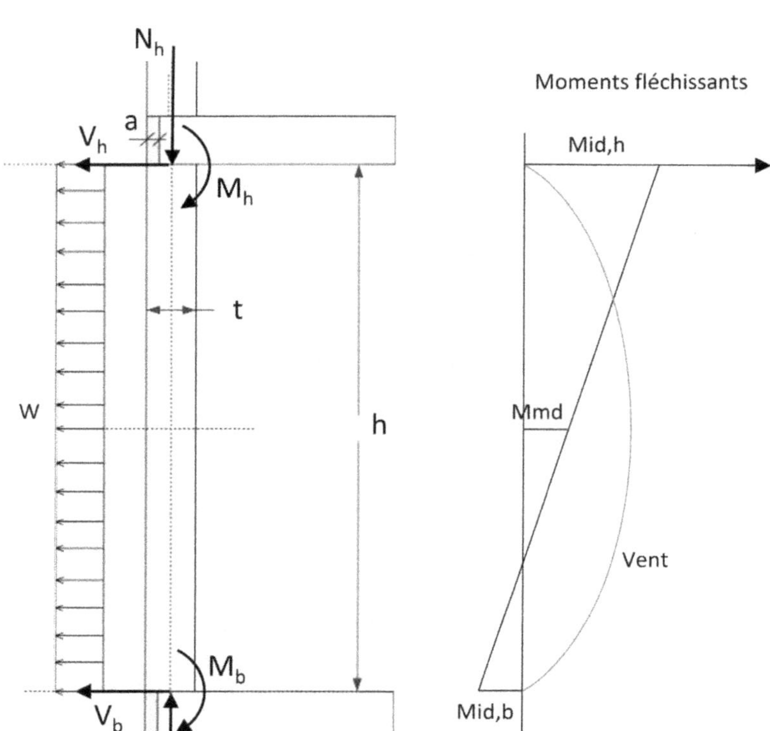

Figure 9.4. Détail du chargement

9.1.6.1   Charge N_{md} en partie médiane

$$N_{md} = N_{id,h} + \frac{N_{ed,M}}{2}$$

		$N_{Ed,max}$	$N_{Ed,min}$	
Nid en partie supérieure ($N_{id,h}$)	$N_{id,h}$	11,7	8,25	kN
Charge pondérée pour un mur / 2	$N_{ed,m}$	9,45	7	kN
N_{md} : $N_{id,h} + N_{ed,m/2}$	N_{md}	16,42	11,75	kN

9.1.6.2   Excentricité à mi-hauteur e_{mk}

Équation 5.16 : $e_{mk} = \max\,[e_m + e_k\,;\,0{,}05\,.\,t]$

Excentricité due aux charges (équation 5.17) : $e_m = \dfrac{M_{md}}{N_{md}} + e_{hm} + e_{init}$

		$N_{Ed,max}$	$N_{Ed,min}$	
Moment $M_{id,h}$ en partie supérieure	$M_{id,h}$	0,293	0,206	kN.m
Moment Mid,b	$M_{id,b}$	0,264	0,191	kN.m
$M_{md} = \dfrac{\left\| M_{id,h} - M_{id,b} \right\|}{2}$ (équation 5.22)	M_{md}	0,014	0,0078	kN.m
	$\dfrac{M_{md}}{N_{md}}$	0,00086	0,00066	

Calcul de l'excentricité e_{hm} due au vent :

$$e_{hm} = \frac{M_{Ed,h}}{N_{md}}$$

$$M_{Ed,h} = \frac{\gamma_{Qw} \cdot \psi_{0w} \cdot w \cdot h^2}{8}$$

		$N_{Ed,max}$	$N_{Ed,min}$	
Moment dû au chargement de vent	$M_{ed,h}$	0,45	0,45	kN.m
	e_{hm}	0,03	0,04	m

Valeur de e_{init} (voir précédemment) : 0,004 m

Calcul de e_m :

		$N_{Ed,max}$	$N_{Ed,min}$	
	e_m	0,032	0,043	m

Calcul de l'excentricité e_k due au fluage

Équation 5.21 : $e_k = 0,002 \times \phi_\infty \times \dfrac{h_{ef}}{t} \times \sqrt{t \times e_m}$

Pour l'exemple, on prendra $\phi_\infty = 1,5$ (voir chapitre 3, § 3.5.4).

		$N_{Ed,max}$	$N_{Ed,min}$	
Coefficient de fluage ultime	ϕ_∞	1,5	1,5	
	e_k	0,002	0,003	m

Calcul de e_{mk}

		$N_{Ed,max}$	$N_{Ed,min}$	
$e_{mk} = \max (e_m + e_k \,;\, 0,05 \times t)$ (équation 5.16)	e_{mk}	0,035	0,046	m

9.1.6.3 Coefficient de réduction ϕ_m

Équation 5.14 :

$$A = 1 - 2\,\frac{e_{m,k}}{t}$$

Équation 5.15 :

$$u = \frac{h_{ef} - 2 \cdot t}{23 \cdot t - 37 \cdot e_{mk}}$$

Équation 5.13 :

$$\phi_m = A \cdot 2,72^{\frac{u^2}{2}}$$

		$N_{Ed,max}$	$N_{Ed,min}$	
	A	0,654	0,544	
	u	0,444	0,506	
	ϕ_m	0,722	0,619	

9.1.6.4 Résistance de la maçonnerie et Vérification de la résistance

$$N_{Rd} = \phi_m \times \ell \times t \times f_d$$

Vérification : $E_d \leq R_d$

		$N_{Ed,max}$	$N_{Ed,min}$	
	N_{Rd}	173,321	148,472	kN
Vérification $N_{md} < N_{rd}$		vérif	OK	OK

Vérification des contraintes (voir chapitre 5, § 5.3).

		$N_{Ed,max}$	$N_{Ed,min}$	
Contrainte de compression due à N_{md}	$\sigma(N_{md})$	0,082	0,059	MPa
Module d'inertie I/v	I/v	0,007	0,007	m3
Contrainte de flexion due à M_{md}	$\sigma(M_{md})$	0,069	0,068	MPa
Contraintes totales	$\sigma(N_{md}+M_{md})$	0,151	0,127	MPa
	$\sigma(N_{md}-M_{md})$	0,013	-0,010	MPa
Vérifications	$\sigma(N_{md}+M_{md}) \leq f_d$	OK	OK	
$f_{xd1,app} = f_{xd1} + \sigma_d$; $\sigma_d \leq \dfrac{0,15 \times N_{Rd}}{\ell \times t}$ (éq. 5.46)	$f_{xd1,app}$ (traction, signe -)	-0,128	-0,104	
	$\sigma(N_{md}-M_{md}) \geq f_{xd1,app}$	OK	OK	

9.1.7 Vérification au cisaillement des appuis

On considère que le mur est en appui au niveau des planchers.

Effort de cisaillement :

$$N_{Ed,h} = \gamma_Q \cdot \psi_{0w} \cdot w \cdot h_{ef}$$

Contrainte de cisaillement :

$$\sigma_v = \frac{N_{Ed,h}}{2 \cdot A_h}$$

		$N_{Ed,max}$	$N_{Ed,min}$	
Section d'un appui = t - épaisseur planelle	A_h	0,15	0,15	m^2
Effort de cisaillement	$N_{ed,h}$	1,613	1,076	kN
Contrainte de cisaillement	σ_v	0,005	0,004	MPa
Résistance au cisaillement	f_{vk0}	0,2	0,2	MPa
Résistance limite	$0,065\ f_b$	0,35295	0,35295	MPa
	f_{vd}	0,091	0,091	MPa
Vérification	$\sigma_v <= f_{vd}$	OK	OK	

9.2 Calcul d'une façade non porteuse chargée au vent (méthode simplifiée)

Se reporter au fichier téléchargeable en ligne sur la fiche de l'ouvrage : www.editions-eyrolles.com.

La vérification est faite selon la méthode du chapitre 5, § 5.3.3.

9.2.1 Hypothèse de calcul

La façade est non porteuse et soumise à une charge de vent.

- hauteur h : 10 m ;
- largeur l : 5 m ;
- rapport h/l : 2 ;
- épaisseur t : 0,2 m ;
- résistance caractéristique à la compression de la maçonnerie : f_k = 2,3 MPa ;
- résistance caractéristique à la flexion selon l'axe horizontal : f_{xk1} = 0,1 MPa ;
- résistance caractéristique à la flexion selon l'axe vertical : f_{xk2} = 0,4 MPa ;
- coefficient partiel : γ_M = 2.

La vérification de résistance est réalisée selon le cas général, cloison maintenue sur les quatre côtés (rapport h/l = 2) (chapitre 5, Tableau 5.9).

9.2.2 Vérification à l'état limite ultime de résistance

La sollicitation E_d doit rester inférieure (ou égale) à la résistance de calcul :

$$E_d \leq R_d \tag{9.21}$$

Le mur est soumis à l'action principale de vent. La combinaison d'action E_d à l'ELU de résistance est définie par l'expression suivante :

$$E_d = 1,5 \times Q_w \tag{9.22}$$

Q_W : force due au vent, calculée à partir de la pression w due à l'action du vent (voir chapitre 4, § 4.1.2.5).

9.2.3 Calcul de la pression du vent w à l'ELU

Pour l'exemple, on considère le bâtiment situé en zone 2.

Vitesse de référence du vent, $v_{b,0}$: 24 m/s.

Pression dynamique de base
$$q_b = \frac{1}{2} \cdot \rho \cdot v_b^2$$

$$q_b \cong \frac{v_b^2}{1,63} = \frac{(24)^2}{1,63} = 353,4 \text{ N / m}^2 \text{ ou Pa}$$

Pression dynamique de pointe
$$q_p \, (z) = c_e \, (z) \cdot q_b$$

Pour l'exemple on prendra z = 3 m et $c_e(z) = 1{,}64$

$$q_p(z) = 1{,}64 \times 353{,}4 = 579{,}5 \text{ N/m}^2$$

Pression dynamique
$$w = q_p(z) \cdot (c_{pe} - c_{pi})$$

Pour l'exemple, on considère une surface supérieure à 10 m² et orientée selon (E).

$c_{pe} = -0{,}3$

Pour l'exemple on prendra $A_{os} = A_{op} = 0$, soit $\mu = 0$

$c_{pi} = 0{,}8$ (valeur la plus défavorable pour un projet)

$$w = 579{,}5 \times (-0{,}3 - 0{,}8) = -637{,}4 \text{ N/m}^2 \text{ (paroi en dépression)}$$

Charge de calcul due vent à considérer à l'ELU :

$$W_{Ed} = 1{,}5 \cdot (-637{,}4) = -956{,}1 \text{ N/m}^2.$$

9.2.4 Vérification de la résistance de la maçonnerie

9.2.4.1 Calcul en maçonnerie non armée

9.2.4.1.1 Calcul du moment de rupture selon l'axe horizontal (M_{rd1})

Relation 5.49 :

$$M_{Rd1} = f_{xd1} \times \frac{t^2}{6} = 0{,}1 / 2 \times \frac{(200)^2}{6} = 333 \text{ N.m/m}$$

9.2.4.1.2 Calcul du moment de rupture selon l'axe vertical (M_{rd2})

Relation 5.49 :

$$M_{Rd2} = f_{xd2} \times \frac{t^2}{6} = 0{,}4 / 2 \times \frac{(200)^2}{6} = 1\,333 \text{ N.m/m}$$

9.2.4.1.3 Calcul des moments sollicitants

Le calcul est réalisé selon l'équation 5.40, avec :

$\alpha_2 = 0{,}095$ (Tableau 5.9 du chapitre 5, valeur pour $\mu = 0{,}25$ et $h/\ell = 2$)

$$M_{Ed2} = 0{,}095 \times 956{,}1 \times 5^2 = 2\,271 \text{ N.m/m}$$

$$M_{Ed1} = \mu \times M_{Ed2} = 0{,}25 \times 2\,271 = 568 \text{ N.m/m}$$

9.2.4.1.4 Vérification de la résistance

L'inéquation 9.21 n'est pas vérifiée. Le projet sera modifié en disposant des armatures longitudinales dans les joints d'assises horizontaux.

9.2.4.2 Calcul en maçonnerie armée

Des armatures longitudinales sont disposées dans les joints d'assise afin d'augmenter la résistance à la flexion f_{xd2} (calcul selon l'expression 5.47).

9.2.4.2.1 Calcul de la section armée

On dispose des barres d'acier de 4 mm dans les joints d'assise.

La section est optimisée par calcul itératif pour satisfaire à l'inéquation 9.21 (section minimale : 34 mm^2/m) :

Diamètre acier	d_a	4	mm
Enrobage	e	20	mm
Section unitaire acier	As	34	mm^2/m
	Nombre minimal d'acier par m à disposer dans les joints d'assise	3	/m
Limite élastique acier	f_{yk}	500	MPa
	f_{yd}	435	MPa
Hauteur utile d de béton armé	d	178	mm
1er terme éq. 5.48	z_1	172,31	mm
2e terme éq. 5.48	z_2	169,10	mm
min de z1 , z2	z	169,10	mm
1er terme éq. 5.51	Mrd2_1	2500	N.m/m
0,4 pour éléments du groupe 1 ; 0,3 pour les autres cas	ϕ	0,30	
	fd_h	0,52	MPa
2e terme éq. 5.51	Mrd2_2	4943	N.m/m
	Mrd2	2500	N.m/m

9.2.4.2.2 Calcul des moments sollicitants

Le calcul est réalisé selon l'équation 5.40. La valeur de μ est recalculée selon le tableau suivant :

Relation 5.46	f_{xd1_app}	0,05	MPa
Relation 5.47	f_{xd2_app}	0,37	MPa
Relation 5.45	μ	0,13	
Tableau 5.9 du chapitre 5 avec rapport h/l = 2	α_2	0,104	
$M_{Ed2} = 0,104 \times 956,1 \times 5^2$	M_{ed2}	2486	N.m/m
$M_{Ed1} = \mu \times M_{Ed2} = 0,13 \times 2\ 486$	M_{ed1}	331	N.m/m

9.2.4.2.3 Vérification de la résistance

L'inéquation 9.21 est vérifiée : $M_{Ed2} \leq M_{Rd2}$ et $M_{Ed1} \leq M_{Rd1}$.

9.3 Calcul de la résistance d'un linteau en maçonnerie

Se reporter au fichier téléchargeable en ligne sur la fiche de l'ouvrage : www.editions-eyrolles.com.

Prenons l'exemple du linteau suivant :

Données :

- N_{Ed} = 25 000 N/m, la charge totale de calcul sur le linteau ;
- ℓ_{cl} = 1 400 mm, la portée libre du linteau ;
- h = 400 mm, la hauteur libre du linteau ;
- b_c = b = 200 mm, l'épaisseur du linteau ;
- f_{yk} = 500 MPa, la résistance caractéristique de l'acier des armatures (coefficient de sécurité de l'acier des armatures γ_s = 1,15).

Le linteau est réalisé à l'aide d'éléments de coffrage rempli de béton. Ils sont considérés comme éléments de groupe 1. La résistance caractéristique déclarée est celle des blocs. R_C = 8 MPa.

On prendra un coefficient de sécurité pour la maçonnerie γ_M = 2,2.

Il faut tout d'abord vérifier que la méthode est utilisable. Sinon, le linteau doit être vérifié selon l'Eurocode 2.

La méthode est utilisable si $\dfrac{\ell_{cl}}{d} \leq 17$.

On prendra

Vérification : $\dfrac{\ell_{cl}}{d} = \dfrac{1400}{350} = 4 \leq 17$.

Il y a également lieu de vérifier l'espacement maximal des murs transversaux par la seconde relation :

$$\ell_r \leq \min\left(60 \times b_c \; ; \; \frac{250}{d} \times b_c^2\right) = \min\left(60 \times 200 \; ; \; \frac{250}{350} \times 200^2\right) = \min\left(12\ 000 \; ; \; 28\ 571\right)$$

(valeurs en mm)

La distance libre entre murs transversaux doit donc être inférieure à 12 m.

On considère que cette seconde vérification est réalisée pour le projet et l'on peut donc appliquer la méthode de calcul.

9.3.1 Vérification de l'ELU en flexion

9.3.1.1 Longueur effective de la poutre

Elle est définie selon le type de poutre (poutre haute ou non) (voir chapitre 4, § 4.2.4) :

Si $h \leq \dfrac{1,15 \times \ell_{c\ell}}{2}$, la poutre est une poutre simple. Elle est considérée comme poutre haute sinon.

Vérification pour notre cas :

$h = 400$ mm ; $\dfrac{1,15 \times \ell_{c\ell}}{2} = \dfrac{1,15 \times 1\ 400}{2} = 805$ mm . La poutre est à calculer comme une poutre simple selon l'équation 5.76. La longueur ou portée effective est définie par :

$\ell_{ef} = \ell_{c\ell} + d = 1\ 400 + 350 = 1\ 750$ mm.

9.3.1.2   Vérification de la résistance de la section

On doit vérifier la relation 5.74 : $M_{Ed} \leq M_{Rd}$

Avec : $M_{Rd} = \min (A_S \times f_{yd} \times z \; ; \; \varphi \times f_{dh} \times b \times d^2)$ (équation 5.75)

Le second terme de la relation permet de vérifier que la section coffrage + béton est suffisante.

Pour effectuer cette vérification, nous avons besoin de connaître la résistance à la compression de la maçonnerie dans le sens longitudinal f_{dh}.

Cette résistance f_{dh} est calculée en considérant que le linteau est réalisé avec des éléments de coffrage remplis de béton. Ils appartiennent ainsi au groupe 1.

Dans ce cas :

$$f_{dh} = \frac{1}{\gamma_M} \times K \times \left(R_c \times \delta \times \delta_p \times \delta_c \right)^{0,7} \times f_m^{0,3}$$

soit

$$f_{dh} = \frac{1}{2,2} \times 0,55 \times \left(8 \times 1 \times 1,18 \times 1 \right)^{0,7} \times 10^{0,3} = 2,40 \text{ MPa}$$

Calcul de $M_{Rd,max}$:

$M_{rd,max} = \varphi \times f_{dh} \times b \times d^2 = 0,4 \times 2,40 \times 200 \times (350)^2 = 23\ 531 \times 10^3$ N.mm $= 23\ 531$ N.m

Calcul du moment sollicitant :

$$M_{Ed} = N_{Ed} \times \frac{\ell_{ef}^2}{8} = 25 \times \frac{1\ 750^2}{8} = 9,57 \times 10^6 \text{ N.mm, soit } 9\ 570 \text{ N.m}$$

La relation 5.74 est bien vérifiée.

9.3.1.3   Calcul des armatures

Le bras de levier z ainsi que la section d'acier sont déterminés par les relations suivantes :

(1) équation 5.76 : $z = \min\left(d \times \left(1 - 0,5 \times \dfrac{A_S \times f_{yd}}{b \times d \times f_{dh}} \right) ; \; 0,95 \times d \right)$

Nous avons également la relation suivante à satisfaire pour déterminer A_s (premier terme de la relation 5.75) :

(2) $$M_{Rd} = A_S \times f_{yd} \times z$$

Les relations (1) et (2) conduisent au système d'équations suivant à résoudre pour déterminer A_s et z.

On obtient en posant : $\qquad F_A = A_S \times f_{yd} \; ; \; F_B = b \times d \times f_{dh}$

(1) $$\frac{z}{d} = 1 - 0,5 \times \frac{F_A}{F_B}$$

(2) $$M_{Rd} = F_A \times z = M_{Ed}$$

(3) $$\frac{z}{d} \leq 0,95$$

Pour le calcul, on prendra : $\qquad M_{Rd} = M_{Ed}$

La résolution conduit à l'équation du second degré suivante :

$$\frac{1}{d} z^2 - z + 0,5 \frac{M_{Rd}}{F_B} = 0$$

Résolution :

$$F_B = 200 \times 350 \times 2,40 = 1,68 \times 10^5 \text{ N}$$

Discriminant :
$$\Delta = 1 - 4 \times \frac{1}{d} \times 0,5 \times \frac{M_{Rd}}{F_B}$$

$$\Delta = 1 - 4 \times \frac{1}{350} \times 0,5 \times \frac{9,57 \times 10^6}{1,68 \times 10^5} = 0,674 \; ; \; \sqrt{\Delta} = 0,821$$

Racines de l'équation :

$$z_1 = \frac{d}{2} \times (1 + \sqrt{\Delta}) = 175 \times (1 + 0,821) = 318,7 \text{ mm}$$

$$z_2 = \frac{d}{2} \times (1 + \sqrt{\Delta}) = 175 \times (1 + 0,821) = 31,26 \text{ mm}$$

Nous prendrons la valeur z_1 qui est inférieure à $0,95 \times d$ et qui conduit à la section d'acier minimale. Cela nous permet de calculer A_s :

$$A_s = f_{yd} \times z_1 = 434,8 \times 318,7 = 69,1 \text{ mm}^2$$

Cette section doit être supérieure à la section minimale d'acier à mettre en œuvre :

$$A_{s,min} = \frac{0,05}{100} \times b \times d = 5 \times 10^{-4} \times 200 \times 350 = 35 \text{ mm}^2.$$

La section A_s à mettre en œuvre est donc égale à 69,1 mm², ce qui est réalisable pour la section de coffrage considérée.

Nous choisirons 2 aciers ϕ 8 mm ($A_s = 100$ mm²).

9.3.2 Vérification de l'ELU d'effort tranchant

Nous devons vérifier :

$$V_{Ed} \leq V_{Rd} = V_{Rd1} + V_{Rd2} \text{ (équation 5.78)}$$

V_{Rd1} étant la résistance à l'effort tranchant dû au matériau (maçonnerie ou béton) et V_{Rd2} la résistance à l'effort tranchant due à l'armature de renforcement éventuelle.

$$V_{Rd1} = f_{vd} \times b \times d \text{ (équation 5.79)}$$

La première étape consiste à déterminer la résistance au cisaillement f_{vd} du linteau. Celle-ci est donnée par l'équation 5.80 :

$$f_{vd} = \frac{1}{\gamma_M} \times \min\left(0,7 \; ; \; 0,35 + 17,5 \times \frac{A_S}{b \times d}\right)$$

$$f_{vd} = \frac{1}{2,2} \times \min\left(0,7 \; ; \; 0,35 + 17,5 \times \frac{100}{200 \times 350}\right) = 0,17 \text{ MPa}$$

La résistance à la compression, dans le sens vertical, f_d de la maçonnerie est égale à :

$$f_d = \frac{1}{\gamma_M} \times K \times \left(R_C \times \delta \times \delta_p \times \delta_c\right)^{0,7} \times f_m^{0,3}$$

$$f_d = \frac{1}{2,2} \times 0,55 \times \left(8 \times 1,15 \times 1,18 \times 1,0\right)^{0,7} \times 10^{0,3}$$

$$\boxed{f_d = 2,65 \text{ MPa}}$$

Effort tranchant :
$$V_{Ed} = N_{Ed} \times \frac{\ell_{ef}}{2} = 25 \times \frac{1\,750}{2} = 21\,875 \text{ N}$$

Résistance de la section coffrage + béton :

$$V_{Rd1} = f_{vd} \times b \times d = 0,171 \times 200 \times 350 = 11\,935 \text{ N}$$

La résistance de cette section est insuffisante et nécessite la mise en place d'armatures d'effort tranchant.

Détermination de V_{Rd2} (équation 5.83).

En considérant que les armatures sont disposées verticalement ($\alpha = 90$ deg) :

$$V_{Rd2} = 0,9 \times d \times \frac{A_{Sw}}{s} \times f_{yd} = V_{Ed} \times V_{Rd1} = 21\,875 - 11\,935 = 9939 \text{ N}$$

Et :

$$\frac{A_{Sw}}{S} = \frac{V_{Ed} - V_{Rd1}}{0,9 \times d \times f_{yd}} = \frac{9\,939}{0,9 \times 350 \times 434,8} = 0,073 \text{ mm}$$

Espacement minimal des cadres d'armature (voir chapitre 7, paragraphe 7.3.3.4) :

$$s_{max} = \min(0,75 \times d \; ; 300 \text{ mm})$$

$$s_{max} = \min(0,75 \times 350 \; ; \; 300) = 262,5 \text{ mm}$$

$A_{sw,mini}$ = 0,073 × 262,5 = 19,2 mm^2 pour un cadre de renforcement.

On choisit un cadre constitué de deux brins d'acier HA 6 mm (section totale 57 mm^2).

Espacement : 250 mm.

Valeur de V_{Rd2} correspondante :

$$V_{Rd2} = 0,9 \times d \times \frac{A_{Sw}}{s} \times f_{yd} = 0,9 \times 350 \times \frac{5\ 700}{250} \times 434,7 = 30\ 963 \text{ N}$$

Vérification de la solution (équation 5.84).

Il reste à vérifier l'inégalité suivante :

$$V_{Rd1} + V_{Rd2} \leq 0,25 \times f_d \times b \times d$$

$$V_{Rd1} + V_{Rd2} = 11\ 935 + 30\ 963 = 42\ 898 \text{ N}$$

$$0,25 \times f_d \times b \times d = 0,25 \times 2,65 \times 200 \times 350 = 46\ 375 \text{ N}$$

L'inégalité est vérifiée.

9.4 Exemple de calcul : mur de soubassement

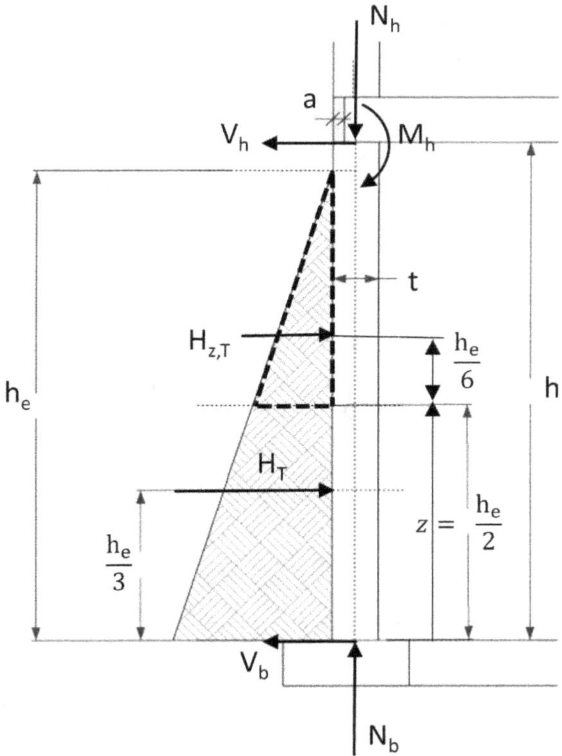

Figure 9.5. Schéma du mur de soubassement

9.4.1 Données

Hauteur du mur	h	2,2	m
Longueur entre murs raidisseurs	b_c	4	m
Epaisseur du mur	t	0,2	m
Eléments de maçonnerie			
Poids propre des éléments	$g_{k,M}$	2,1	t/m^3
	$g_{k,M}$	21	kN/m^3
Résistance caractéristique f_k	f_k	5,83	MPa
	γ_M	2,2	
Résistance de calcul f_d	f_d	2,65	MPa
Résistance de calcul à la flexion	f_{xk1}	0,1	MPa
	f_{xd1}	0,05	MPa
Planelle de rive largeur 5 cm	a	0,05	m
Plancher béton, portée	L_p	6	m
Poids propre $g_{k,p}$ = 1,8 kN/m^2 ;	$g_{k,p}$	1,8	kN/m^2
Charge d'exploitation	$q_{k,v}$	1,5	kN/m^2
Charge de terre			
Hauteur de chargement	h_e	2,000	m
Masse volumique de la terre	ρ_e	2,000	t/m^3
	ρ_e	20,000	kN/m^3
Coefficient de poussée	K_a	0,333	
Pression horizontale en pied de mur $P_0 = K_a \times \rho_e \times h_e$	P_0	13,333	kN/m^2

		$N_{Ed,max}$	$N_{Ed,min}$	
Coefficients partiels	γ_g (terre)	1,35	1,35	
	γ_g (structure)	1,35	1,00	
	γ_q	1,50	1,00	
Chargement supérieur $N_{Edu,h}$				
Nombre de murs au-dessus du plancher supérieur	N_m_sup	2	2	
Nombre de planchers au-dessus du plancher supérieur	N_p_sup	2	2	
Charge correspondante				
Charge pondérée pour un mur	$N_{Edu,m}$	48,0249	35,574	kN
Charge pondérée pour un plancher	$N_{Edu,p}$	54,054	38,115	kN
Charge sur la partie supérieure	$N_{Edu,h}$	204,1578	147,378	kN

9.4.2 Vérification par la méthode simplifiée

La méthode de vérification est définie chapitre 5, § 5.3.2.

La section est vérifiée à h/2.

Vérification de l'équation 5.36		$N_{Ed,max}$	$N_{Ed,min}$	
$N_{Edu,h} + N_{Edu,p} + N_{Edu,m}(h_e/2)$ (charges pondérées par les coefficients partiels)	$N_{Ed,max}$	300,659		kN
$\dfrac{t \times b \times f_d}{3}$	$N_{Rd,max}$	719,033		kN
$N_{Ed,max} \leq N_{Rd,max}$		OK		
Vérification de l'équation 5.37 : $N_{Ed,min} \geq N_{Ed,limite} = \dfrac{\rho_e \times b \times h \times h_e^2}{\beta \times t}$				
$N_{Edu,h} + N_{Edu,p} + N_{Edu,m}(h_e/2)$ (charges pondérées par les coefficients partiels)	$N_{Ed,\,min}$		216,605	kN
Choix pour satisfaire à l'équation	β		23	
$\dfrac{\rho_e \times b \times h \times h_e^2}{\beta \times t}$	$N_{Ed,limite}$		210,224	kN
Selon chapitre 5, Figure 5.20	b_c/h		1,85	
Longueur entre murs raidisseurs.	b_c		4,07	m

La solution est acceptable en interposant un raidisseur de mur tous les 4 m environ (voir chapitre 5, Figure 5.19).

9.4.3 Vérification par la méthode générale

9.4.3.1 Résistance en tête de mur

Voir chapitre 5, § 5.1.1.2.

		$N_{Ed,max}$	$N_{Ed,min}$	
$l = b_c = 4$ m	h/l	0,550	0,550	
Voir chap. 4, Figures 4.13 et 4.14 ; 2 bords raidis	ρ	0,64	0,64	
$\rho \times h$	h_{ef}	1,408	1,408	m
Charge due au plancher	$N_{ed,f}$	56,160	39,600	kN
N_{id} en partie supérieure ($N_{id,h}$)	$N_{id,h}$	268,272	192,720	kN
Moment en partie supérieure	$M_{id,h}$	14,661	10,560	kN.m
	$M_{id,h}/N_{id,h}$	0,055	0,055	m
	h_{ef}/t	7,040	7,040	
$\dfrac{h_{ef}}{450}$	e_{init}	0,003	0,003	m
$e_i = \max\left(\dfrac{M_{id}}{N_{id}} + e_{init} + e_{he} \; ; \; 0{,}05 \times t\right)$	$e_{i,h}$	0,058	0,058	m
$\phi_i = 1 - 2 \times \dfrac{e_i}{t}$	$\phi_{i,h}$	0,422	0,421	
Résistance en partie supérieure $N_{rd,h}$	$N_{rd,h}$	895,093	892,024	kN
Vérification $N_{ed} < N_{rd}$	vérif	OK	OK	

9.4.3.2 Résistance en pied de mur

Voir chapitre 5, § 5.1.1.2.

		$N_{Ed,max}$	$N_{Ed,min}$	
$N_{id,b} = N_{id,h} + N_{Ed,mur}$	$N_{id,b}$	318,168	229,680	kN
$M_{id,b}$	$M_{id,b}$	0,000	0,000	kN.m
Excentricité de la charge $N_{id,b}$	$M_{id,b}/N_{id,b}$	0	0	m
$e_i = \max\left(\dfrac{M_{id}}{N_{id}} + e_{init} + e_{he} \; ; \; 0{,}05 \times t\right)$	$e_{i,b}$	0,010	0,010	m
$\phi_i = 1 - 2 \times \dfrac{e_i}{t}$	$\phi_{i,b}$	0,900	0,900	
Résistance en pied $N_{Rd,b}$	$N_{Rd,b}$	1908,00	1908,00	kN
Vérification $N_{Ed} < N_{Rd}$	vérif	OK	OK	

Vérification des contraintes				
		$N_{Ed,max}$	$N_{Ed,min}$	
contrainte de compression due à N	σ_N	0,398	0,287	MPa
$\dfrac{\ell \times t^2}{6}$	I/v	0,027	0,027	m³
contrainte de flexion	σ_M	0,000	0,000	MPa
contraintes totales	σ_{N+M}	0,398	0,287	MPa
	σ_{N-M}	0,398	0,287	MPa
Vérifications	$\sigma_{N+M} \leq f_d$	OK	OK	
$f_{xd1,app} = f_{xd1} + \sigma_N$; σ_N limité à $0{,}15 \times \dfrac{N_{Rd}}{\ell \times t}$ (voir éq. (5.46)) (contrainte de traction, considérée négative)	$f_{xd1,app}$ (traction : signe -)	- 0,40	- 0,33	MPa
	$\sigma_{N-M} \geq f_{xd1,app}$	OK	OK	

9.4.3.3 Résistance à mi-hauteur

Voir chapitre 5, § 5.1.1.6.

		$N_{Ed,max}$	$N_{Ed,min}$	
z = h/2	z	1,00	1,00	m
Charge verticale pondérée à la hauteur z	$N_{z,d}$	293,22	211,2	kN
Réaction horizontale à l'appui supérieur (équilibre mécanique du mur sous la charge N) (1)	$V_{h,N}$	6,66	4,8	kN
Moment fléchissant en z	$M_{z,N}$	7,33	5,28	kN.m
Moment dû au chargement de terre (2)				
Pressions pondérées en pied $p_0 = K_a \times \rho_e \times h_e$	p_0	18,00	18,00	kN/m²
Pression pondérée à z = h_e/2 $p_z = K_a \times \rho_e \times \dfrac{h_e}{2}$	p_z	8,10	8,10	kN/m²
Réaction à l'appui supérieur	$V_{h,T}$	21,82	21,82	kN
Réaction à l'appui inférieur	$V_{b,T}$	21,82	21,82	kN
Charge due à la terre au-dessus de z	$H_{z,T}$	14,58	14,58	kN
Moment en z dû à la terre (3)	$M_{z,T}$	−19,63	-19,63	kN.m

(1) Selon Figure 9.5, équilibre du mur sous le chargement vertical N :

Équilibre des moments (moments calculé en pied) :

$V_{h,N} \times h + M_{id,h} + M_{id,h} = 0$

Soit : $V_{h,N} = -\left(\dfrac{M_{id,h} + M_{id,b}}{h}\right)$; $V_{h,N} = -V_{b,N}$

et $M_{z,N} = M_{id,h} + M_{id,b} + V_{h,N}\,(h - z)$

(2) Équilibre du mur sous le chargement horizontal de terre :

Équilibre des forces horizontales : $V_{h,T} + V_{b,T} + H_T = 0$;

Équilibre des moments (moments calculés en pied) :

$V_{h,T} \times h + H_T \times \dfrac{h_e}{3} = 0$;

Soit : $V_{h,T} = H_T \times \dfrac{h_e}{3 \times h}$; $V_{b,T} = H_T \times \left(\dfrac{h_e}{3 \times h} - 1\right)$; $H_T = p_0 \times \dfrac{h_e}{2} \times \ell$

(3) Calcul du moment fléchissant dans la section z :

$M_{z,T} = V_{h,T} \times (h - z) + H_{z,T} \times \dfrac{h_e - z}{3}$; $H_{z,T} = p_z \times \dfrac{h_e - z}{2} \times \ell$; $p_z = K_a \times \rho \times (h_e - z)$

		$N_{Ed,max}$	$N_{Ed,min}$	
$M_{z,T} + M_{z,N}$	$M_{Ed,z}$	−12,30	−14,35	kN.m
$e_{h,z} = \dfrac{M_{Ed,z}}{N_{z,d}}$		−0,067	−0,093	m
$e_{init} = \dfrac{h_{ef}}{450}$	e_init	0,003	0,003	
$e_z = \dfrac{M_{z,N}}{N_{z,N}} + e_{h,z} + e_{init}$	e_z	0,045	0,071	m
Excentricité e_k due au fluage	ϕ_∞	1,50	1,50	

$e_k = 0{,}002 \times \phi_\infty \times \dfrac{h_{ef}}{t_{ef}} \times \sqrt{t \times e_z}$	e_k	0,002	0,003	m
$e_{zk} = \max(e_z + e_k \, ; \, 0{,}05 \times t)$	e_{zk}	0,047	0,074	m
	e_{zk}/t	0,24	0,37	
	h_{ef}/t	7,04	7,04	
Calcul de coefficient d'affaiblissement ϕ_z				
$A = 1 - 2 \times \dfrac{e_{zk}}{t}$	A	0,529	0,264	
$u = \dfrac{h_{ef} - 2 \times t}{23 \times t - 37 \times e_{zk}}$	u	0,353	0,537	
$\phi_z = A \times 2{,}72^{-\frac{u^2}{2}}$	ϕ_z	0,497	0,229	
Résistance en partie médiane N_{Rd}	N_{Rd}	1,055	0,485	MN
$N_{Rd} = \phi \times \ell \times t \times f_d$	N_{Rd}	1054,54	485,08	kN
Vérification $N_{z,d} < N_{Rd}$	vérif	OK	OK	

		$N_{Ed,max}$	$N_{Ed,min}$	
Vérification des contraintes				
contrainte de compression due à N	σ_N	0,367	0,264	MPa
$\dfrac{\ell \times t^2}{6}$	I/v	0,027	0,027	m³
contrainte de flexion	σ_M	0,461	0,538	MPa
contraintes totales	σ_{N+M}	0,828	0,802	MPa
	σ_{N-M}	-0,095	-0,274	MPa
Vérifications	$\sigma_{N+M} \leq f_d$	OK	OK	
$f_{xd1,app} = f_{xd1} + \sigma_N \, ; \, \sigma_N$ limité à $0{,}15 \times \dfrac{N_{Rd}}{\ell \times t}$ (voir éq. (5.46)) (contrainte de traction, considérée négative)	$f_{xd1,app}$ (traction : signe -)	0,24	−0,14	MPa
	$\sigma_{N-M} \geq f_{xd1,app}$	OK	Section fissurée	

9.4.3.4 Vérification de résistance à $z = h_e/2$

		$N_{Ed,max}$	$N_{Ed,min}$	
$z = h_e/2$	z	1,00		m
Charge verticale pondérée à la hauteur z	$N_{z,d}$	295,488	212,88	kN
Réaction horizontale à l'appui supérieur (équilibre mécanique du mur sous la charge N) (1)	$V_{h,N}$	6,66	4,8	kN
Moment fléchissant en z	$M_{z,N}$	6,66	4,80	kN.m
Moment dû au chargement de terre (2)				
	z	1,00	1,00	m
Pressions pondérées en pied $p_0 = K_a \times \rho_e \times h_e$	p_0	18,00	18,00	kN/m²
Pression pondérée à $z = h_e/2$ $p_z = K_a \times \rho_e \times \dfrac{h_e}{2}$	p_z	9,00	9,00	kN/m²
Réaction à l'appui supérieur	$V_{h,T}$	21,82	21,82	kN
Réaction à l'appui inférieur	$V_{b,T}$	21,82	21,82	kN
Charge due à la terre au-dessus de z	$H_{z,T}$	18,00	18,00	kN
Moment en z dû à la terre (3)	$M_{z,T}$	−20,18	−20,18	kN.m

		$N_{Ed,max}$	$N_{Ed,min}$	
$M_{z,T} + M_{z,N}$	$M_{Ed,z}$	−13,52	−15,38	kN.m
$e_{h,z} = \dfrac{M_{Ed,z}}{N_{z,d}}$	$e_{h,z}$	−0,068	−0,095	m
$e_{init} = \dfrac{h_{ef}}{450}$	e_{init}	0,003	0,003	
$e_z = \dfrac{M_{z,N}}{N_{z,N}} + e_{h,z} + e_{init}$	e_z	0,049	0,075	m
Excentricité e_k due au fluage	f_∞	1,50	1,50	
$e_k = 0,002 \times \phi_\infty \times \dfrac{h_{ef}}{t_{ef}} \times \sqrt{t \times e_z}$	e_k	0,002	0,003	m
$e_{zk} = \max (e_z + e_k \,;\, 0,05 \times t)$	e_{zk}	0,051	0,078	m
	e_{zk}/t	0,25	0,39	
	h_{ef}/t	7,04	7,04	
Calcul de coefficient d'affaiblissement ϕ_z				
$A = 1 - 2 \times \dfrac{e_{zk}}{t}$	A	0,490	0,220	
$u = \dfrac{h_{ef} - 2 \times t}{23 \times t - 37 \times e_{zk}}$	u	0,371	0,588	
$\phi_z = A \times 2,72^{-\frac{u^2}{2}}$	ϕ_z	0,458	0,185	
Résistance en partie médiane N_{Rd}	N_{Rd}	0,970	0,393	MN
$N_{Rd} = \phi \times \ell \times t \times f_d$	N_{Rd}	970,29	392,79	kN

		$N_{Ed,max}$	$N_{Ed,min}$	
Vérification $N_{zd} < N_{Rd}$	vérif	OK	OK	
Vérification des contraintes				
contrainte de compression due à N	σ_N	0,369	0,266	MPa
$\dfrac{\ell \times t^2}{6}$	I/v	0,027	0,027	m³
contrainte de flexion	s_M	0,507	0,577	MPa
contraintes totales	σ_{N+M}	0,876	0,843	MPa
	σ_{N-M}	–0,138	–0,311	MPa
Vérification des contraintes	$\sigma_{N+M} \leq f_d$	OK	OK	
$f_{xd1,app} = f_{xd1} + \sigma_N$; σ_N limité à $0,15 \times \dfrac{N_{Rd}}{\ell \times t}$ (voir éq. (5.46)) (contrainte de traction, considérée négative)	$f_{xd1,app}$ (traction : signe -)	–0,23	–0,12	MPa
	$\sigma_{N-M} \geq f_{xd1,app}$	OK	Section fissurée	

9.4.3.5 Vérification du cisaillement en pied de mur

		$N_{Ed,max}$	$N_{Ed,min}$	
Section de l'appui : $t \times b_c$	A_b	0,800	0,800	m²
Force due à la terre, $H_T = p_0 \times \dfrac{h_e}{2} \times \ell$	H_T	72,000	72,000	kN
Effort de cisaillement, $V_{b,T} = H_T \times \left(\dfrac{h_e}{3 \times h} - 1 \right)$	$V_{b,T}$	50,182	50,182	kN
Contrainte de cisaillement	σ_v	0,063	0,063	MPa
Résistance au cisaillement	f_{vk0}	0,200	0,200	MPa
Contrainte de compression en pied	σ_d	0,398	0,287	MPa
	f_{vk}	0,359	0,315	MPa
	f_b	10,860	10,860	MPa
Résistance limite	$0,065\ f_b$	0,706	0,706	MPa
Inférieure à $0,065\ f_b$	f_{vk}	0,359	0,315	MPa
	f_{vd}	0,163	0,143	MPa
Vérification $\sigma_v \leq f_{vd}$	$\sigma_v \leq f_{vd}$	OK	OK	

9.4.4 Conclusions

La méthode générale montre qu'en chargement N_{Edl}, équivalent à un état limite de service, la section dépasse la limite de traction et conduit à une fissuration. Si cette fissuration est considérée comme non préjudiciable, cas d'un local non habité de type cave par exemple, la solution peut être considérée comme satisfaisante. Autrement, il y a lieu de modifier les caractéristiques du projet en augmentant par exemple l'épaisseur des éléments. Il est également possible de mettre en œuvre un mur armé qui permettrait de reprendre la fissuration.

Sans être aussi précise, la méthode simplifiée très rapide à utiliser donne des résultats satisfaisants en situation non préjudiciable.

9.5 Exemple de calcul : mur de soutènement (section composite)

Se reporter au fichier de calcul associé téléchargeable en ligne sur la fiche de l'ouvrage : www.editions-eyrolles.com.

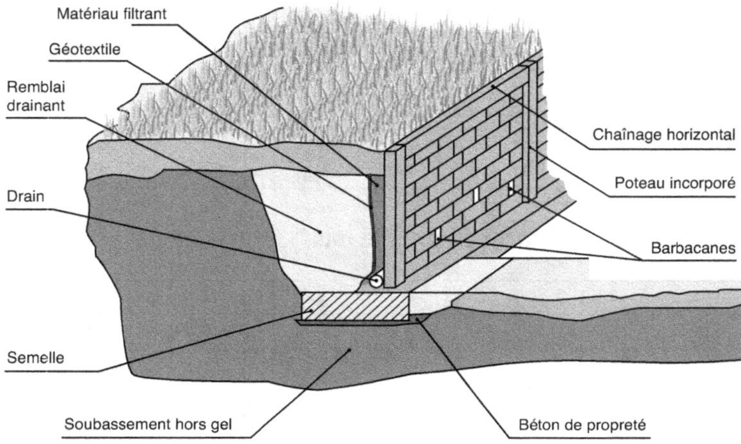

Figure 9.6. Principe de mise en œuvre d'un mur de soutènement

Les murs de soutènement sont des ouvrages complexes dont le dimensionnement et la mise en œuvre nécessitent toujours une étude spécifique. Pour des murs peu élevés (H inférieur à 2,5 m), on peut utiliser la méthode de dimensionnement proposée en respectant les dispositions constructives présentées en Figure 9.6.

9.5.1 Documents de référence

NF EN 1997-1 : Eurocode 7 – Calculs géotechniques – Règles générales.

NF EN 1997-1/NA : Eurocode 7 – Calculs géotechniques – Règles générales – Annexe nationale française.

Fascicule 62, titre 5 du CCTG (cahier des clauses techniques générales) – Règles techniques de conception et de calcul des fondations des ouvrages de génie civil.

Les fascicules du CCTG sont disponibles sur le site Internet suivant : www.btp.equipement.gouv.fr

9.5.2 Dimensionnement

Le dimensionnement suit les étapes suivantes.

1/ Vérification de la tenue de l'ouvrage dans son ensemble : l'ouvrage doit être capable de s'opposer au :

- basculement dû à la poussée horizontale du remblai (perte d'équilibre) ;
- glissement au niveau de la semelle ;
- poinçonnement de l'appui sous la semelle.

Cette vérification est réalisée selon les prescriptions de l'Eurocode 7.

2/ Vérification de la résistance interne de l'ouvrage :

- voile de maçonnerie : résistance en flexion et au cisaillement de la surface de liaison avec la semelle (section S1, Figure 9.8) ; détermination des sections d'acier à disposer dans les sections armées (chaînages verticaux ou poteaux) ;
- résistance à la pression des terres du voile de maçonnerie situé entre les ailes de renforcement ;
- résistance de la semelle aux différentes poussées et sollicitations (sections S2 et S3, Figure 9.8).

L'étude de la rupture éventuelle par instabilité d'ensemble telle que celles présentées Figure 9.7 (mur avec remblai très incliné ou mur fondé en tête de talus par exemple) nécessite une étude spécifique non considérée dans le cadre de ce dimensionnement. On se référera aux dispositions de calcul en vigueur (Eurocode 7 ou fascicule 62 – Titre V du CCTG).

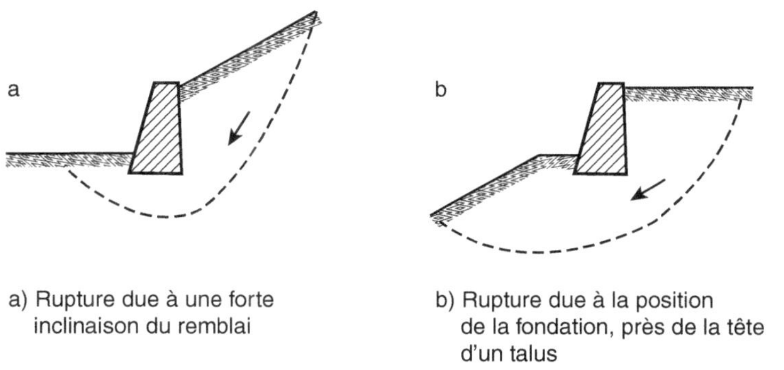

a) Rupture due à une forte
inclinaison du remblai

b) Rupture due à la position
de la fondation, près de la tête
d'un talus

Figure 9.7. Exemple de rupture par instabilité d'ensemble

9.5.3   Prédimensionnement et chargement

Le prédimensionnement est réalisé selon la Figure 9.8 (valeurs à vérifier ensuite par calculs). Le schéma de chargement est également précisé sur la figure.

Pour le dimensionnement, on considère que le mur agit comme un mur poids s'opposant à l'action de poussée due au remblai et à la charge variable q.

On considère que ces poussées sont inclinées d'un angle δ, minimum de l'angle de talus β ou de l'angle de frottement ϕ_R du matériau de remblai.

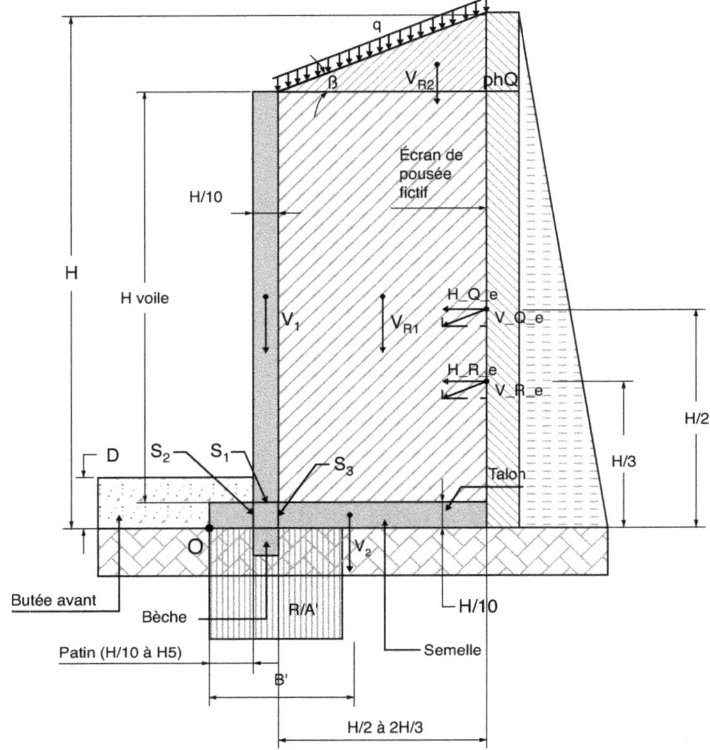

Figure 9.8. Prédimensionnement et chargement

9.5.4 Données du projet

Le mur est constitué d'une section composite en T, avec une aile de renforcement d'une largeur ℓ_a (Figure 9.9).

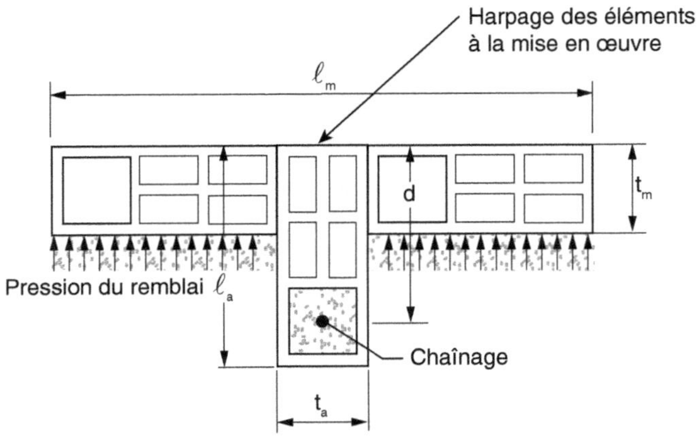

Figure 9.9. Section composite en T

9.5.4.1 Caractéristiques des matériaux

Tableau 9.1. Caractéristiques des matériaux

Caractéristique	Symbole	Valeur	Unité
Maçonnerie			
Masse volumique	ρ_m	270	kg/m²
Coefficient partiel	γ_M	2,20	
Résistance caractéristique à la compression	f_k	2,61	MPa
Résistance caractéristique au cisaillement	f_{vk0}	0,20	MPa
Résistance caractéristique	f_{xk2}	0,4	MPa
Résistance caractéristique à la flexion (axe horizontal)	f_{xk1}	0,1	MPa
Résistance de calcul à la compression	f_d	1,19	MPa
Résistance de calcul au cisaillement	f_{vd}	0,09	MPa
Résistance de calcul à la flexion (axe vertical)	f_{xd2}	0,18	MPa
Résistance de calcul à la flexion (axe horizontal)	f_{xd1}	0,05	MPa
Béton			
	ρ_c	2 400	kg/m³
Résistance caractéristique à la compression	f_{ck}	25	MPa
Coefficient partiel	γ_c	1,50	
Résistance de calcul à la compression	f_{cd}	16,67	MPa
Résistance caractéristique au cisaillement	f_{cvk}	0,45	MPa
Résistance de calcul au cisaillement	f_{cvd}	0,3	MPa
Acier			
Résistance caractéristique	f_{yk}	500	MPa
Coefficient partiel	g_s	1,15	
Résistance de calcul	f_{yd}	435	MPa
Remblai			
Masse volumique	γ_R	2 000	kg/m³
Angle du talus	β	10	degrés
	β	0,17	rad
Angle de frottement interne (valeur à long terme)	ϕ'_R	30	degrés
	ϕ'_R	0,52	rad
Coefficient de poussée – relation (9.4.1)	K_a	0,333	
Inclinaison force de poussée sur écran fictif – relation (9.5.4)	δ_e	0,17	rad
Inclinaison force de poussée sur mur de maçonnerie : 2/3 de δ_e	δ_m	0,12	rad
Sol de fondation			
Masse volumique	γ_S	2 000	kg/m³
Angle de frottement interne (valeur à long terme)	ϕ'_S	27	degrés
	ϕ'_S	0,47	rad
Cohésion effective (valeur à long terme)	C'_S	10	kPa
Cohésion non drainée (argile)	C_u	10	kPa
Inclinaison force de poussée sur semelle (ϕ'_S ou 2/3 ϕ'_S si surface préfabriquée lisse)	δ_S	27	degrés
	δ_S	0,47	rd
	$\mathrm{Tan}(\delta_S)$	0,51	
Coefficient de butée K_p – relation (9.5.5)	K_p	2,66	

9.5.4.2 Caractéristiques géométriques de l'ouvrage

Tableau 9.2. Caractéristiques géométriques de l'ouvrage

Elément de calcul	Symbole	Valeur	Unité
Voile de maçonnerie			
Hauteur	h_m	2	m
Longueur	ℓ_m	1,2	m
Épaisseur	t_m	0,2	m
Aile de renforcement			
Épaisseur	t_a	0,2	m
Longueur	ℓ_a	0,7	m
Hauteur	h_a	2	
Caractérisation d'un chaînage	$A_{ch,a}$	0,0225	m^2
Hauteur utile de la section armée	d_a	0,6	m
Semelle			
Épaisseur	t_s	0,3	m
Largeur du talon	b_t	1,4	m
Largeur du patin	b_p	0,3	m
Largeur totale de la semelle	bs	1,9	m
Butée avant			
Hauteur	D	0,6	m
Bèche(1)			
Épaisseur	t_b	0,2	m
Hauteur	h_b	0,3	m
(1) La bèche permet d'augmenter la résistance au glissement. Elle facilite également la mise en place des armatures.			

9.5.5 Actions et sollicitations

Elles sont définies selon les principes du chapitre 4. Les Coefficients partiels sont définis pour les différents états limites dans le Tableau 9.3 (Annexe nationale de l'EN 1997-1-1).

Tableau 9.3. Eurocode 7 – facteurs partiels pour les différents états limites ultimes (ELU)

ELU	**EQU (équilibre statique)**		**STR (structure)/GEO (sol)**	
Actions	**Coefficients partiels**	**Valeur**	**Coefficients partiels**	**Valeur**
Permanentes défavorables	$\gamma_{G,dst}$	1,1	γ_G	1,35
Permanentes favorables	$\gamma_{G,stb}$	0,9	γ_G	1,00
Variables défavorables	$\gamma_{Q,dst}$	1,50	γ_Q	1,5
Variables favorables	$\gamma_{Q,stb}$	0	γ_Q	0
Paramètres de sol	**Coefficients partiels**	**Valeur**		
Résistance au cisaillement	γ_φ	1,00		

Cohésion drainée	$\gamma_{c'}$	1,00
Cohésion non drainée	γ_{cu}	1,00
Résistance non confinée	γ_{qu}	1,00
Masse volumique	γ_γ	1,00
Fondations superficielles	**Coefficients partiels**	**Valeur**
Portance	γ_{Rv}	1,40
Glissement	γ_{Rh}	1,10

9.5.5.1 Calcul des sollicitations dues à la poussée des terres et à la charge q

Les calculs sont réalisés en valeurs caractéristiques (coefficients partiels égaux à 1).

À noter que la composante horizontale résistante due à la butée avant n'est en général pas prise en compte, du fait de la possibilité d'enlever facilement ce remblai au cours de l'utilisation de l'ouvrage. Le poids de ce remblai intervient par contre dans la vérification de la capacité portante du sol.

Les poussées horizontales dues à la terre et à la charge variable q sont calculées avec le coefficient de poussée K_a :

$$K_a = \text{tg}^2\left(\frac{\Pi}{4} - \frac{\phi'_R}{2}\right)$$

$$(9.5.1)$$

où ϕ'_R est l'angle de frottement interne du remblai.

Poussée horizontale due à q sur l'écran fictif :

$$H_{Q,e} = K_a \cdot q \cdot H \cdot L \cdot \text{Cos}\,(\delta_e)$$

$$(9.5.2)$$

Poussée horizontale due au remblai sur l'écran fictif :

$$H_{R,e} = 1/2 \cdot K_a \cdot \gamma_R \cdot H^2 \cdot L \cdot \text{Cos}\,(\delta_e)$$

$$(9.5.3)$$

où :

δ_e est l'angle d'inclinaison de la force de poussée sur l'écran de poussée fictif. Il est pris égal à :

$$\delta_e = \min\,(\beta\,;\,\phi'_R)$$

$$(9.5.4)$$

β est l'angle d'inclinaison du talus ;

ϕ'_R est l'angle de frottement interne du matériau de remblai.

> Pour les calculs à l'ELU, on considère les caractéristiques à long terme des matériaux de remblai et des sols, en conditions drainées et en contraintes effectives (cohésion c' et frottement interne ϕ').

Les moments résultants sont calculés au point de basculement 0 (avant du patin).

Les poussées verticales (forces poussant sur le talon) dues à la terre et à la charge variable q sont calculées comme suit :

$$V_{Q,e} = H_{Q,e} \cdot \text{Tan}\,(\delta_e)$$

$$(9.5.5)$$

$$V_{R,e} = H_{R,e} \cdot \text{Tan}\,(\delta_e)$$

$$(9.5.6)$$

La force de butée H_b s'exerçant sur la face avant de la bêche est calculée avec le coefficient de butée K_p :

$$K_p = tg^2 \left(\frac{\pi}{4} + \frac{\phi'_s}{2} \right)$$

(9.5.7)

$$H_b = 1/2 \cdot K_p \cdot \gamma_s \cdot h_b^2 \cdot L$$

(9.5.8)

où ϕ'_s est l'angle de frottement interne du sol.

Tableau 9.4. Calcul des sollicitations agissant sur la semelle – valeurs caractéristiques

Élément de calcul	Symbole	Valeur	Unité
Écran fictif			
Hauteur écran de poussée	H	2,55	m
Longueur écran de poussée	L	1,20	m
Position écran par rapport à O	x_e	1,90	m
Charge variable q			
Valeur de la charge	q	1 000	kg/m^2
Charge verticale Q sur talon	Q	16 800	N
Moment de la charge Q par rapport à O	$M_o(Q)$	20 160	N.m
Actions horizontales déstabilisatrices sur écran fictif			
Poussée due à Q	$H_{Q,e}$	10 020	N
Moment par rapport à O	$M_o(H_{Q,e})$	12 759	N.m
Poussée due au remblai	$H_{R,e}$	25 518	N
Moment par rapport à O	$M_o(H_{R,e})$	21 663	N.m
Actions verticales stabilisatrices			
Charge verticale V_{R1} sur le talon (Figure 9.8)	V_{R1}	67 200	N
Moment par rapport à O	$M_o(V_{R1})$	80 640	N.m
Charge verticale V_{R2} sur le talon (Figure 9.8)	V_{R2}	4 145	N
Moment par rapport à O	$M_o(V_{R2})$	5 941	N.m
Poussée verticale q sur écran fictif	$V_{q,e}$	1 766	N
Moment par rapport à O	$M_o(V_{q,e})$	3 355	N.m
Poussée verticale remblai sur écran	$V_{R,e}$	4 497	N
Moment par rapport à O	$M_o(V_{R,e})$	8 545	N.m
Butée avant			
Poids de la butée avant	V_{bt}	2 160	N
Bèche			
Poids de la bèche	V_b	1 728	N
Moment par rapport à O	$M_o(V_b)$	691	N.m
Force de butée	H_b	2 869	N
Mur de soutènement			
Poids du voile de maçonnerie (chaînages inclus, hors aile de renforcement)	V_m	9 720	N
Moment par rapport à O	$M_o(V_m)$	3 888	N.m
Poids de l'aile de renforcement (chaînages inclus)	V_a	1 836	N
Moment par rapport à O	$M_o(V_a)$	1 463	N.m
Poids de la semelle (patin + talon)	V_s	16 416	N

Moment par rapport à O	$M_o(V_s)$	15 595	N.m
Sollicitations résultantes			
Charge verticale due au poids du remblai sur la semelle, au poids du mur et à la poussée du remblai sur l'écran	V_G	105 553	N
Moment par rapport à O	$M_o(V_G)$	116 783	N.m
Charge verticale due à Q et à la poussée de q sur l'écran	V_Q	18 569	N
Moment par rapport à O	$M_o(V_Q)$	23 521	N.m

9.5.6 Vérification des différents états limites

9.5.6.1 Vérification de la stabilité au renversement (ELU – EQU)

Pour cette vérification :
- les poussées ont un effet défavorable :

  $\gamma_{G,dst} = 1,1$ et $\gamma_{Q,dst} = 1,5$;
- les charges verticales stabilisatrices ont un effet favorable :

  $\gamma_G = 0,9$ et $\gamma_Q = 0$.

Moment sollicitant $M_{Ed,equ}$ dû aux actions horizontales déstabilisatrices agissant sur l'écran fictif :

$$M_{Ed,equ} = 1,1 \cdot M_o\,(H_{R,e}) + 1,5 \cdot M_o\,(H_{Q,e}) = 42\ 968 \text{ N.m} \tag{9.5.9}$$

Moment résistant dû aux actions verticales stabilisatrices :

$$M_{Rd,equ} = 0,9 \cdot \begin{bmatrix} M_o(V_{R1}) + M_o(V_{R2}) + M_o(V_{R,e}) + \\ M_o(V_m) + M_o(V_a) + M_o(V_s) \end{bmatrix} = 104\ 465 \text{ N.m} \tag{9.5.10}$$

On vérifie bien que le moment sollicitant est inférieur au moment résistant.

9.5.6.2 Vérification de la stabilité au glissement (ELU – GEO, glissement)

La sollicitation est due à la poussée horizontale des terres sur l'écran fictif :

$$H_{Ed,g} = 1,35 \cdot H_{R,e} + 1,5 \cdot H_{Q,e} = 49\ 480 \text{ N} \tag{9.5.11}$$

La résistante au glissement sous la semelle est égale à :
- la force de frottement due à la pression des terres et du poids du mur agissant sur la semelle, avec $\gamma_{Rh} = 1,1$:

$$R_{d,s} = V_G \cdot \text{Tan}(\delta_s)/\gamma_{Rh} = 48\ 893 \text{ N} \tag{9.5.12}$$

- la force de butée due à la bèche, avec $\gamma_{Rv} = 1,4$:

$$R_{d,b} = H_b/\gamma_{Rv} = 2\ 054 \text{ N} \tag{9.5.13}$$

Soit : $\qquad R_d = R_{d,s} + R_{d,b} = 50\ 947 \text{ N}$

On vérifie que : $\qquad H_{Ed,g} < R_d$

9.5.6.3 Vérification de la capacité portante du sol (ELU – GEO, portance)

La capacité portante (pression) R/A' du sol est égale à la somme des trois termes suivants :

- cohésion latérale du sol (c') :

$$R/A'(c') = c' \cdot N_c \cdot b_c \cdot s_c \cdot i_c \qquad (9.5.15)$$

- surcharge latérale à la fondation (q') :

$$R/A'(q') = q' \cdot N_q \cdot b_q \cdot s_q \cdot i_q \qquad (9.5.16)$$

- pesanteur (γ' : poids volumique des terres sous la fondation) :

$$R/A'(\gamma') = 1/2 \cdot \gamma' \cdot B' \cdot N_\gamma \cdot b_\gamma \cdot s_\gamma \cdot i_\gamma \qquad (9.5.17)$$

Pour ces calculs, on considère que la pression sous la semelle est uniforme (répartition rectangulaire des pressions, voir Figure 9.8).

Définition des différents termes

$A' = B' \cdot L$: valeur de calcul de la surface effective de la fondation

B' : largeur effective de la fondation (voir Figure 9.8)

b : valeur de calcul des facteurs pour l'inclinaison de la base de la fondation, avec les indices c, q et (pour l'exemple ces termes sont égaux à 1)

i : facteurs d'inclinaison de la charge, avec les indices c pour la cohésion, q pour la surcharge et pour le poids volumique

L : longueur de la fondation

N : facteurs de capacité portante, avec les indices c, q

q' : valeur de calcul de la pression effective due au poids des terres au niveau de la base de la fondation

s : facteurs de forme de la base de la fondation, avec les indices c, q

γ' : valeur de calcul du poids volumique effectif du sol sous le niveau de la fondation

Les différents facteurs intervenant dans les calculs sont définis ci-après

- Facteurs de portances N_c, N_q et N_γ :

  Ils dépendent de l'angle de frottement interne du sol ϕ'_s sous la base de la fondation.

$$N_q = e^{\pi \cdot \mathrm{Tan}(\phi'_s)} \cdot \mathrm{Tan}^2(\pi/4 - \phi'_s/2) \qquad (9.5.18)$$

$$N_\gamma = 2 \cdot (N_q - 1) \cdot \mathrm{Tan}(\phi'_s) \qquad (9.5.19)$$

$$N_c = (N_q - 1) \cdot \mathrm{Cot}(\phi'_s) \qquad (9.5.20)$$

- Facteurs de forme de la fondation s_c, s_q et s_γ :

$$s_q = 1 + (B'/L) \cdot \mathrm{Sin}(\phi'_s) \qquad (9.5.21)$$

$$s_\gamma = 1 - 0{,}3 \cdot (B'/L) \qquad (9.5.22)$$

$$s_c = (s_q \cdot N_q - 1)/(N_q - 1) \qquad (9.5.23)$$

- Facteurs dus à l'inclinaison de la charge i_c, i_q et i_γ :

$$i_q = [1 - H/(V + A' \cdot c' \cdot \mathrm{Cot}(\phi'_s))]^m \qquad (9.5.24)$$

$$i_\gamma = [1 - H/(V + A' \cdot c' \cdot \mathrm{Cot}(\phi'_s))]^{m+1} \qquad (9.5.25)$$

$$i_c = i_q - (1 - i_q)/(N_c \cdot \mathrm{Tan}(\phi'_s)) \qquad (9.5.26)$$

avec :

$$m = [2 + (B'/L)]/[(1 + (B'/L)]$$ (9.5.27)

Calcul de la répartition des pressions sous la semelle

La valeur de la pression la plus défavorable s'exerçant sous la semelle est due aux sollicitations suivantes :

- Force de pression $V_{Ed,p}$ s'exerçant sur la semelle (effet favorable) : elle est prise égale à V_G, avec le coefficient partiel $\gamma_{G,stb}$ égal à 0,9.

$$V_{Ed,p} = \gamma_{G,stb} \cdot V_G = 94\ 997\ \text{N}$$ (9.5.28)

- Moment de renversement $M_{Ed,p}$ le plus défavorable, utilisant les relations (9.4.10) et (9.4.9) préalablement calculées :

$$M_{Ed,p} = M_{Rd,equ} - M_{Ed,equ} = 61\ 457\ \text{N.m}$$ (9.5.29)

L'excentrement de la force de pression par rapport à O est égal à :

$$x(V_{Ed,p}) = B'/2 = M_{d,p}/V_{Ed,p} = 0,65\ \text{m}$$ (9.5.30)

La largeur de la zone de pression sous la semelle B' est donc égale à 1,29 m et la surface A' à 1,55 m.

On peut maintenant calculer les différents paramètres des équations précédentes et effectuer les vérifications à l'ELU (Tableau 9.5).

Tableau 9.5. Vérification à l'ELU de la capacité portante du sol en condition drainée

Relations utilisées et commentaires	Symbole	Valeur	Unité
(9.5.28)	$V_{Ed,p}$	94 997	N
(9.5.29)	$M_{Ed,p}$	61 457	N.m
(9.5.30) Centre de poussée	$x(V_{Ed,p})$	0,65	m
	B'	1,29	m
	B'/L	1,08	
	A'	1,55	m^2
Cohésion effective du sol de fondation	c'	10	kPa
Pression due à la poussée des terres de butée	q'	12	kPa
(9.5.18)	N_q	13,20	
(9.5.19)	N_c	23,94	
(9.5.20)	N_γ	12,43	
(9.5.21)	S_q	1,49	
(9.5.22)	S_γ	0,68	
(9.5.23)	S_c	1,53	
(9.5.27)	m	1,48	
(9.5.24)	i_q	0,48	
(9.5.25)	i_γ	0,29	
(9.5.26)	i_c	0,43	
(9.5.15) Terme dû à la cohésion	R/A'(c')	158	kPa
(9.5.16) Terme dû aux charges latérales	R/A'(q')	112	kPa

(9.5.17) Terme dû au terrain sous la fondation	$R/A'(\gamma)$	31	kPa
Capacité portante (pression)	R/A'	302	kPa
	γ_{Rv}	1,4	
Capacité portante (force)	$V_{Rd,p}$	334 573	N
	Vérification $V_{Ed,p} < V_{Rd,p}$	OK	

9.5.6.4 Vérification du voile de maçonnerie et de l'aile armée (résistance interne de l'ouvrage)

Pour cette vérification, on recalcule la poussée des terres s'exerçant directement sur le voile de maçonnerie (valeurs caractéristiques, Tableau 9.6).

Vérification de l'aile armée

Le calcul de l'aile armée est réalisé selon la méthode du chapitre 5, § 5.5.4.

Lors de la vérification à l'effort tranchant, des chaînages complémentaires répartis dans le voile sont nécessaires pour augmenter la résistance au cisaillement.

Tableau 9.6. Vérification à l'ELU du voile de maçonnerie (aile de renforcement)

Relations utilisées et commentaires	Symbole	Valeur	Unité
Calcul de la poussée horizontale sur le voile			
$H_{Q,v} = K_a \cdot q \cdot h_m \cdot L \cdot \text{Cos}(\delta_m)$ (9.5.31)	$H_{Q,v}$	7 946	N
Position par rapport à la section S_1 $y(H_{Q,v}) = h_m/2$ (9.5.32)	$y(H_{Q,v})$	1,00	m
$M(H_{Q,v}) = H_{q,v} \cdot y(H_{Q,v})$ (9.5.33)	$M(H_{Q,v})$	7 946	N.m
$H_{R,v} = \frac{1}{2} \cdot K_a \cdot \gamma_R \cdot h_m^2 \cdot L \cdot \text{Cos}(\delta_m)$ (9.5.34)	$H_{R,v}$	15 892	N
$y(H_{R,v}) = 1/3 \cdot h_m$ (9.5.36)	$y(H_{R,v})$	0,67	m
$M(H_{R,v}) = H_{R,v} \cdot y(H_{R,v})$ (9.5.37)	$M(H_{R,v})$	10 595	N.m
Résultante horizontale sur écran à l'ELU avec $\gamma_Q = 1,5$ et $\gamma_G = 1,35$	$H_{d,ELU}$	33 373	N
Moment d'encastrement à l'ELU au niveau de la semelle (section S_1)	$M_{d,ELU}$	26 221	N.m
Calcul de la section d'acier dans l'aile – section S_1 (ELU de flexion)			
Hauteur utile section du poteau	d	0,60	m
0,05 % (L.d)	$A_{s,min}$	120	mm^2
(5.69) Coefficient $A_s{}^*f_{yd}/(b{}^*d{}^*f_d)$	F_a/F_b	0,110	
(5.69)	z	0,567	m
Chap. 5, Figure 5.31	t_f	0,200	m
Chap. 5, Figure 5.31	b_{eft}	0,667	m
Second terme de l'équation (5.70)	M_{Rd_max}	79 091	N.m
Premier terme de l'équation (5.70)	$M_{rd\_s} < M_{Rd\_max}$	29 583	N.m
Section d'acier nécessaire	A_{s1}	120	mm^2
Nombre d'aciers nécessaires	Nb_A	2	Ø 10 mm
	$A_{s1\_réel}$	157	mm^2

ELU effort tranchant – maçonnerie			
Résistance au cisaillement de la maçonnerie	f_{vd}	0,09	MPa
Section cisaillée maçonnerie + aile de renforcement	A_m	0,340	m^2
Résistance au cisaillement de la maçonnerie	V_{Rd_m}	30 709	N
La section cisaillée est trop faible ($V_{Rd\_m} < H_{d,ELU}$) : obligation de reprendre le cisaillement par des chaînages en béton armé.			
Section d'un chaînage	A_{ch}	0,0225	m^2
Résistance au cisaillement du béton de chaînage	f_{cvd}	0,3	MPa
Résistance au cisaillement d'un chaînage	V_{ch}	6 750	N
Nbre de chaînages complémentaires à répartir dans le voile	n_ch_m	4	
Résistance des chaînages	$V_{rd\_ch} > H_{d,ELU}$	33 750	N

Vérification de la paroi entre les ailes de renforcement

La vérification de la résistance du voile entre les ailes est réalisée selon la méthode du chapitre 5, § 5.3.3 et chapitre 5, Tableau 5.23.

L'exemple nécessite un renforcement du voile à l'aide d'armatures disposées dans les joints d'assise.

Tableau 9.7. Vérification du voile de maçonnerie entre les ailes de renforcement

Relations utilisées et commentaires		Symbole	Valeur	Unité
Pression maximale due à q : $K_a \cdot q \cdot \gamma_Q$	(9.5.38)	$P_{Q,ELU}$	5 000	N/m^2
Pression maximale due au remblai $K_a \cdot \gamma_R \cdot h_m \cdot \gamma_G$	(9.5.39)	$P_{R,ELU}$	18 000	N/m^2
Pression maximale à l'ELU		P_{ELU}	23 000	N/m^2
Rapport f_{xd1}/f_{xd2} (chap. 5, Tableau 5.8)		μ	0,25	
Longueur entre support = $l_m - t_a$		l_s	1	m
		h_m/l_s	2,00	
Détermination de α_2 (chap. 5, Tableau 5.23)		α_2	0,056	
Moment sollicitant (5.40)		$M_{Ed2,elu}$	1 288	N.m/m
Calcul du moment résistant $M_{Rd2,elu}$:				
$z = t_m^2/6$		z	0,0067	m^2
Résistance à la flexion selon l'axe vertical (Tableau 9.1)		f_{xd2}	0,18	MPa
$M_{Rd2,elu} = f_{xd2}*z$ (5.49)		$M_{Rd2,elu}$	1212	N.m/m
Le moment résistant est trop faible ($M_{Rd2,elu} < M_{Ed2,elu}$) : Renforcement de la section à l'aide d'armatures dans les joint d'assise Calcul du moment résistant correspondant $M_{Rd2,elu}$ (5.51)				
Hauteur utile de la section (fig. 5.21)		d	150	mm
Bras de levier de la section armée (5.48)		z	143	mm
Section minimale d'armature par mètre de hauteur (chap 7, 7.3.3.5)		$A_{s,min}$	60	mm^2/m de hauteur
Section minimale d'armature tendue par mètre de hauteur ($A_{s,min}/2$)		$A_{s,t,min}$	30	mm^2/m de hauteur
Choix de $A_{s,t}$ (valeur minimale)		$A_{s,t}$	30	mm^2/m de hauteur
(5.47)		$f_{xd2,app}$	0,28	MPa

$f_{xd1}/f_{xd2,app}$	μ	0,163	
Détermination de α_2 (chap. 5, Tableau 5.23)	α_2	0,057	
Moment sollicitant (plan de rupture vertical)	$M_{d2,elu}$	1 311	N.m/m de hauteur
Éléments du groupe 1 : $\phi = 0,4$ (sauf béton léger), $\phi = 0,3$ sinon	ϕ	0,3	
Moment résistant (plan de rupture vertical)　　　(équation 5.51)	$M_{r2,elu}$	1 859	N.m/m de hauteur
	Vérification	OK	

9.5.6.5　Calcul des aciers longitudinaux de la semelle (sections S2 et S3)

Les sollicitations de calcul font intervenir :

- pour la section S2 : la pression s'exerçant sous le patin, $V_{Ed,p}/_A$' déterminée selon le Tableau 9.5 ;
- pour la section S3 : les charges gravitaires s'exerçant sur le talon, diminuées de la sollicitation de pression s'exerçant sous la semelle.

Le moment résistant est déterminé selon la méthode de calcul de l'Eurocode 2, similaire à celle définie dans le chapitre 5, § 5.5.2.

L'effort tranchant résistant est déterminé selon les spécifications de l'Eurocode 2, en considérant la section non armée (cas d'une dalle) :

$$V_{Rd,c} = \max\,[v_1 \,;\, v_2] \cdot b_w \cdot d \qquad (9.5.40)$$

avec :

$$v_1 = C_{Rd,c} \cdot k \cdot \sqrt[3]{100 \cdot \rho_l \cdot f_{ck}} \qquad (9.5.41)$$

$$v_2 = 0,053\,/\,\gamma_c \cdot k^{3/2} \cdot \sqrt{f_{ck}} \qquad (9.5.42)$$

Avec :

$$C_{Rd,c} = 0,18/\gamma_c \qquad (9.5.43)$$

$$\rho_\ell = A_{s\ell}/(b_w \cdot d) \qquad (9.5.44)$$

$$k = \min(1 + \sqrt{\frac{200\ \text{mm}}{d}}\ ;\ 2) \qquad (9.5.45)$$

f_{ck} : résistance caractéristique du béton ;

γ_c : facteur partiel relatif au béton ;

b_w : largeur minimale de la section dans la zone tendue ;

d : hauteur utile de la section armée.

Les armatures longitudinales sont en général disposées :

- en partie inférieure pour la section S2 (patin) ;
- en partie supérieure pour la section S3 (talon).

Tableau 9.8. Calcul des aciers longitudinaux de la semelle (sections S_2)

Relations utilisées et commentaires	Symbole	Valeur	Unité
Calcul des aciers de la semelle – section S_2 (patin)			
Pression sous la semelle à l'ELU	P_{Ed}	61 185	Pa
Force correspondante : $P_{Ed} \cdot b_p \cdot L$	V_{d_ELU}	22 026	N
Moment sollicitant dû à la pression du sol $V_{d,ELU} \cdot b_p/2$	M_{Ed}	3 304	N.m
Vérification de la résistance en flexion (5.66)			
	Enrobage acier	30	mm
	Diamètre acier	8	mm
Hauteur utile section	d	266	mm
Section minimale d'acier : 0,05 % d.L	$A_{s,min}$	160	mm^2
Choix de A_s	A_s	160	mm^2
Bras de levier z $\cong$ 0,9 d	z	239	mm
Moment résistant	M_{Rd}	16 654	N.m
	$M_{Ed} \leq M_{Rd}$	OK	
Nombre d'aciers nécessaires (à répartir dans la longueur de la semelle)	$N_{A,S2}$	4	Ø 8
Aciers à disposer en partie inférieure de la semelle	$A_{s2\_réel}$	201	mm^2
Vérification de l'Effort tranchant à l'ELU			
Effort tranchant	V_{d_ELU}	22 026	N
(9.5.45)	k	1,87	
(9.5.43)	$C_{rd,c}$	0,12	
(9.5.44)	ρ_l	$6,30.10^{-3}$	
(9.5.41)	v1	0,26	MPa
(9.5.42)	v2	0,45	MPa
Résistance au cisaillement	$v_{rd,c}$	0,45	MPa
Force de cisaillement	$V_{rd,c}$	143 871	N
	$V_{rd,c} \geq V_{d\_ELU}$	OK	

Tableau 9.9. Calcul des aciers longitudinaux de la semelle (sections S_3)

Relations utilisées et commentaires		Symbole	Valeur	Unité
Abscisse de la section par rapport à O		x_3	0,50	m
Largeur chargée sous la semelle		$B'\text{-}x_3$	0,79	m
Calcul des Forces et Moments en section S_3 à l'ELU				
Pression sous la semelle à l'ELU		P_{Ed}	61 185	Pa
Force correspondante : $P_{Ed} \cdot (B' -x_3) \cdot L$	(9.5.46)	$V_{Ed}(P)$	58 287	N
Moment dû à la pression du sol $V_{d,ELU} \cdot (B' -x_3)/2$	(9.5.47)	$M_{Ed}(P)$	23 136	N.m
Moment dû à la charge de remblai V_{R1} $1,35 \cdot V_{R1} \cdot (b_t/2)$	(9.5.48)	$M_{Ed}(V_{R1})$	63 504	N.m
Moment dû à la charge de remblai V_{R2} $1,35 \cdot V_{R2} \cdot 2/3 \cdot b_t$	(9.5.49)	$M_{Ed}(V_{R2})$	5 225	N.m
Moment dû à la charge Q $1,5 \cdot Q \cdot b_t/2$	(9.5.50)	$M_{Ed}(Q)$	17 640	N.m
Moment dû à la poussée du remblai sur l'écran fictif $V_{R,e}$: $1,35 \cdot V_{R,e} \cdot b_t$	(9.5.51)	$M_{Ed}(V_{R,e})$	8 515	N.m
Moment dû à la poussée de q sur l'écran fictif $V_{q,e}$: $1,5 \cdot V_{q,e} \cdot b_t$	(9.5.52)	$M_{Ed}(V_{q,e})$	3 715	N.m
Poids du talon V_t : $\rho_c \cdot 10 \cdot b_t \cdot L \cdot t_s$	(9.5.53)	V_t	12 096	N
Moment dû au poids du talon $1,35 \cdot V_t \cdot b_t/2$	(9.5.54)	$M_{Ed}(V_{t,e})$	11 431	N.m
Force verticale totale dans la section S_3 (effort tranchant) : $1,35 \cdot (V_{R1} + V_{R2} + V_{R,e} + V_t) + 1,5 \cdot (Q + V_{q,e}) - V_{Ed}(P)$ (9.5.55)		$V_{Ed,3}$	88 298	N
Moment sollicitant total en section S3 : moments dus à $(V_{R1} + V_{R2} + Q + V_{R,e} + V_{q,e} + V_t)$ – moment dû à la pression sous la semelle		$M_{Ed,3}$	86 895	N.m
Vérification de la résistance en flexion (5.68)				
		Enrobage acier	30	mm
		Diamètre acier	10	mm
Hauteur utile section		d	265	mm
Section minimale d'acier : 0,05 % d.L		$A_{s,min}$	160	mm²
Choix de A_s		A_s	840	mm²
Bras de levier $z \cong 0,9$ d		z	239	mm
Moment résistant		M_{Rd}	87 104	N.m
		$M_{Ed} \leq M_{Rd}$	OK	
Nombre d'aciers nécessaires (à répartir dans la longueur de la semelle)		$N_{A,S2}$	11	Ø 10
Aciers à disposer en partie supérieure de la semelle		$A_{s3\_réel}$	864	mm²
Vérification de l'Effort tranchant à l'ELU				
(9.5.45)		k	1,87	
(9.5.43)		$C_{rd,c}$	0,12	
(9.5.44)		ρ_l	$2,64.10^{-3}$	

	(9.5.41)	v1	0,40	MPa
	(9.5.42)	v2	0,45	MPa
Résistance au cisaillement		$v_{rd,c}$	0,45	MPa
Force de cisaillement		$V_{rd,c}$	143 518	N
		$V_{rd,c} V_{d\_ELU}$	OK	

9.5.6.6 Dispositions constructives

On se référera au chapitre 7 pour la mise en œuvre de la maçonnerie et à l'Eurocode 2 pour la mise en œuvre des sections d'aciers dans la semelle.

Un chaînage est à disposer en partie supérieure du mur pour assurer le monolithisme d'ensemble du voile de maçonnerie.

L'aile de renforcement peut éventuellement être arrêtée avant le sommet du mur. La nouvelle section ainsi créée doit être vérifiée selon les mêmes principes que ceux présentés ci-dessus.

9.6 Répartition des forces horizontales : application au séisme

Se reporter au fichier de calcul associé téléchargeable en ligne sur la fiche de l'ouvrage : www.editions-eyrolles.com.

9.6.1 Documents de référence

NF EN 1998-1 : Eurocode 8 – Calcul des structures pour leur résistance aux séismes – Règles générales.

NF EN 1998-1/AN : Eurocode 8 – Calcul des structures pour leur résistance aux séismes – Règles générales – Annexe nationale française.

9.6.2 Dimensionnement

La vérification au séisme des murs de maçonnerie se décompose en plusieurs étapes. Il faut tout d'abord déterminer les sollicitations sismiques, à la fois verticales et horizontales. Il faut ensuite vérifier chaque mur indépendamment vis-à-vis du cisaillement et de la flexion composée.

9.6.3 Détermination des sollicitations sismiques et prise en compte des effets de la torsion

Toute vérification de la stabilité ou de la résistance d'une structure nécessite le calcul des sollicitations auxquelles elle risque d'être soumise. La vérification aux sollicitations sismiques n'échappe pas à cette règle.

Les sollicitations sismiques qui dépendent de la masse constitutive de l'ouvrage sont généralement déterminées selon deux méthodes (voir Eurocode 8) :

- méthode des forces latérales ;
- méthode modale.

Des méthodes alternatives existent, mais restent très peu utilisées.

Nous supposerons connues les forces horizontales qui s'appliquent au niveau du plancher supporté par la maçonnerie. Nous allons voir comment celles-ci doivent être réparties sur les murs de maçonnerie et comment seront pris en compte les effets de la torsion.

Prenons l'exemple suivant, repris de la Figure 4.23 du chapitre 4 : l'ouvrage en maçonnerie est contreventé suivant 2 directions perpendiculaires que l'on notera x et y.

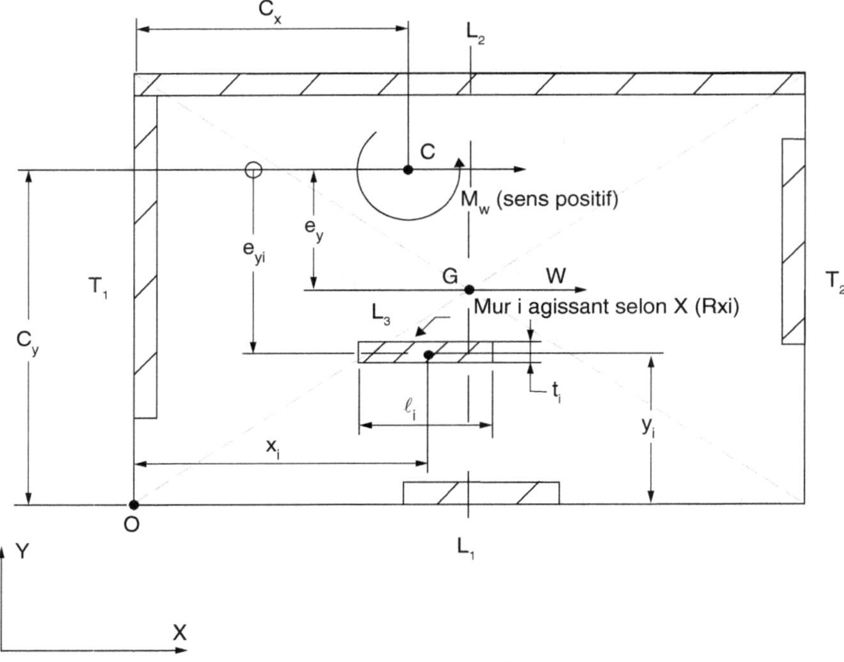

Figure 9.10. Schéma du contreventement de l'ouvrage

Dans cet exemple, nous nous limiterons à l'étude d'un seul niveau.

Données sur les matériaux et la mise en œuvre :

- blocs creux en béton de granulats courants (B40) de catégorie 1 montés à joints épais (f_m = 10 MPa, mortier de recette) ;
- résistance caractéristique à la compression de la maçonnerie f_k = 2,61 MPa (voir chap. 3, § 3.1.1.2) ;
- résistance initiale au cisaillement f_{vk0} = 0,2 MPa (voir chapitre 3, § 3.2) ;
- murs de maçonnerie chaînée ; armatures constituées de 4 HA 10 au minimum (A_{SV} = 300 mm²) (f_{yk} = 500 MPa) ;
- les joints verticaux sont remplis.

Coefficients de sécurité en situation sismique :

- pour la maçonnerie :
$$\gamma_{MS} = \max\left(1,5 \; ; \; \frac{2}{3} \times \gamma_M\right) \tag{9.6.1}$$

Pour l'exemple, on prendra $\gamma_{MS} = 1,8$ (niveau de contrôle IL1).

- pour l'acier :
$$\gamma_S = 1 \tag{9.6.2}$$

Tableau 9.10. Données géométriques sur le bâtiment (toutes les coordonnées sont par rapport au point O), bâtiment de forme carrée de 10 m de côté

Coordonnées du centre de gravité du mur					
Mur	X_i (m)	y_i (m)	l (m)	t (m)	h (m)
L1	5,00	0,10	2,00	0,20	2,50
L2	5,00	9,90	10,00	0,20	2,50
L3	5,00	3,00	3,00	0,20	2,50
T1	0,10	6,00	8,00	0,20	2,50
T2	9,90	7,00	2,00	0,20	2,50

Nous supposerons que l'effort sismique horizontal agissant au niveau du centre de gravité G du plancher est identique dans les 2 directions : $F_x = F_y = 200$ kN.

Cet effort doit être distribué sur les contreventements au prorata de leur rigidité.

Il est également indispensable de tenir compte des effets de la torsion (voir chapitre 4, § 4.2.5.3) via un coefficient. Nous obtenons donc l'expression suivante pour le mur de contreventement i dans la direction x ou y :

Direction x, mur Li :
$$F_{xi} = \delta_{xi} \times F_x \times \frac{R_{xi}}{\sum R_{xi}} \tag{9.6.3}$$

Direction y, mur Ti :
$$F_{yi} = \delta_{yi} \times F_y \times \frac{R_{yi}}{\sum R_{yi}} \tag{9.6.4}$$

Les rigidités R_{xi} ou R_{yi} sont obtenues à partir de l'équation (4.42).

En règle générale, on considère que la rigidité d'un mur est nulle dans la direction perpendiculaire à son plan.

Lorsqu'on utilise un modèle spatial tel que celui défini dans l'Eurocode 8, nous devons prendre en compte les sollicitations sismiques qui agissent simultanément dans toutes les directions. Ainsi, si nous considérons la direction x, nous devons également tenir compte des effets de torsion induits par la sollicitation sismique dans la direction y.

Le coefficient de torsion $_{ji}$ pour un mur i dans la direction j s'exprime par :

$$\delta_{ji} = \max\left(1 + \frac{T_{ji} + 0,3 \times t_{ji}}{\alpha_{ji}} \; ; \; 0,3 + \frac{0,3 \times T_{ji} + t_{ji}}{\alpha_{ji}}\right) \tag{9.6.5}$$

où :

T_{ji} est la force due à l'action de la torsion sous l'effet d'une force unitaire dirigée dans le plan du mur i ;

t_{ji} est la force due à l'action de la torsion sous l'effet d'une force unitaire dirigée perpendiculairement au plan du mur i ;

α_{ji} est le rapport entre la rigidité du mur i dans la direction j, et la somme des rigidités de l'ensemble des murs dans cette même direction :

$$\alpha_{ji} = \frac{R_{ji}}{\sum R_{ji}} \tag{9.6.6}$$

Les forces T_{ji} et t_{ji} sont obtenues par les expressions suivantes :

- pour la direction x :

$$T_{xi} = \max\left(\frac{y_g \pm e_{ay} - c_y}{\Omega}\right) \times \left(y_i - c_y\right) \times R_{k} \tag{9.6.7}$$

$$t_{xi} = \max\left(\frac{x_g \pm e_{ax} - c_x}{\Omega}\right) \times \left(y_i - c_y\right) \times R_{k} \tag{9.6.8}$$

- pour la direction y :

$$T_{yi} = \max\left(\frac{x_g \pm e_{ax} - c_x}{\Omega}\right) \times \left(x_i - c_x\right) \times R_{yi} \tag{9.6.9}$$

$$t_{yi} = \max\left(\frac{y_g \pm e_{ay} - c_y}{\Omega}\right) \times \left(x_i - c_x\right) \times R_{yi} \tag{9.6.10}$$

où :

x_g et y_g sont les coordonnées du centre de gravité du plancher ;

c_x et c_y sont les coordonnées du centre de torsion (équation 4.44) ;

e_{ax} et e_{ay} sont les excentricités accidentelles ;

x_i et y_i sont les coordonnées du centre du mur considéré ;

R_{ji} est la rigidité du mur considéré ;

Ω est le module d'inertie polaire (équation (4.49)).

Cette formulation des forces T et t correspond à une synthèse des équations (4.45), (4.47) et (4.49).

Les excentricités accidentelles e_{ax} et e_{ay}, telles que définies dans l'Eurocode 8, permettent de tenir compte d'un éventuel déplacement de la répartition des charges dues au séisme. Elles sont égales à :

$$e_{ax} = 0{,}05 \times L_x \text{ et } e_{ay} = 0{,}05 \times L_y$$

Avec L_x et L_y, la longueur du bâtiment respectivement dans la direction x et y.

Pour notre exemple, les coordonnées du centre de gravité du plancher sont :

$$x_g = 5 \text{ m et } y_g = 5 \text{ m.}$$

Les rigidités R_{ji} des différents murs sont données dans le tableau suivant (équations (4.42), (4.43) et (4.44)) :

Tableau 9.11. Rigidités R_{ji} des différents murs

Mur	I_{xi} (m⁴)	I_{yi} (m⁴)	$R_{x\,i}$ (N/m)	$R_{y\,i}$	$\alpha = \dfrac{R_{ji}}{\sum R_{ji}}$
L1	0,00	0,13	$4,77.10^7$	0,00	0,05
L2	0,00	16,67	$7,59.10^8$	0,00	0,82
L3	0,00	0,45	$1,19.10^8$	0,00	0,13
T1	8,53	0,00	0,00	$5,78.10^8$	0,92
T2	0,13	0,00	0,00	$4,77.10^7$	0,08
		Somme	$9,26.10^8$	$6,26.10^8$	

Nous pouvons désormais calculer les coordonnées du centre de torsion (équation (4.45)) :

$$c_x = \frac{\sum R_{yi} \times x_i}{\sum R_{yi}} = \frac{5,30.10^8}{6,26.10^8} = 0,85 \ \text{m} \tag{9.6.11}$$

$$c_y = \frac{\sum R_{xi} \times y_i}{\sum R_{xi}} = \frac{78,8.10^8}{9,26.10^8} = 8,51 \ \text{m} \tag{9.6.12}$$

Le module d'inertie polaire est donné par la formule (4.49). Nous obtenons dans notre exemple :

$$\Omega = 1,27.10^{10} \ \text{N.m}$$

La forme en plan du bâtiment est un carré de 10 m de côté, les excentricités accidentelles sont égales à :

$$e_{ax} = e_{ay} = 0,5 \ \text{m}$$

Nous avons maintenant toutes les données nécessaires permettant de calculer le coefficient de torsion pour chaque contreventement δ_{ji} (voir Tableau 9.12).

Tableau 9.12. Calcul du coefficient de torsion pour chaque contreventement δ_{ji}

Mur	+ ea$_i$		− ea$_i$		
	T (N)	t (N)	T (N)	t (N)	δ
L1	0,10	− 0,15	0,13	− 0,12	2,79
L2	− 0,25	0,39	− 0,33	0,30	0,84
L3	0,16	− 0,24	0,21	− 0,19	2,17
T1	− 0,16	0,10	− 0,12	0,14	0,91
T2	0,16	− 0,10	0,12	− 0,14	2,67

Nous pouvons utiliser maintenant ce dernier résultat pour calculer l'action sismique F_{ji} sur le mur i dans la direction j.

Tableau 9.13. Calcul de l'action sismique F_{ji} sur le mur i dans la direction j

Mur	δ	$\alpha = \dfrac{R_{ji}}{\sum R_{ji}}$	F_{ji}
L1	2,79	0,05	28 762
L2	0,84	0,82	137 173
L3	2,17	0,13	55 705
T1	0,91	0,92	168 051
T2	2,67	0,08	40 808

Concernant l'effort vertical N_i sur le mur i, nous devons effectuer une descente de charge classique. En situation accidentelle de type séisme, les combinaisons d'actions sont différentes de celles en situation courante (voir Eurocode 8). Nous ne détaillerons pas cette étape et nous nous limiterons à la présentation des résultats obtenus dans le Tableau 9.14.

Tableau 9.14. Effort vertical N_i sur le mur

Mur	N_i(N)
L1	50 000
L2	180 000
L3	70 000
T1	150 000
T2	50 000

9.6.4 Vérification des murs de contreventement

Les murs de maçonnerie chaînée doivent être vérifiés vis-à-vis du cisaillement et du non-basculement (voir chapitre 5, § 5.4.3 et 5.4.4).

Pour la résistance au cisaillement, nous utiliserons la formule (5.62). Par simplification, nous ne tiendrons pas compte de la section de béton.

La résistance de calcul au cisaillement f_{vd} est donnée par l'équation (3.4) puisque les joints verticaux sont remplis. La résistance au cisaillement de chaque mur sera différente puisqu'elle dépend de la contrainte de compression verticale.

Tableau 9.15. Résistance de calcul au cisaillement f_{vd}

Mur	f_{vd} (MPa)
L1	0,14
L2	0,13
L3	0,14
T1	0,13
T2	0,14

Avec f_b = 5,43 MPa, la résistance moyenne normalisée à la compression des blocs.

Nous pouvons maintenant comparer la résistance de calcul au cisaillement V_{Rd} avec la force sismique horizontale F_{ji} (Tableau 9.16).

Tableau 9.16. Comparaison de la résistance de calcul au cisaillement V_{Rd} avec la force sismique horizontale F_{ji}

Mur	F_{ji}	V_{Rd}	Vérification ($F_{ji} < V_{Rd}$)
L1	28 762	55 556	OK
L2	137 173	262 222	OK
L3	55 705	82 222	OK
T1	168 051	211 111	OK
T2	40 808	55 556	OK

La résistance au cisaillement est ici vérifiée.

Nous allons maintenant vérifier la résistance au basculement des murs. Pour cela, nous utiliserons les équations (5.63) à (5.66).

Nous utiliserons le coefficient de réduction de la résistance ϕ_p dû à l'élancement et à l'excentricité des charges (voir note de la relation 5.64).

Tableau 9.17. Résistance au basculement des murs

Mur	M_a (N.m)	ϕ_p	l_c (m)	ε_{su}	$A_{SV\,calcul}$ (mm^2)	Vérification ($A_{SV\,calcul} < A_{SV}$)
L1	121 905	0,6	0,39	0,0008	93	OK
L2	1 242 933	0,6	0,74	0,0025	0	OK
L3	244 262	0,8	0,37	0,0016	56	OK
T1	1 020 128	0,6	0,77	0,0025	0	OK
T2	152 019	0,6	0,50	0,0009	168	OK

La section d'acier calculée est inférieure à celle prescrite forfaitairement (300 mm^2). La résistance au basculement est donc bien vérifiée.

Annexes

A

Sécurité incendie – résistance au feu

La réglementation française vise essentiellement à assurer la protection des personnes en cas d'incendie.

Les mesures concernant la protection et l'évacuation des occupants sont adaptées en fonction du type d'établissement :

- établissements recevant du public (ERP) ;
- établissements industriels et commerciaux (EIC) ;
- bâtiments d'habitation (HAB) ;
- immeubles de grande hauteur (IGH) ;
- garages et parkings ;
- installations classées pour la protection de l'environnement (ICPE).

Pour satisfaire à cette exigence, les règles suivantes sont à appliquer.

A.1 Exigence de résistance au feu selon le type d'établissement

Les critères de résistance sont déterminés réglementairement selon le type de bâtiment ou d'établissement (voir Tableau A.1).

Tableau A.1. Textes normatifs et réglementaires applicables

Bâtiment ou établissement	Texte de référence
Habitation	Arrêté du 31 janvier 1986 modifié
Établissements recevant du public (ERP)	Arrêté du 25 juin 1980 modifié
Immeubles de grande hauteur (IGH)	Arrêté du 18 octobre 1977 modifié
Établissements industriels et commerciaux (EIC)	Arrêté du 5 août 1992 (modification de l'article R 235-4)
Parcs de stationnement couverts	Circulaires du 3 mars 1975 et du 4 novembre 1987, arrêté du 9 mai 2006
Installations classées pour la protection de l'environnement (ICPE)	Décret du 21 septembre 1977 et arrêtés types pour les ICPE soumises à autorisation

Le degré de résistance au feu (R, EI ou REI) est défini dans le Tableau A.2.

Tableau A.2. Résistance au feu requise pour la structure (en heures) selon les types d'établissements (hors ICPE)[1]

	0	1/4 h	1/2 h	1 h	1 h 1/2	2 h
RDC seulement	Bureaux, industries		ERP			
H ≤ 8 m	Bureaux, industries	Habitation (1re famille)	ERP (2e, 3e et 4e cat.), habitation (2e famille)	ERP 1re cat.		
8 < H ≤ 28 m				ERP (2e, 3e et 4e cat.), habitation (3e famille), bureaux, industries	ERP 1re cat.	
28 < H ≤ 50 m					Habitation (4e famille)	IGH classes W, O, R, U, Z[2]
H > 50 m						IGH classe A[2]

H : hauteur du niveau le plus haut (prise au niveau du plancher bas).

1) Installations classées pour la protection de l'environnement.

2) Classement des IGH : A : immeubles à usage d'habitation ; O : immeubles à usage d'hôtel ; R : immeubles à usage d'enseignement ; S : immeubles à usage de dépôt d'archives ; U : immeubles à usage sanitaire ; W : immeubles à usage de bureaux ; Z : immeubles à usage mixte.

A.2   Résistance au feu des éléments

Selon l'arrêté du 22 mars 2004, modifié en mars 2011, relatif à la résistance au feu des produits, des éléments de construction et d'ouvrages, les critères de performance utilisés pour l'évaluation de la résistance au feu sont les suivants :

- **stabilité au feu (SF ou R)**, pour laquelle le critère de résistance mécanique est requis ;
- **pare-flamme (PF ou E)**, pour laquelle sont requis les critères d'étanchéité aux flammes et aux gaz chauds ;
- **coupe-feu (CF ou EI ou REI)**, pour laquelle sont requis les critères d'étanchéité aux flammes et aux gaz chauds et d'isolation thermique (échauffement de la face non exposée limitée à 140 °C en moyenne, 180 °C sur un point de mesure).

Les gaines et conduits se voient attribuer un classement PF ou CF de traversée de paroi.

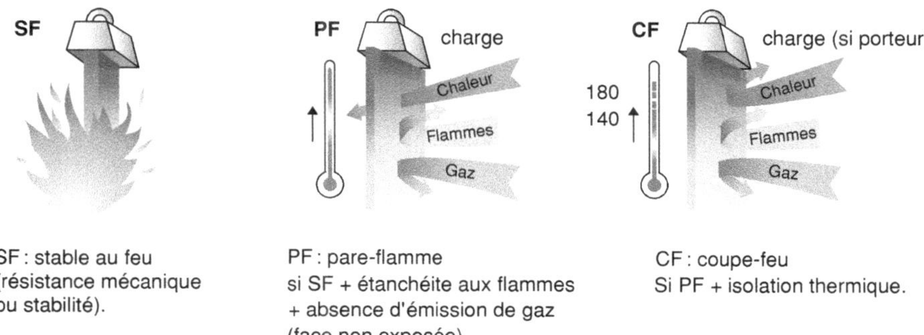

Figure A.1. Définition des critères de résistance au feu

Relation entre classements français et européen

La résistance au feu des éléments de construction peut être déterminée selon les critères français ou européens (NF EN 13501-2) (cas des produits revêtus du marquage CE).

Tableau A.3. Relations entre classements français et européen

Spécification	Réglementation française		Normalisation européenne
Stable au feu	Stabilité au feu sous son poids propre ou sous un chargement donné : SF	Coupe feu (CF)	Stabilité au feu sous son poids propre : pas d'indice de classement Stabilité au feu sous un chargement donné : R
Pare-flamme	PF		E
Isolation thermique	Pas d'indice de classement		I
Exemple : élément non porteur coupe-feu 1 h 30 min	CF 1 h 30 min		EI 90
Exemple : élément porteur coupe-feu 1 h 30 min	CF 1 h 30 min		REI 90

Les critères européens R, E et I peuvent être accompagnés d'autres critères de qualification tels que :

- M : action mécanique (tenue sous un choc par exemple) ;
- W : tenue au rayonnement.

L'arrêté du 22 mars 2004, modifié par l'arrêté du 14 mars 2011, propose différentes méthodes pour la détermination de la résistance au feu des produits, éléments de construction et d'ouvrage. Pour les ouvrages en maçonnerie, les méthodes permettant de déterminer la résistance au feu sont :

- Les essais conventionnels validés par un procès-verbal délivré par un laboratoire agréé ;
- Les méthodes de calcul et de dimensionnement ;
- Les appréciations de laboratoire agréé (avis de chantier).

Les méthodes de calcul et de dimensionnement autorisées sont les Eurocodes et leurs annexes nationales. Depuis le 1er avril 2014, les méthodes de dimensionnement françaises ne sont plus autorisées.

L'Eurocode 6 partie 1-2, qui traite du dimensionnement au feu des ouvrages en maçonnerie, propose différentes approches :

- par essais,
- par valeurs tabulées,
- par calcul.

Cependant, l'Annexe nationale de l'Eurocode 6 partie 1-2 interdit l'utilisation des valeurs tabulées et des méthodes de calcul. Par conséquent, même si l'arrêté du 22 mars 2004 modifié en 2011 autorise l'emploi des Eurocodes, la résistance au feu des ouvrages en maçonnerie ne peut être déterminée que par des essais validés par des procès-verbaux ou par des avis de chantier établis par un laboratoire agréé.

Dans le cas où la résistance au feu d'un ouvrage en maçonnerie est évaluée par un procès-verbal, sa validité pour un ouvrage visé est possible si :

- le classement validé est supérieur ou égal à la performance nécessaire ;
- les caractéristiques des éléments testés sont identiques à ceux mis en œuvre ;

> *Nota*
>
> Un procès-verbal peut également être considéré comme valide pour des éléments de maçonnerie similaires permettant de réaliser un mur d'épaisseur supérieure.

- la mise en œuvre des éléments est identique à l'exécution sur chantier ;

> *Nota*
>
> Cela concerne le type de jointoiement vertical (joints remplis ou non) et horizontal (montage à joints épais ou minces).

- les éventuelles protections complémentaires sont mises en œuvre ;
- dans le cas de murs porteurs, la charge verticale appliquée lors de l'essai est supérieure ou égale à la charge de calcul en situation d'incendie ;

> *Nota*
>
> Sauf indication contraire dans le procès-verbal, la charge appliquée lors de l'essai doit être supérieure ou égale à 0,7 fois la charge de calcul à l'état limite ultime de l'ouvrage de maçonnerie, c'est-à-dire 1,35 G + 1,5 Q, où G est le poids-propre et Q sont les charges d'exploitation.

- la hauteur maximale du mur autorisée par le procès-verbal n'est pas dépassée ;
- le procès-verbal est en cours de validité au moment du dépôt du permis de construire ou de l'autorisation de travaux.

Consulter les industriels ou les centres techniques des fabricants de produits pour obtenir des informations complémentaires (voir annexe G).

A.2.1 Résistance au feu des maçonneries de blocs en béton de granulats courants

Le tableau 4 est un extrait des résultats d'essais au feu publiés par le CERIB et disponibles sur son site internet (Certification, normalisation/Certification de produits/Liste des produits et usines certifiés NF et QualiF-IB).

Tableau A.4. Résistance au feu – Blocs béton, catégorie 1 – maçonnerie non enduite

Utilisation	Dimensions des blocs (L x ép x h) (mm)	Type de bloc	Groupe	Classe de résistance	Montage (1)	Résistance au feu (2)	Hauteur maximale (m)	Charge admissible (kN/m) (3)
Murs non porteurs	500 × 100 × 200	Plein	1	B80	M	EI 60	3	-
	500 x 150 × 200	Perforé	1	B80	M	EI 180	4	-
	500 × 200 × 200	Creux 2 rangées, 6 alvéoles débouchantes	3	B40	JM	EI 90	4	-
	500 × 200 × 200	Creux 2 rangées, 6 alvéoles	3	B40	M	EI 120	4	-
	500 × 200 × 200	Creux 3 rangées, 9 alvéoles	3	B40	M	EI 240	4	-
Murs coupe-feu porteurs	500 × 150 × 200	Creux 2 rangées, 6 alvéoles	3	B40	M	REI 90	3	100
	500 × 150 × 200	Perforé	1	B80	M	REI 180	3	190
	500 × 200 × 200 ou 500 × 200 × 250	Creux 2 rangées, 6 alvéoles débouchantes	3	B40	JM	REI 60	3	89
	500 × 200 × 250	Creux 2 rangées, 6 alvéoles	3	B40	M	REI 120	3	133
	500 × 200 × 200	Creux 2 rangées, 6 alvéoles	3	B40	M	REI 180	3	130
	500 × 200 × 200	Creux 3 rangées, 9 alvéoles	3	B40	M	REI 240	3	130
	500 × 200 × 200	Perforé	1	B80	M	REI 360	3	260

(1) M : Montage maçonné ; JM : montage à joints minces, joints verticaux collés ou non.

(2) Valeur indicative – Consulter le site du CERIB pour obtenir le numéro de procès-verbal et la date de validité.

(3) Charge maximale utilisable correspondant à un chargement non pondéré.

A.2.2 Résistance au feu des maçonneries de blocs en béton cellulaire autoclavé

Le tableau 5 est un extrait des résultats d'essais au feu publiés par le SFBC. Les références des procès-verbaux sont disponibles sur demande auprès de cet organisme.

Tableau A.5. Résistance au feu – Blocs en béton cellulaire autoclavé, catégorie 1 – maçonnerie non enduite

Utilisation	Épaisseur (mm)	Type de bloc	Groupe	Classe de résistance MPa	Montage (1)	Résistance au feu (2)
Murs non porteurs	100	Plein	1	4	JM	EI 180
	150	Plein	1	4	JM	EI 240
	200	Plein	1	4	JM	EI 240
Murs porteurs	200	Plein	1	4	JM	REI 120
	250	Plein	1	4	JM	REI 180
	300	Plein	1	4	JM	REI 240

(1) Montage à joints minces, joints verticaux collés ou non.

(2) Valeur indicative. Consulter le SFBC pour obtenir le numéro de procès-verbal d'essai.

A.3 Dispositions constructives

A.3.1 Liaisons et joints

Les planchers et la toiture doivent assurer un appui latéral au sommet et en pied de mur. Il est également possible d'assurer la stabilité au moyen de contreforts ou d'attaches spéciales liaisonnées à la structure principale.

Les joints (y compris les joints de dilatation) doivent être conçus et réalisés de manière à satisfaire à l'exigence de résistance au feu.

Lorsque les joints de dilatation requièrent la présence d'isolants, ceux-ci doivent être protégés par un matériau isolant minéral (laine de roche par exemple) dont le point de fusion est supérieur à 1 000 °C. Si d'autres matériaux sont utilisés, ils doivent démontrer par essais qu'ils satisfont aux critères E et I (voir NF EN 1366-4).

Les liaisons des murs porteurs ou non sont à réaliser selon les spécifications indiquées au chapitre 7. Les Figures A.2 à A.4 donnent quelques exemples de liaisons.

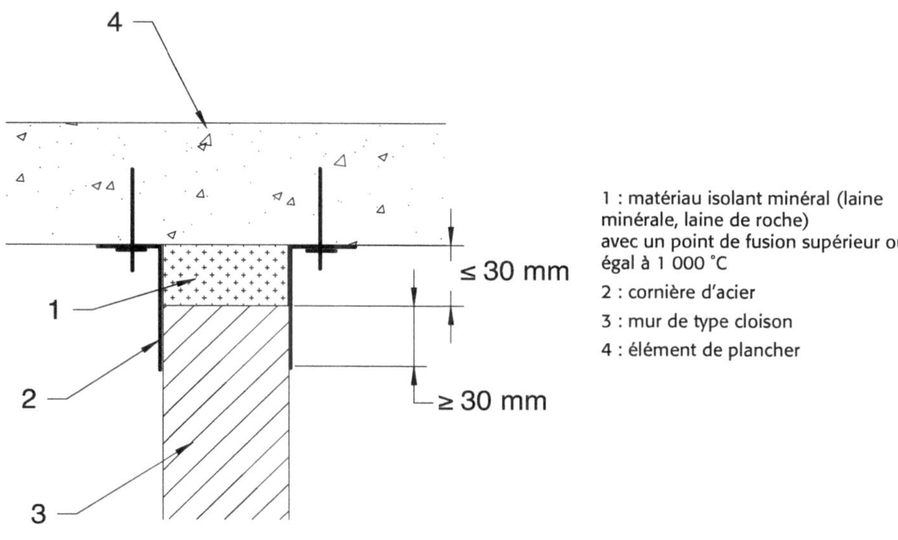

Figure A.2. Exemple de liaison entre un mur porteur ou non porteur et un plancher haut

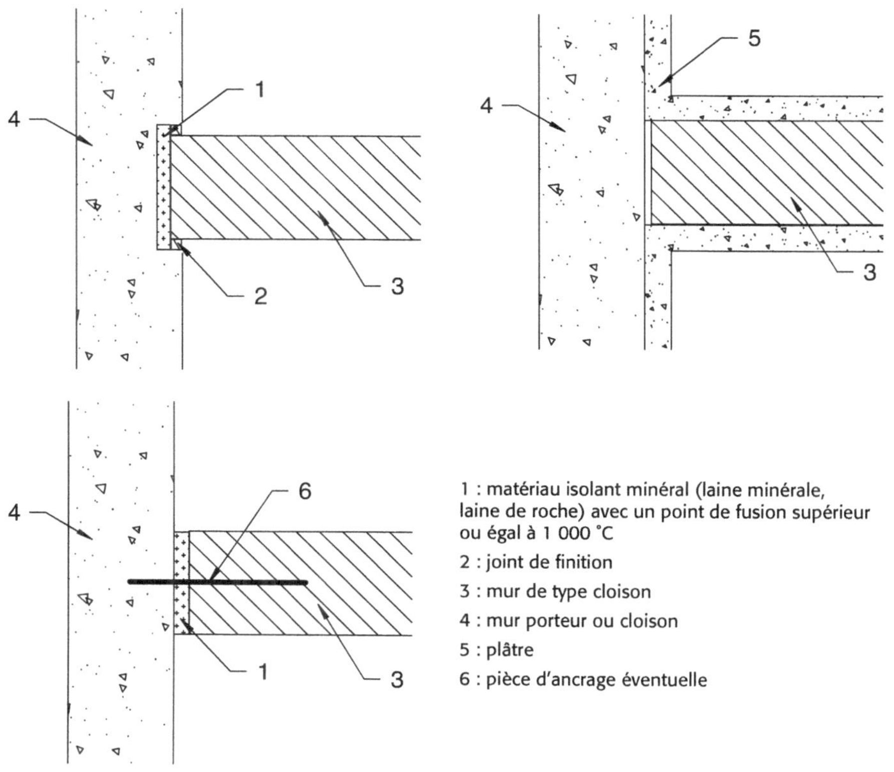

Figure A.3. Exemples de liaisons latérales d'un mur non porteur

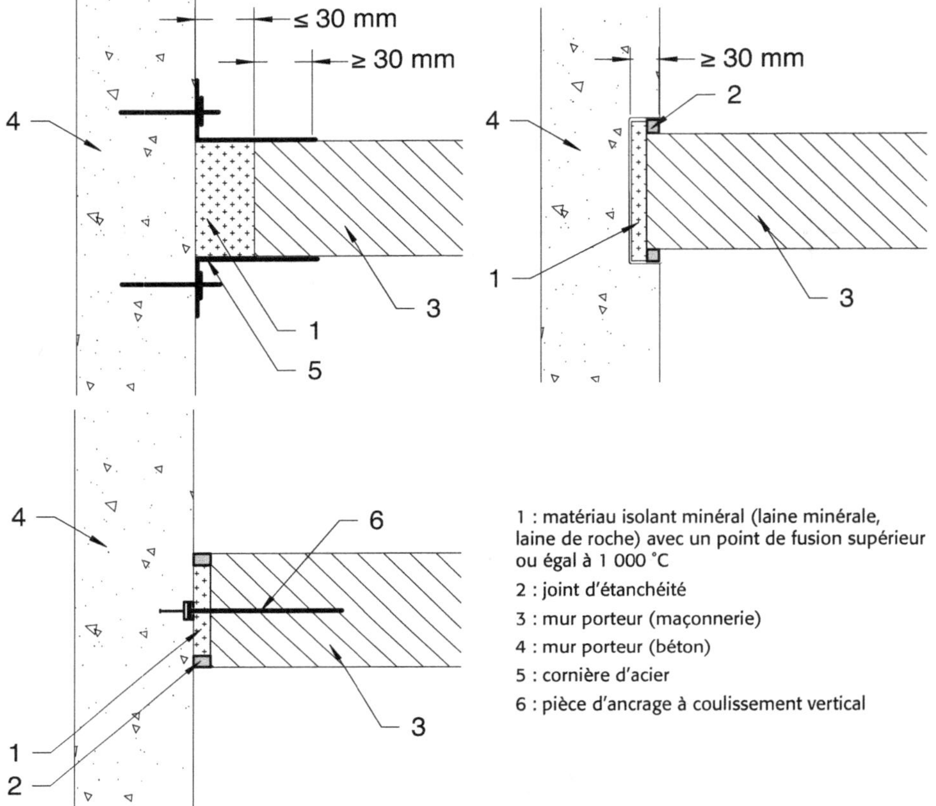

1 : matériau isolant minéral (laine minérale,
laine de roche) avec un point de fusion supérieur
ou égal à 1 000 °C

2 : joint d'étanchéité

3 : mur porteur (maçonnerie)

4 : mur porteur (béton)

5 : cornière d'acier

6 : pièce d'ancrage à coulissement vertical

Figure A.4. Exemples de liaisons latérales d'un mur porteur

A.3.2 Canalisations électriques, tuyaux et câbles

On considère que les saignées et les retraits autorisés dans les murs porteurs (voir chapitre 7,
§ 7.6.11) n'affectent pas la durée de résistance au feu.

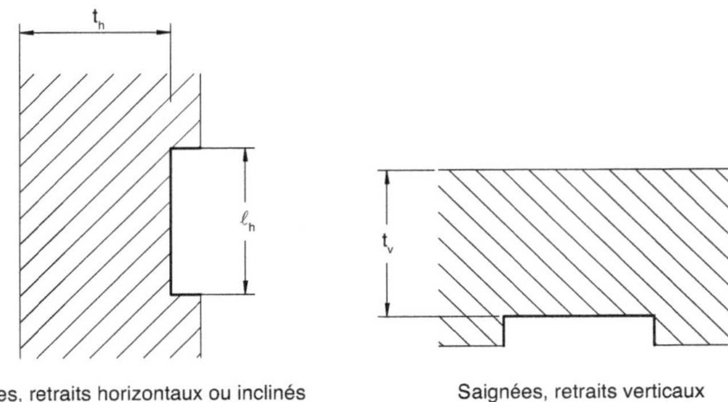

Figure A.5. Dispositions pour les saignées et retraits des murs non porteurs

$t_h \leq 5/6$ de l'épaisseur minimale requise du mur et 60 mm minimum[*]

$\ell_h \leq 2$ fois l'épaisseur minimale requise du mur[*]

$t_v \leq 2/3$ de l'épaisseur minimale requise du mur et 60 mm minimum[*]

(*) inclus les finitions intervenant dans la résistance au feu (plâtre par exemple)

Il est recommandé d'évaluer la résistance au feu des murs non porteurs ayant des retraits ou des saignées non conformes à la Figure A.5 à partir d'essais effectués conformément à l'EN 1364-1.

Calfeutrement des câbles et des tuyaux

Les passages de câbles unitaires et de tuyaux non combustibles d'un diamètre maximal de 100 mm peuvent être calfeutrés au mortier, si cette solution n'affecte pas la performance et la tenue au feu. D'autres matériaux agréés par des normes CEN peuvent également être utilisés.

Des faisceaux de câbles ou de tuyaux en matériaux combustibles ou des câbles unitaires passant par des trous non calfeutrés au mortier peuvent traverser les murs si :

- la méthode de calfeutrement a fait l'objet d'une évaluation par essai conformément à la NF EN 1366-3 ;
- des recommandations fondées sur une expérience pratique satisfaisante sont précisées.

B

Complément pour le calcul au séisme

La protection parasismique des bâtiments est régie en France par les décrets N°2010-1254 et –1255. Ces décrets, publiés en octobre 2010 ont imposés à la fois une modification importante des zones de sismicité, mais également des règles de conception et de dimensionnement. Ainsi, pour tous les dépôts de permis de construire ou les autorisations de travaux à compter du 1er mai 2011, la nouvelle carte d'aléa sismique est entrée en application (Figure B.1) et désormais, 60 % des communes françaises sont concernées par la réglementation parasismique, contre moins de 20 % auparavant.

Pour ce qui concerne les règles de conception et de dimensionnement, l'arrêté du 22 octobre 2010 traitant de la protection parasismique des bâtiments dits « à risque normal » a introduit l'Eurocode 8 comme texte de référence. Cet arrêté, qui a été modifié par la suite, a laissé la possibilité jusqu'au 1er janvier 2014 d'utiliser les anciennes règles françaises, c'est-à-dire les règles PS 92. Pour les maisons individuelles répondant à des critères géométriques précis et pour certains bâtiments assimilés, l'arrêté du 22 octobre 2010 laisse la possibilité d'utiliser des règles simplifiées, les PSMI 89 révisées 92 pour les zones de sismicité 2 à 4 et les CPMI Antilles pour la zone 5.

Ces règles simplifiées devraient être remplacées par d'autres, nommées CPMI, et qui seront conformes aux Eurocodes. Cependant, l'arrêté indiquant la modification de ces règles simplifiées n'a pas été publié à la date de publication de ce livre.

Les versions actuellement d'application réglementaires de l'Eurocode 8 sont celle de septembre 2005 pour la partie 1 et de décembre 2007 pour son annexe nationale. Cette annexe nationale a été révisée en décembre 2013, mais l'arrêté du 22 octobre 2010 n'a pas encore été modifié afin d'intégrer cette nouvelle version. Nous avons toutefois tenu compte de cette annexe nationale de décembre 2013 dans ce chapitre, bien qu'elle ne soit pas encore officiellement d'application réglementaire.

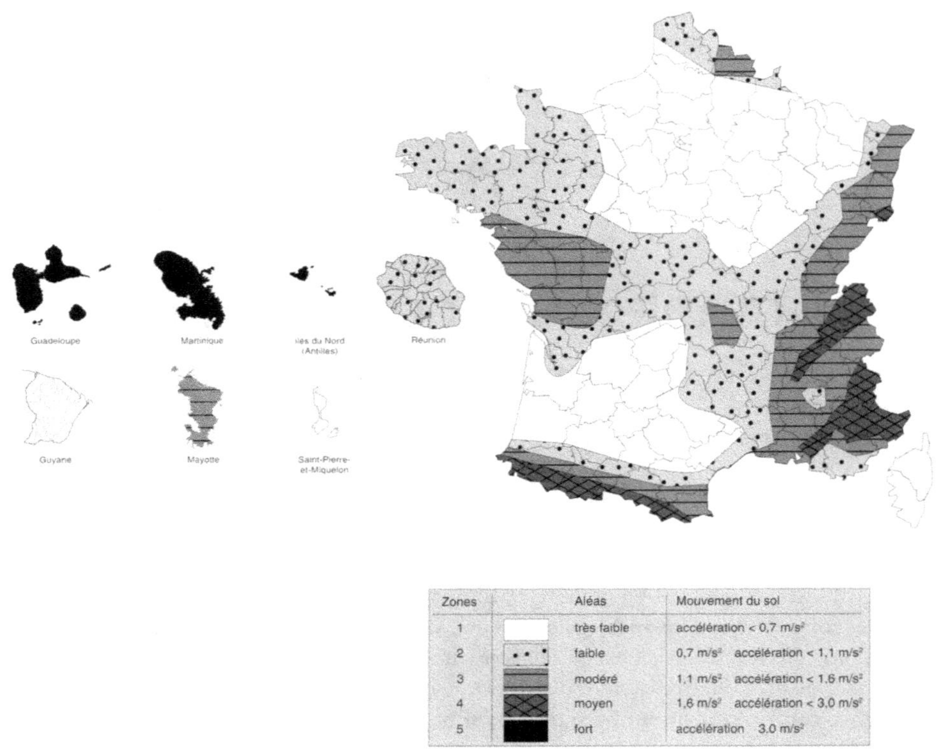

Zones		Aléas	Mouvement du sol
1		très faible	accélération < 0,7 m/s²
2		faible	0,7 m/s² ≤ accélération < 1,1 m/s²
3		modéré	1,1 m/s² ≤ accélération < 1,6 m/s²
4		moyen	1,6 m/s² ≤ accélération < 3,0 m/s²
5		fort	accélération ≥ 3,0 m/s²

Figure B.1. Carte d'aléa sismique de la France

L'Eurocode 8 traite du dimensionnement des structures au séisme et vient en complément des autres Eurocodes. En plus des méthodes de détermination des effets sismiques et des méthodes de vérification des ouvrages, l'Eurocode 8 donne des exigences complémentaires concernant les caractéristiques des différents matériaux et leur mise en œuvre.

Cette annexe n'aborde pas les méthodes de dimensionnement. Elle rappelle les évolutions de la nouvelle réglementation sismique en France et fournit les exigences complémentaires apportées par l'Eurocode 8 sur les éléments de maçonnerie.

B.1 Conditions sur les matériaux

B.1.1 Les éléments de maçonnerie

Les caractéristiques minimales des éléments de maçonnerie participant à la résistance au séisme (éléments de structures primaires) sont précisées dans le Tableau B.1.

Tableau B.1. Caractéristiques des éléments de maçonneries pour la résistance aux séismes

Caractéristiques	Tous les éléments (conditions générales)	Dérogations pour les blocs en béton cellulaire ne respectant pas les conditions générales [1]	
		Bâtiment d'au plus deux étages : $M_{vn} \geq 350$ kg/m³	Bâtiments toutes hauteurs : Mvn ≥ 450 kg/m³
Épaisseur minimale : $t_{ef,min}$	– 150 mm pour les éléments du groupe 1 – 200 mm pour les groupes 2, 3 et 4[2]	250 mm	200 mm
Résistance perpendiculairement à la face de pose : $f_{b,min}$	4 MPa	2,8 MPa	4 MPa
Résistance parallèlement à la face de pose : $f_{bh,min}$	1,5 MPa	2,8 MPa	4 MPa

1) Ces limitations ne s'appliquent qu'à la maçonnerie participant au contreventement.

2) Les éléments des groupes 2 et 3 doivent comporter une cloison interne porteuse contenue dans un plan vertical commun (fig. 2).

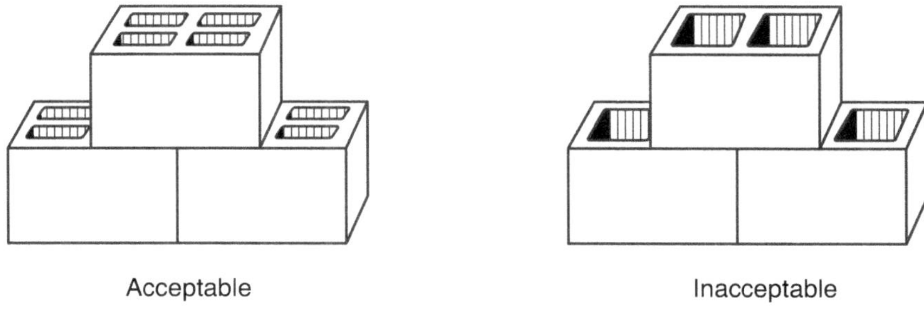

Figure B.2. Disposition constructive pour les éléments des groupes 2 et 3

La résistance moyenne normalisée minimale à la compression parallèle à la face de pose f_{bh} est rarement déclarée dans le cadre du marquage CE. Si elle peut être considérée, pour la plupart des éléments des groupes 1 et 4, comme égale à la résistance moyenne normalisée à la compression des éléments de maçonnerie f_b, des certifications complémentaires validant cette performance existent pour certains matériaux.

B.1.2 Les mortiers de jointoiement

Tous les types de mortiers sont utilisables en zone sismique (mortier d'usage courant, mortiers colles, etc.) à condition qu'ils aient une résistance minimale ($f_{m,min}$ = 5 MPa pour les maçonneries chaînées).

Les maçonneries peuvent être montées à joints verticaux remplis ou non.

À noter que les maçonneries à joints verticaux remplis de mortier ont une résistance accrue vis-à-vis du cisaillement.

B.1.3 Le béton de remplissage

Ce béton peut être utilisé pour la réalisation des chaînages verticaux et horizontaux. Il doit être conforme à la norme NF EN 206-1.

Il est recommandé d'utiliser un béton de classe d'ouvrabilité S3 à S5 ou d'étalement F4 à F6. La dimension maximale des granulats doit être inférieure ou égale à 20 mm, ou à 10 mm lorsque l'enrobage des armatures est inférieur à 25 mm.

La résistance caractéristique à la compression f_{ck} ainsi que la résistance caractéristique au cisaillement f_{cvk} peuvent être issues de la norme NF EN 1996-1-1 tableau 3.2 (voir chapitre 2, Tableau 2.12).

Il est important de noter que la quantité d'eau doit être limitée au strict nécessaire pour permettre un bon remplissage des chaînages.

Le béton des chaînages verticaux doit être coulé après exécution de la maçonnerie.

B.1.4 Les armatures

Les aciers des armatures doivent appartenir aux classes B ou C conformément à la norme NF EN 1992-1-1 Tableau C.1 (voir chapitre 2, Tableau 2.13). Les armatures ont un diamètre minimal de 10 mm et doivent être à haute adhérence.

Toutefois, les aciers qui ont un rôle d'aciers de montage tels que les cadres entourant les armatures longitudinales des chaînages peuvent être de classe A.

L'enrobage des armatures doit être strictement assuré à l'exécution. Son respect nécessite une densité convenable de cales ou d'écarteurs entre les armatures et le coffrage.

B.2 Dispositions constructives minimales pour les maçonneries chaînées

Les murs en maçonnerie participant à la résistance au séisme d'un bâtiment doivent être chaînés.

Lorsque le dimensionnement le permet, des maçonneries non armées en pierre naturelle de 350 mm d'épaisseur peuvent participer au contreventement du bâtiment. De plus, le bâtiment doit être limité à 2 niveaux et la hauteur hors sol ne doit pas excéder 6 mètres à la sablière.

> Les possibilités d'emploi des maçonneries non armées étant réduites, en particulier en raison de ses faibles performances mécaniques, nous ne l'aborderons pas par la suite.

Les panneaux de contreventement en maçonnerie chaînée ne doivent pas comporter d'ouvertures (portes, fenêtres et autres percements). Ils doivent être bordés sur leurs quatre côtés par des chaînages horizontaux et verticaux.

> Voir chapitre 5, § 5.4 et chapitre 7, § 7.6.6.

Les chaînages verticaux et horizontaux sont constitués de 4 HA 10 au minimum. Les étriers doivent être constitués de HA 5 au minimum espacés de 15 cm au maximum (Figure B.3).

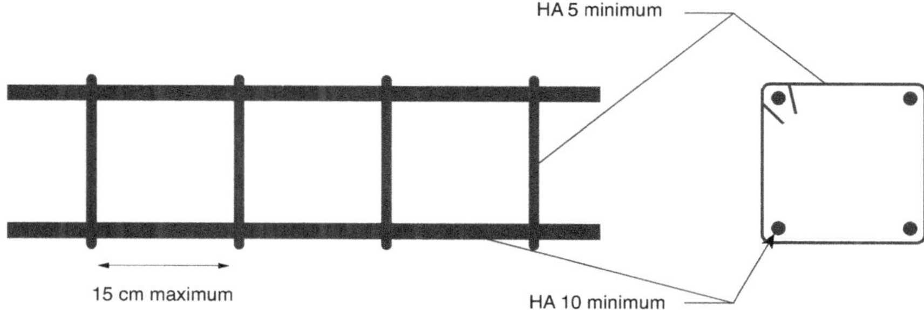

Figure B.3. Constitution minimale des armatures

Les chaînages verticaux sont liaisonnés aux chaînages horizontaux en leurs points de croisement. Les chaînages devant être mécaniquement continus, les longueurs de recouvrement et d'ancrage ne peuvent être inférieures à 60 fois le diamètre des armatures (Figures B.4 et B.5).

L'annexe nationale de l'Eurocode 8 partie 1 indique que le diamètre minimum de cintrage des armatures longitudinales des chaînages est de 10 fois le diamètre des barres pour un béton C25/30 et de 8 fois le diamètre des barres dans le cas d'un béton C30/35 ou plus. L'annexe laisse cependant la possibilité de justifier l'emploi de diamètres inférieurs. Une étude du CERIB a permis de justifier des diamètres de cintrage de 5 fois le diamètre des barres [B-10].

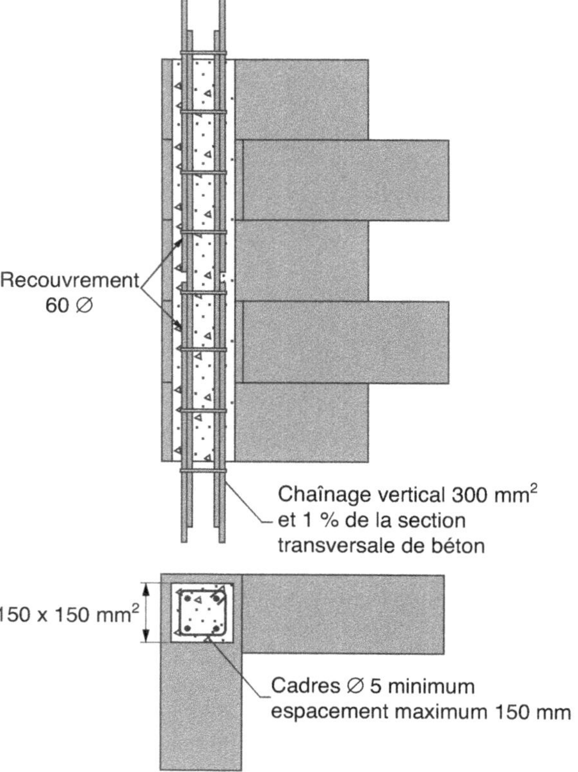

Figure B.4. Chaînages verticaux [B-6]

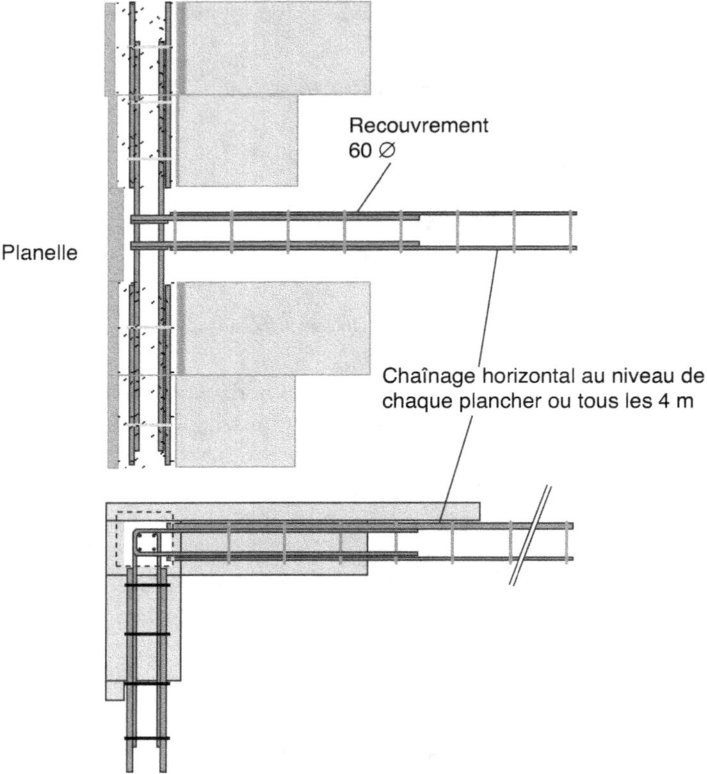

Figure B.5. Chaînages horizontaux [B-6]

B.2.1 Chaînages verticaux

Les chaînages verticaux doivent être placés :

- aux bords libres de chaque élément de la structure ;
- de chaque côté des ouvertures pratiquées dans les murs de contreventement ou porteurs dont la surface est supérieure à 1,5 m^2 ;
- à l'intérieur du mur lorsque l'espacement entre les chaînages est supérieur à 5 m ;
- à chaque intersection entre les murs de la structure, lorsque les chaînages sont distants de plus de 1,5 m.

Tous les chaînages verticaux à un niveau donné d'une structure doivent comporter la même section d'acier.

B.2.2 Dimensionnement des murs de contreventement

La résistance au cisaillement des murs de contreventement est calculée conformément à la NF EN 1996-1-1 paragraphe 6.2 et de son Annexe nationale (voir chapitre 5, § 5.4).

Le coefficient partiel γ_M de la maçonnerie en situation sismique doit alors être pris égal aux 2/3 du coefficient partiel en situation courante (chapitre 4, Tableau 4.12) sans être inférieur à 1,5.

> Le dimensionnement des murs de contreventement en maçonnerie avec les règles PS92 passait par la vérification d'une bielle de compression. L'Eurocode 6 n'introduit pas cette notion de bielle et propose des vérifications de la résistance au cisaillement des joints horizontaux et de la résistance en flexion composée du mur.

L'Eurocode 8 partie 1 propose également une méthode simplifiée de bâtiments en maçonnerie. Les critères géométriques imposés par cette méthode sont cependant difficilement applicables à des bâtiments courants.

> Les futures règles CPMI, prévues pour remplacer prochainement les règles PS-MI pour les maisons individuelles et certains bâtiments assimilés, n'ont pas repris les conditions géométriques de cette méthode simplifiée de l'Eurocode 8.

Prescriptions géométriques relatives aux groupes d'éléments de maçonnerie

Matériaux et limites applicables aux ouvrages de maçonnerie					
Groupe 1 (tous matériaux)	Éléments	Groupe 2		Groupe 3	Groupe 4
		Trous verticaux			Trous horizontaux
Volume de tous les trous (% du volume brut) ≤ 25	Terre cuite	> 25 ; ≤ 55		≥ 25 ; ≤ 70	> 25 ; ≤ 70
	Silico-calcaire	> 25 ; ≤ 55		Non utilisé	Non utilisé
	Béton[2]	> 25 ; ≤ 60		> 25 ; ≤ 70	> 25 ; ≤ 50
Volume de n'importe quel trou (% du volume brut) ≤ 12,5	Terre cuite	Chacun des trous multiples ≤ 2 Trous de préhension jusqu'à un total de 12,5		Chacun des trous multiples ≤ 2 Trous de préhension jusqu'à un total de 12,5	Chacun des trous multiples ≤ 30
	Silico-calcaire	Chacun des trous multiples ≤ 15 Trous de préhension jusqu'à un total de 30		Non utilisé	Non utilisé
	Béton[2]	Chacun des trous multiples ≤ 30 Trous de préhension jusqu'à un total de 30		Chacun des trous multiples ≤ 30 Trous de préhension jusqu'à un total de 30	Chacun des trous multiples ≤ 25

		Paroi interne	Paroi externe	Paroi interne	Paroi externe	Paroi interne	Paroi externe
Valeurs déclarées d'épaisseur des parois internes et externes (mm) Pas de description	Terre cuite	≥ 5	≥ 8	≥ 3	≥ 6	≥ 5	≥ 6
	Silico-calcaire	≥ 5	≥ 10	Non utilisé		Non utilisé	
	Béton[2]	≥ 15	≥ 18	≥ 15	≥ 15	≥ 20	≥ 20
Valeur déclarée d'épaisseur cumulée[1] des parois internes et externes (% de la largeur totale) Pas de description	Terre cuite	≥ 16		≥ 12		≥ 12	
	Silico-calcaire	≥ 20		Non utilisé		Non utilisé	
	Béton[2]	≥ 18		≥ 15		≥ 45	

1) L'épaisseur cumulée est l'épaisseur des parois internes et externes, mesurée horizontalement à travers l'élément perpendiculairement à la face de parement du mur. La vérification doit être considérée comme un essai de qualification et doit uniquement être répétée dans le cas de modifications principales des dimensions de calcul des éléments.

2) Dans le cas de trous coniques ou de trous cellulaires, utiliser la valeur moyenne de l'épaisseur des parois internes et externes.

Prescriptions relatives aux maçonneries en blocs de coffrage

Derrière le terme générique de bloc de coffrage se cache en réalité une grande diversité de produits et d'usages. Il est possible de distinguer trois grandes familles ou types de blocs de coffrage. Le tableau 1 illustre ainsi les caractéristiques de ces différentes familles.

Tableau D.1. Les différents types de blocs de coffrage

Types	Norme EN	Référentiel pour la mise en œuvre
Blocs de coffrage en béton de granulats légers ou courants	NF EN 15435 + CN	DTU 20.1[1] Document Technique d'Application
Blocs de coffrage en béton utilisant des copeaux de bois comme granulats	NF EN 15498	Document Technique d'Application
Autres blocs de coffrages (polystyrène, PVC, …)	ETAG 009[2]	Document Technique d'Application ou Avis Technique
1) Le domaine d'application du DTU 20.1 est précisé au paragraphe D.2.1.		
2) Le marquage CE de ce type de blocs de coffrage n'est pas obligatoire. Un marquage CE volontaire est possible sur la base de l'ETAG 009 pour les blocs de coffrage isolants utilisés pour la réalisation de murs.		

D.1 Utilisation des blocs de coffrage

Il y a une quarantaine d'années, les premiers blocs de coffrage en béton de granulats courants sont apparus sur le marché. Ils étaient principalement employés pour la réalisation de murs de soubassement et de soutènement de petites dimensions, lorsque l'utilisation de banches était trop onéreuse et que les performances mécaniques des maçonneries courantes n'étaient pas suffisantes.

Plus récemment, d'autres blocs de coffrage ont fait leur apparition en France. Ces blocs visent principalement à accroître les performances thermiques des façades. Ils sont généralement constitués de matériaux isolants (polystyrène, béton de bois, béton de granulats légers…).

Nous allons aborder les conditions d'utilisation de ces différents blocs de coffrage, leurs avantages et leurs limites, ainsi que leurs réponses à diverses obligations réglementaires (incendie, sismique).

D.1.1   Conditions d'utilisation des blocs de coffrage dans le cadre du DTU 20.1

En juillet 2012, un amendement au DTU 20.1 a été publié et avait pour objectif d'intégrer certains blocs de coffrage, pour certaines utilisations, dans le domaine traditionnel. Pour tous les autres blocs de coffrage, pour les autres utilisations ou les autres méthodes de mises œuvre, un Avis Technique ou un Document Technique d'Application reste nécessaire (voir Tableau D.1).

D.1.1.1   Domaine d'application

L'amendement au DTU 20.1 est une introduction très réduite des maçonneries de blocs de coffrage dans le domaine traditionnel. En effet, cet amendement ne prévoit que les murs de maçonnerie en blocs de coffrage en béton de granulats courants conformes à la NF EN 15435 et son complément national, d'épaisseur supérieure ou égale à 20 cm, pour la réalisation de :

- murs de soubassement, enterrés ou non ;
- murs d'élévation.

Les blocs de coffrage en béton de granulats courants à isolation intégrée ne sont pas visés dans le cadre de cet amendement.

> Cet amendement ne concerne donc pas les blocs de coffrage autres qu'en béton de granulats courants et les utilisations en murs d'acrotère ou de soutènement.
>
> Dans le cas où un procédé de bloc de coffrage en béton de granulats courants souhaite étendre le domaine d'application du DTU 20.1 ou déroger à l'une des règles de mise en œuvre ou de dimensionnement, il doit être évalué dans le cadre d'un Avis Technique.

D.1.1.2   Conditions de mise en œuvre

L'amendement au DTU 20.1 fixe des règles de mise en œuvre très strictes, allant souvent au-delà des pratiques usuelles.

Les maçonneries de blocs de coffrage doivent être montées à joints verticaux décalés au minimum d'un tiers de la longueur du bloc.

Elles peuvent être hourdées à joints épais ou montées à sec. Dans le cas où les blocs sont montés à sec, ils doivent être de classe dimensionnelle D3 ou D4, c'est-à-dire à tolérances dimensionnelles réduites.

> Ces classes dimensionnelles D3 ou D4 correspondent aux blocs calibrés ou rectifiés.

Dans tous les cas, le premier rang est exécuté à bain de mortier.

Concernant la mise en œuvre du béton de remplissage, la hauteur de coulage est limitée à 1,5 m par jour. Le béton de remplissage doit également présenter les caractéristiques minimales suivantes :

- classe de résistance minimale à la compression : C25/30 ;
- classe d'affaissement : S4 ;
- diamètre maximal des granulats inférieur ou égal à 12 mm.

Pour la réalisation des chaînages horizontaux et verticaux, il est nécessaire que l'enrobage entre la paroi du bloc et l'armature soit au moins de 10 mm.

Des joints de dilatation et de retrait sont nécessaires tous les 15 m. Cette distance maximale entre joints peut être portée à :

- 20 m dans les départements voisins de la Méditerranée ;
- 25 m dans les régions de l'Est, les Alpes, les Pyrénées et le Massif central ;
- 30 m dans la région parisienne ;
- 35 m dans les régions de l'Ouest.

Si les murs comportent des armatures minimales suivantes :

- armatures horizontales : 0,96 cm² d'acier par mètre linéaire avec un espacement maximal de 33 cm ;
- armatures verticales : 0,48 cm² d'acier par mètre linéaire avec un espacement maximal de 50 cm.

    Ces valeurs sont valables pour des aciers à haute adhérence de limite d'élasticité égale à 500 MPa.

L'amendement apporte également des précisions sur la réalisation des linteaux, des tableaux de baies, des jonctions d'angles et en Té.

D.1.1.3 Règles de dimensionnement

Le dimensionnement des maçonneries de blocs de coffrage dans le cadre du DTU 20.1 est basé sur la méthode adoptée pour les autres maçonneries. Ainsi, la capacité résistante du mur C est déterminée en tenant compte du seul le noyau de béton coulé en place, les parois des blocs devant être négligées, selon la formule suivante :

$$C = \frac{f_{ck}}{N}$$

Avec f_{ck}, la résistance caractéristique à la compression du béton coulé en œuvre telle que définie par l'Eurocode 2 et N un coefficient global de réduction. Les valeurs du coefficient N sont données dans le tableau 2.

Tableau D.2. Valeurs du coefficient de réduction N pour les maçonneries de blocs de coffrage en béton de granulats courants

Matériaux	Coefficient global de réduction N	
	Chargement centré	Chargement excentré
Blocs de coffrage en béton de granulats courants	5,5	7

Les valeurs de ce coefficient N ne sont valables que pour des murs d'élancement inférieur ou égal à 15. Pour des élancements entre 15 et 20, il est nécessaire de majorer le coefficient N par un facteur donné dans le tableau 6 du DTU 20.1 partie 4.

Dans le cas d'une maçonnerie de blocs de coffrage, l'élancement correspond au rapport entre la distance verticale entre planchers et l'épaisseur brute du mur comprenant le noyau de béton et les parois des blocs.

> Les valeurs du coefficient N pour les blocs de coffrage en béton de granulats courants ont été déterminées selon une méthode intégrant l'Eurocode 2 (voiles en béton non armé) et l'Eurocode 6 pour le coefficient de sécurité et le calcul de l'excentricité des charges.

Pour ce qui concerne la résistance aux efforts horizontaux dans le plan du mur (contreventement), le DTU 20.1 actuel ne traite pas de ce point, que ce soit pour les maçonneries de blocs de coffrage ou pour les autres maçonneries de petits éléments.

D.1.2 Conditions d'utilisation des blocs de coffrage dans le cadre des Avis Techniques et des Documents Techniques d'Application

Ces conditions d'utilisation sont variables suivants les procédés. Elles sont dues aux différences pouvant exister entre les différents systèmes, aux justifications apportées par le titulaire de l'Avis Technique et aux évolutions réglementaires ou de la jurisprudence au sein du groupe spécialisé qui délivre les Avis Techniques. Par conséquent, les informations contenues dans ce paragraphe sont une synthèse des éléments contenus dans les derniers Avis Techniques publiés au jour de la rédaction de cet ouvrage et il reste indispensable de consulter systématiquement l'Avis Technique du procédé.

D.1.2.1 Blocs de coffrage en béton de granulats légers ou courants

Les Avis Techniques de blocs de coffrage en béton de granulats courants visent principalement à modifier les conditions de mise en œuvre, en augmentant les hauteurs de coulage par exemple, ou à étendre le domaine d'emploi par rapport à l'amendement au DTU 20.1 de juillet 2012.

Pour ce qui concerne les blocs de granulats légers, procédés non intégrés dans le DTU 20.1, un Avis Technique ou un Document Technique d'application reste nécessaire dans tous les cas. Si les caractéristiques du béton de remplissage sont généralement identiques aux prescriptions du DTU 20.1, des conditions complémentaires sont habituellement indiquées dans les Avis Techniques pour permettre un coulage du béton sur une hauteur d'étage. Ces conditions complémentaires portent sur la vitesse de remplissage, la hauteur des couches successives...

Le dimensionnement des maçonneries de blocs en béton de granulats courants ou légers est effectué selon le paragraphe 12.6.5 de l'Eurocode 2 partie 1-1, en ne tenant compte que du noyau de béton. Le coefficient de sécurité devant être utilisé correspond à celui d'une maçonnerie et non à celui d'un ouvrage en béton armé.

En plus du respect des différentes exigences réglementaires (voir § D.2.3), les Avis Techniques de blocs de granulats légers peuvent indiquer des références nominatives d'enduits extérieurs pouvant être employés et dans quelles conditions.

D.1.2.2 Blocs de coffrage en béton utilisant des copeaux de bois comme granulats

Ces procédés relèvent également d'Avis Techniques ou de Documents Techniques d'Application. En règle générale, les conditions d'utilisation des blocs de coffrage en béton utilisant des copeaux de bois comme granulats sont identiques à celles des blocs de coffrage en béton de granulats légers, à la différence près que les prescriptions concernant les enduits extérieurs sont systématiquement fixées.

D.1.2.3 Autres blocs de coffrages (polystyrène, PVC...)

Malgré la grande diversité des matériaux pouvant constituer des blocs de coffrage autres qu'en béton, les conditions d'utilisation sont assez similaires. Cependant, principalement en raison des différentes exigences réglementaires, les domaines d'application de ces procédés sont très différents. Il convient donc de vérifier que l'Avis Technique ou le Document Technique d'Application couvre bien l'ouvrage visé.

Si les conditions de mise en œuvre du béton de remplissage varient grandement selon les procédés (hauteur de coulage, étaiement...), les méthodes de dimensionnement de ces maçonneries sont assez similaires. Elles font référence au DTU 23.1 relatif aux murs en béton banché[1] ou à l'Eurocode 2. Comme pour les blocs de coffrage en béton, seul le noyau de béton doit être pris en compte, mais le coefficient de sécurité correspond à celui des ouvrages en béton armé, c'est-à-dire 1,5.

> La différence de valeur du coefficient de sécurité s'explique par le fait que les entretoises des blocs de coffrage en béton représentent un volume important dans le noyau de béton, influençant par conséquent son remplissage par le béton et le comportement mécanique du mur.

Les principales difficultés liées à l'utilisation de ces procédés sont dues aux revêtements intérieurs et extérieurs pouvant être mis en œuvre, au respect des exigences réglementaires et en particulier la réglementation incendie (voir § D.2.3.1) et à la mise en œuvre des fixations, principalement pour les menuiseries.

Les revêtements extérieurs pouvant être mis en œuvre sur des blocs de coffrage en polystyrène sont des procédés d'enduit sur isolant autrement appelés ETICS (*External Thermal Insulation Composite System* – systèmes d'isolation thermique par l'extérieur). Ces procédés d'enduit sont évalués dans le cadre d'Avis Techniques ou de Documents Techniques d'Application. Ces procédés d'enduit sur isolant exigent des performances minimales pour les isolants, performances bien souvent non déterminées. De plus, les règles de mise en œuvre des ETICS imposent que les isolants soient rapidement recouverts afin que leur surface ne soit pas dégradée. Or, dans le cadre de maçonneries de blocs de coffrage, les durées d'exposition de l'isolant aux intempéries sont souvent importantes.

> Les Avis Techniques des blocs de coffrage en polystyrène font actuellement référence à un document intitulé « Conditions générales d'emploi et de mise en œuvre des revêtements applicables sur les murs réalisés à l'aide de blocs coffrages en polystyrène expansé faisant l'objet d'un avis technique » publié dans le *Bulletin des Avis Techniques* n° 263-2 en juillet 1985. Il est vivement recommandé de consulter, en complément de ce texte, le cahier du CSTB n°3035 v2 de juillet 2013 intitulé « Systèmes d'isolation thermique extérieure par enduit sur polystyrène expansé : Cahier des Prescriptions Techniques d'emploi et de mise en œuvre ».

Les enduits extérieurs appliqués sur un revêtement en plastique, par exemple sur du PVC, ne sont traités par aucun texte normatif ou par un Avis Technique. Par conséquent, si de tels

---

1. Le DTU 23.1 sera prochainement supprimé et remplacé par une version modifiée du DTU 21.

revêtements étaient prévus pour un procédé de bloc de coffrage, les enduits devraient être évalués et indiqués explicitement dans l'Avis Technique ainsi que le mode de mise en œuvre.

Pour la fixation d'éléments sur les maçonneries de blocs de coffrage en polystyrène ou en PVC, il est nécessaire de prendre en compte l'épaisseur de l'isolant afin d'assurer un ancrage suffisant dans le béton de remplissage.

La mise en œuvre des menuiseries nécessite que le poseur s'informe des caractéristiques et des dimensions des blocs de coffrage afin qu'il puisse assurer la fixation dans le béton de remplissage et la continuité du plan d'étanchéité à l'eau.

D.1.3 Utilisation des blocs de coffrage et respect des exigences règlementaires

D.1.3.1 Blocs de coffrage et réglementation incendie

Afin de respecter la réglementation incendie, il peut être nécessaire, suivant la destination du bâtiment visé, de prendre en compte trois problématiques : la résistance au feu du mur, la réaction au feu et la propagation du feu par la façade.

Résistance au feu (voir annexe A)

Le respect des obligations réglementaire vis-à-vis de la résistance au feu des maçonneries de blocs de coffrage est justifié de manière différente selon les familles de blocs de coffrage.

Pour les blocs de coffrage en béton de granulats légers ou courants, ainsi que pour ceux utilisant des copeaux de bois comme granulats, les performances en termes de résistance au feu de ces maçonneries sont données par des procès-verbaux ou des avis délivrés par des laboratoires agréés dans ce domaine.

> Jusqu'en 2011, les Avis Techniques indiquaient que, vis-à-vis de la résistance au feu, les maçonneries constituées de blocs de coffrage en béton de granulats courants pouvaient être assimilées à une maçonnerie de blocs pleins d'épaisseur équivalente. Depuis cette date, cette équivalence n'est plus autorisée.

Pour les autres types de coffrage, la résistance au feu est directement évaluée selon l'Eurocode 2 partie 1-2.

Réaction au feu

La réaction au feu des éléments de coffrage est un point important, même s'ils sont ensuite recouverts par un autre revêtement. En effet, la réaction au feu du revêtement dépend de la réaction au feu du support. Par conséquent, il est nécessaire de s'assurer que le procès-verbal de réaction au feu du revêtement est compatible avec la réaction au feu des éléments de coffrage. La réaction au feu des blocs de coffrage est généralement déclarée dans le cadre du marquage CE.

Propagation du feu par la façade

L'Instruction Technique n° 249 relative aux façades (IT249) de mai 2010 traite de la règle dite du « C+D », mais impose également des dispositions de protection complémentaires afin de limiter le risque de propagation du feu par les façades.

Pour les maçonneries de blocs de coffrage, les dispositions de protections applicables sont celles d'une isolation thermique par l'extérieur. Cela concerne en premier lieu les blocs de coffrage constitués de matériaux isolants, mais également les blocs avec isolant intégré.

Ces dispositions de protection portent sur la nature et les caractéristiques de l'isolant, ainsi que sur la mise en œuvre de solutions de protection comme le renforcement du pourtour des baies ou le recoupement par une bande filante incombustible. Elles sont indiquées au chapitre 5 de l'IT249.

Lorsque les conditions sur les isolants ne sont pas respectées et/ou que les solutions de protection ne peuvent être mises en œuvre, il est nécessaire que le procédé fasse l'objet d'une validation par le CECMI (Comité d'étude et de classification des matériaux et éléments de construction par rapport au risque incendie) sur la base d'une appréciation délivrée par un laboratoire agréé.

D.1.3.2 Blocs de coffrage et réglementation sismique

Le respect de la réglementation sismique dépend du type de bloc de coffrage.

Pour les maçonneries de blocs de coffrage dont la stabilité mécanique en situation courante est vérifiée selon l'Eurocode 2 uniquement, le respect de la réglementation parasismique est assurée en appliquant les dispositions du chapitre 5 de l'Eurocode 8 partie 1. Cela concerne principalement les blocs de coffrage en polystyrène ou en PVC, c'est-à-dire les blocs ayant des entretoises n'influençant pas le comportement mécanique du mur.

Pour les autres maçonneries de blocs de coffrage, il n'y a pas de règles générales et il convient de se référer à l'Avis Technique.

Tableau de synthèse de résistance à la compression des maçonneries

Matériau	Groupe	ρ	R_c ou R_m	(1) δ_p	(2) δ_c	(3) δ	(4) f_b (MPa)	(5) f_m (MPa)	(6) f_k (MPa) Joints épais	(6) f_k (MPa) Joints minces	γ_M	(7) f_d (MPa) Joints épais	(7) f_d (MPa) Joints minces	γ_M	(8) f_d (MPa) Joints épais	(8) f_d (MPa) Joints minces
		t/m³	(MPa)	(1)	(2)	(3)	(4)	(5)								
Béton granulats courants (R_c)	1	2,1	8	1,18	1	1,15	10,86	10	5,83	6,07	2	2,91	3,04	2,2	2,65	2,76
	1	2,1	12	1,18	1	1,15	16,28	10	7,74	8,57	2	3,87	4,29	2,2	3,52	3,90
	1	2,1	16	1,18	1	1,15	21,71	10	9,46	10,95	2	4,73	5,47	2,2	4,30	4,98
	3	1,4	4	1,18	1	1,15	5,43	10	2,61	2,11	2	1,30	1,05	2,2	1,19	0,96
	3	1,4	6	1,18	1	1,15	8,14	10	3,46	2,97	2	1,73	1,49	2,2	1,57	1,35
	3	1,4	8	1,18	1	1,15	10,86	10	4,24	3,80	2	2,12	1,90	2,2	1,93	1,73
Béton cellulaire autoclavé (R_c)	1	0,5	3	1,18	0,8	1	2,83	10		1,94	2		0,97	2,2		0,88
	1	0,6	4	1,18	0,8	1	3,78	10		2,47	2		1,24	2,2		1,12
Terre Cuite (R_m)	1	1,9	8	1	1	1,15	9,20	10	5,19		2	2,59		2,2	2,36	
	1	1,9	12	1	1	1,15	13,80	10	6,89		2	3,45		2,2	3,13	
	1	1,9	16	1	1	1,15	18,40	10	8,43		2	4,21		2,2	3,83	
	3	0,9	4	1	1	1,15	4,60	10		1,46	2		0,73	2,2		0,66
	3	0,9	6	1	1	1,15	6,90	10		1,93	2		0,97	2,2		0,88
	3	0,9	8	1	1	1,15	9,20	10		2,36	2		1,18	2,2		1,07

(1) Coefficient de passage de R_c à R_m

(2) Coefficient relatif à la conservation des éprouvettes d'essai

(3) Coefficient relatif à la taille des éprouvettes d'essai

(4) Résistance moyenne normalisée

(5) Résistance du mortier de montage

(6) Résistance caractéristique de la maçonnerie

(7) Résistance de calcul pour des éléments de catégorie 1 – Niveau de contrôle IL2 – Mortier performanciel

(8) Résistance de calcul pour des éléments de catégorie 1 – Niveau de contrôle IL2 – Mortier de recette

F

Caractéristiques géométriques des aciers d'armature

Diamètre nominal des barres (en mm)	Diamètre ext. des aciers HA (en mm)	Sections nominales (en cm^2)										Masse d'une barre au ml (en kg)
		Nombre de barres										
		1	2	3	4	5	6	7	8	9	10	
5	6	0,20	0,39	0,59	0,79	0,98	1,18	1,37	1,57	1,77	1,96	0,154
6	7	0,28	0,57	0,85	1,13	1,41	1,70	1,98	2,26	2,54	2,83	0,222
8	10	0,50	1,01	1,51	2,01	2,51	3,02	3,52	4,02	4,52	5,03	0,395
10	12	0,79	1,57	2,36	3,14	3,93	4,71	5,50	6,28	7,07	7,85	0,617
12	15	1,13	2,26	3,39	4,52	5,65	6,79	7,92	9,05	10,18	11,31	0,888
14	17	1,54	3,08	4,62	6,16	7,70	9,24	10,78	12,32	13,85	15,39	1,208
16	19	2,01	4,02	6,03	8,04	10,05	12,06	14,07	16,08	18,10	20,11	1,578
20	24	3,14	6,28	9,42	12,57	15,71	18,85	21,99	25,13	28,27	31,42	2,466
25	30	4,91	9,82	14,73	19,63	24,54	29,45	34,36	39,27	44,18	49,09	3,853
32	38	8,04	16,08	24,13	32,17	40,21	48,25	56,30	64,34	72,38	80,42	6,313
40	47,5	12,57	25,13	37,70	50,27	62,83	75,40	87,96	100,53	113,10	125,66	9,865

Adresses utiles

G.1 En France

Afnor

Association française de normalisation
11, rue Francis-de-Pressensé
93571 La-Plaine-Saint-Denis Cedex
Tél. : 01 41 62 80 00
Fax : 01 49 17 90 00
www.afnor.org

Agence Qualité Construction
29, rue de Miromesnil
75008 Paris
Tél. : 01 44 51 03 51
Fax : 01 47 42 81 71
www.qualiteconstruction.com

CAPEB
Confédération de l'artisanat et des petites entreprises du bâtiment
2, rue Béranger
75003 Paris
Tél. : 01 53 60 50 00
Fax : 01 45 82 49 10
www.capeb.fr

CERIB
1, rue des Longs-Réages
CS 10010
FR - 28233 Épernon Cedex
tél. +33 (0)2 37 18 48 00
fax +33 (0)2 37 83 67 39
www.cerib.com

Cimbéton
Centre d'information sur le ciment et ses applications
7, place de la Défense
92974 Paris-La-Défense Cedex
Tél. : 01 55 23 01 00
Fax : 01 55 23 01
www.infociments.fr/

Cofrac
37, rue de Lyon
75012 Paris
Tél. : 01 44 68 82 20
www.cofrac.fr

CSTB
Centre scientifique et technique du bâtiment
4, avenue du Recteur-Poincaré
75782 Paris Cedex 16
Tél. : 01 40 50 28 28
Fax : 01 45 25 61 51
www.cstb.fr

CTMNC
Centre technique de matériaux naturels de la construction
17, rue Letellier
75015 Paris
Tél. : 01 44 37 07 10
Fax : 01 44 37 07 20
www.ctmnc.fr

FIB
15, boulevard du Général-de-Gaulle
92120 Montrouge
Tél. : 01 49 65 09 09
Fax : 01 49 65 08 61
www.fib.org

FFTB
Fédération française des tuiles et briques
17, rue Letellier
75015 Paris
Tél. : 01 44 37 07 10
www.fftb.org

Socotec
3, avenue du Centre
CS 20732 – Guyancourt
78182 Saint-Quentin-en-Yvelines
Tél. : 01 30 12 80 00
Fax : 01 30 12 82 61
www.socotec.fr

Qualitel
136, boulevard Saint-Germain
75006 Paris
Tél. : 01 42 34 53 29
www.qualitel.org

SFBC
Syndicat national du béton cellulaire
15, boulevard du Général-de-Gaulle
92120 Montrouge
Tél. : 01 49 65 09 09
Fax : 01 49 65 08 61
www.fib.org

FFB/UMGO
Fédération française du bâtiment/Union de la maçonnerie et du gros œuvre
7, rue La Pérouse
75784 Paris Cedex 16
Tél. : 01 40 69 51 59
Fax : 01 47 20 06 62
www.umgo.ffbatiment.fr

UNCMI
Union nationale des constructeurs de maisons individuelles
Union des maisons françaises
3, avenue du Président-Wilson
75116 Paris
Tél. : 01 47 20 82 08
Fax : 01 47 23 87 55
www.uniondesmaisonsfrancaises.org

G.2   En Belgique

FEBE
Fédération de l'industrie du béton
Boulevard du Souverain 68
1170 Bruxelles
Tél. : 02 735 80 15
Fax : 02 734 77 95
mail@febe.be

FEGC
Fédération des entrepreneurs généraux de la construction
Rue du Lombard 42
B 1000 Bruxelles ville
Tél. : 02/511 65 95
Fax : 02/514 18 75
www.confederationconstruction.be/entrepreneursgeneraux

Fédération belge des entrepreneurs de la pierre naturelle
Rue du Lombard 34-42
B 1000 Bruxelles ville
Tél. : 02/223 06 47
Fax : 02/223 05 38
www.confederationconstruction.be/pierrenaturelle

G.3   En Suisse

Association suisse des producteurs de briques silico-calcaires
Case postale 432
3250 Lyss
www.kalksandstein.ch

G.4   Au Québec

Association des entrepreneurs en maçonnerie du Québec
4097, boulevard Saint-Jean-Baptiste
Bureau 101
Montréal (Québec)
H1B 5V3
Tél. : (514) 645-1113
Fax : (514) 645-1114
www.aemq.com/

Bibliographie

[1]   NF EN 1996-1-1 Eurocode 6 : Calcul des ouvrages en maçonnerie – Partie 1-1 : Règles générales pour les ouvrages en maçonnerie armée et non armée, 2009/12.

[2]   NF EN 1996-1-2 Eurocode 6 : Calcul des ouvrages en maçonnerie – Partie 1-2 : Règles générales – Calcul du comportement au feu, 2011/03.

[3]   NF EN 1996-1-2/NA Eurocode 6 : Calcul des ouvrages en maçonnerie – Partie 1-2 : Règles générales – Calcul du comportement au feu – Annexe nationale à la NF EN 1996-1-2:2006 – Règles générales – Calcul du comportement au feu, 2008/09.

[4]   NF EN 1996-2 Eurocode 6 : Calcul des ouvrages en maçonnerie – Partie 2 : Conception, choix des matériaux et mise en œuvre des maçonneries, 2010/02.

[5]   NF EN 1996-2/NA Eurocode 6 : Calcul des ouvrages en maçonnerie – Partie 2 : Conception, choix des matériaux et mise en œuvre des maçonneries – Annexe nationale à la NF EN 1996-2 – Conception, choix des matériaux et mise en œuvre des maçonneries, 2007/12.

[6]   NF EN 1996-3 Eurocode 6 : Calcul des ouvrages en maçonnerie – Partie 3 : Méthodes de calcul simplifiées pour les ouvrages en maçonnerie non armée, 2006/06.

[7]   NF EN 1996-3/NA : Annexe nationale à la NF EN 1996-3, 2009/12.

[8]   NF EN 771-1 – Août 2011 – Spécifications pour éléments de maçonnerie – Partie 1 : Briques de terre cuite.

[9]   NF EN 771-1/CN – Mars 2012 : complément national à la NF EN 771-1 – Août 2011.

[10] NF EN 771-2 – Août 2011 – Spécifications pour éléments de maçonnerie – Partie 2 : éléments de maçonnerie en silico-calcaire.

[11] NF EN 771-3 – Août 2011 – Spécifications pour éléments de maçonnerie – Partie 3 : Éléments de maçonnerie en béton de granulats (granulats courants et légers).

[12] NF EN 771-3/CN – Mars 2012 : complément national à la NF EN 771-3 – Août 2011.

[13] NF EN 771-4 – Août 2011 – Spécifications pour éléments de maçonnerie – Partie 4 : Éléments de maçonnerie en béton cellulaire autoclavé.

[14] NF EN 771-4/CN – Mars 2012 : complément national à la NF EN 771-4:2012 – Spécification pour éléments de maçonnerie – Partie 5 : éléments de maçonnerie en pierre reconstituée.

[15] NF EN 771-5 – Août 2011 – Spécification pour éléments de maçonnerie – Partie 5 : éléments de maçonnerie en pierre reconstituée.

[16] NF EN 771-5/CN – Mars 2012 – Spécification pour éléments de maçonnerie – Partie 5 : éléments de maçonnerie en pierre reconstituée – Complément national à la NF EN 771-5:2011.

[17] NF EN 771-6 – Août 2011 – Spécification pour éléments de maçonnerie – Partie 6 : éléments de maçonnerie en pierre naturelle.

[18] NF B10-601 – Mars 2014 – Produits de carrière – Pierres naturelles – Prescriptions générales d'emploi des pierres naturelles.

[19] NF EN 206-1 – Avril 2004 – Béton - Partie 1 : spécification, performances, production et conformité.

[20] NF EN 206-1/A1 – Avril 2005 – Béton – Partie 1 : Spécification, performances, production et conformité.

[21] NF EN 206-1/A2 – Octobre 2005 – Béton – Partie 1 : Spécification, performances, production et conformité.

[22] NF EN 206-1/CN – Décembre 2012 – Béton – Partie 1 : spécification, performance, production et conformité – Complément national à la norme NF EN 206-1 – Complément national à la norme NF EN 206-1.

[23] NF EN 998-1 – Décembre 2010 – Définitions et spécifications des mortiers pour maçonnerie – Partie 1 : Mortiers d'enduits minéraux extérieurs et intérieurs.

[24] NF EN 998-2 – Décembre 2010 – Définitions et spécifications des mortiers pour maçonnerie – Partie 2 : Mortiers de montage des éléments de maçonnerie.

[25] NF EN 845-1 – Août 2013 – Spécifications pour composants accessoires de maçonnerie – Partie 1 : Attaches, brides de fixation, étriers de support et consoles.

[26] NF EN 845-2 – Août 2013 – Spécifications pour composants accessoires de maçonnerie – Partie 2 : Linteaux.

[27] NF EN 845-3 – Août 2013 – Spécifications pour composants accessoires de maçonnerie – Partie 3 : Treillis d'armature en acier pour joints horizontaux.

[28] NF DTU 20.1 – Travaux de bâtiment – Ouvrages en maçonnerie de petits éléments – Parois et murs, 2009/01.

[29] NF P 10-203-1 (DTU 20.12) – Maçonneries des toitures et d'étanchéité.

[30] DTU 21 – Exécution des ouvrages en béton – Mars 2004.

[31] NF DTU 26.1 – Travaux d'enduits de mortiers – Avril 2008.

[32] NF DTU 36.5 – Travaux de bâtiment – Mise en œuvre des fenêtres et portes extérieures – Avril 2010.

[33] NF DTU 43.1 – Travaux de bâtiment – Étanchéité des toitures-terrasses et toitures inclinées avec éléments porteurs en maçonnerie en climat de plaine – septembre 2007.

[34] NF DTU 43.11 – Travaux de bâtiment – Étanchéité des toitures-terrasses et toitures inclinées avec éléments porteurs en maçonnerie en climat de montagne.

[35] NF DTU 44.1 – Travaux de bâtiment – Étanchéité des joints de façade par mise en œuvre de mastics – août 2012.

[36] Cahier CSTB 1833 – Conditions générales d'emploi des systèmes d'isolation thermique des façades par l'extérieur faisant l'objet d'un Avis Technique.

[37] MM. Clauzon & Dutruel, *Linteaux en béton armé associés aux maçonneries en blocs creux de béton*, UMGO – FIB, 1979.

[38] P. Delmotte, Ph. Rivillon, V. Wesierski & M. Hurez (CERJB), *Étude des murs de contreventement en maçonneries de blocs en béton*, Cahier du CSTB n° 3491, décembre 2003.

[39] P. Delmotte, Ph. Rivillon, V. Wesierski /M. Hurez (CERIB), *Étude des murs de contreventement en maçonnerie de blocs en béton cellulaire autoclavé*, Cahiers du CSTB n° 3492, décembre 2003.

[40] Groupe Spécialisé n° 16 « Produits et procédés spéciaux pour la maçonnerie » Contreventement par murs en maçonnerie de petits éléments. 17 septembre 2012.

[41] J. Robert, A. Tovey & A. Fried, *Concrete Masonry – Designer's Handbook*, Spon Press, 2001.

[42] J. Brandt, H.-J. Irmschler, L. Pesch & G. Pötzsch, *Hbl-Handbuch*, Beton-Verlag, 1983.

[43] J. Amrhein, *Reinforced Masonry Engineering Handbook*, Masonry Institute of America, 1980.

[44] E. Belloir & C. Florence, *Méthodes simplifiées de dimensionnement des structures légères acier et bois sous l'action du vent selon la norme NF EN 1991-1-4*, CSTB, version décembre 2006.

[45] A. W. Hendry, B. P. Sinha & S. R Davies, *Design of masonry structures*, E & FN SPON, 2004.

[46] M. Tomazevic, *Earthquake-resistant design of masonry buildings*, Imperial College Press. 1999.

[47] *Mémento du béton cellulaire*, SNBC, Éditions Eyrolles, 2005.

[48] Christian Guégan, *La construction en béton cellulaire – Conception et mise en œuvre*, Éditions du Moniteur, 2013.

[A-1] NF EN 1364-1 – juin 2000 – Essais de résistance au feu des éléments non porteurs – Partie 1 : murs.

[A-2] NF EN 1365-1 – Décembre 2012 – Essais de résistance au feu des éléments porteurs – Partie 1 : murs -

[A-3] NF EN 1366-3 – Novembre 2012 – Essais de résistance au feu des installations techniques – Partie 3 : Calfeutrements.

[A-4] NF EN 1366-4 – Juin 2010 – Essai de résistance au feu des installations de service – Partie 4 : Calfeutrements de joints linéaires.

[A-5] NF EN 13501-2 – Mars 2013 – Classement au feu des produits de construction et éléments de bâtiment – Partie 2 : Classement à partir des données d'essais de résistance au feu à l'exclusion des produits utilisés dans les systèmes de ventilation.

[B-1] Décret n° 2010-1254 du 22 octobre 2010 relatif à la prévention du risque sismique, modifié par l'Arrêté du 25 octobre 2012.

[B-2] Décret n° 2010-1255 du 22 octobre 2010 : Délimitation des zones de sismicité du territoire français.

[B-3] Arrêté du 22 octobre 2010 relatif à la classification et aux règles de construction parasismique applicables aux bâtiments de la classe dite « à risque normal ».

[B-4] NF EN 1998-1 Eurocode 8 – Calcul des structures pour leur résistance aux séismes – Partie 1 : Règles générales, actions sismiques et règles pour les bâtiments, 2010.

[B-5] NF EN 1998-1/NA Annexe nationale de la NF EN 1998-1, décembre 2013.

[B-6] AFPS, *Dispositions constructives parasismiques des ouvrages en acier, béton, bois et maçonnerie*, Presses de l'École nationale des ponts et chaussées, 2011.

[B-7] *Réalisation des recouvrements dans les murs de maçonnerie chaînés*, Annales de l'ITBTP, octobre 2008.

[B-8] M. Hurez, *Maçonneries en zone sismique : aide au dimensionnement selon l'Eurocode 8*, CERIB, janvier 2007.

[B-9] N. Juraszek, *Maçonneries en zone sismique : méthodes et exemples de dimensionnement selon l'Eurocode 8*, CERIB, février 2008.

[B-10] N. Juraszek, A. de Chefdebien, P. Sauvage & B. Hainault, *Mise en œuvre des chaînages dans les murs de maçonnerie en zone sismique*, CERIB, 2008.

Imprimé en Allemagne par BoD